Ensaios de história e filosofia da química

Luciana Zaterka • Ronei Clécio Mocellin

Ensaios de história e filosofia da química

Direção Editorial
Edvaldo M. Araújo

Conselho Editorial
Fábio E. R. Silva
Jonas Luiz de Pádua
Márcio Fabri dos Anjos
Marco Lucas Tomaz

Preparação e Revisão
Hanna Késia dos Santos Lima
Thalita de Paula

Diagramação
Airton Felix Silva Souza

Capa
Airton Felix Silva Souza
Guilherme de Lucas Aparecido Barbosa

Todos os direitos em língua portuguesa, para o Brasil, reservados à Editora Ideias & Letras, 2022.

1ª impressão

Avenida São Gabriel, 495
Conjunto 42 - 4º andar
Jardim Paulista – São Paulo/SP
Cep: 01435-001
Televendas: 0800 777 6004
vendas@ideiaseletras.com.br
www.ideiaseletras.com.br

Dados Internacionais de Catalogação na Publicação (CIP) de acordo com o ISBD

Z38e   Zaterka, Luciana
Ensaios de história e de filosofia da química / Luciana Zaterka, Ronei Clécio Mocellin. - São Paulo : Ideias & Letras, 2022.
328 p. : il. ; 15,7cm x 23cm. – (Filosofia e história da ciência)

Inclui bibliografia e índice.
ISBN: 978-65-87295-31-2

1. Filosofia da química. 2. História da química. I. Mocellin, Ronei Clécio. II. Título. III. Série.

2021-4614   CDD 540
                                                                                       CDU 54

Elaborado por Odilio Hilario Moreira Junior - CRB-8/9949
Índices para catálogo sistemático:
1. Química 540
2. Química 54

Dedico estes Ensaios *para a minha filha, Carolina, por ter aprendido com ela o que de fato importa nesta vida: o amor. Obrigada, Cacá, você me abriu caminhos inesperados. Por meio de sua presença, arte, alegria e valores únicos, eu me tornei uma pessoa melhor e incomensuravelmente mais feliz.*

– Luciana Zaterka

Dedico estes Ensaios *para os meus pais, Alberto e Leoni.*

– Ronei Clécio Mocellin

Agradecimentos

As ideias do livro surgiram em um café na Faculdade de Filosofia, Letras e Ciências Humanas da Universidade de São Paulo (FFLCH-USP) no ano de 2015 e, a partir daí, os autores começaram a trabalhar juntos em alguns temas de comum interesse. Luciana foi algumas vezes à Universidade Federal do Paraná para colaborar com as atividades acadêmicas de Ronei, que, por sua vez, foi pesquisar junto ao Programa de Pós-Graduação em Filosofia da Universidade Federal do ABC (PPGFIL-UFABC). Assim, surgiu uma grande parceria e uma amizade especial. É difícil pensar, em um horizonte relativamente pequeno como os dos interessados em filosofia da química no Brasil, como esse feliz encontro pôde acontecer. A partir das publicações e interesses em comum dos autores, as questões do presente livro foram amadurecendo, até que, depois de três anos de trabalho, chegaram neste ponto.

Os originais desta edição passaram pela leitura de alguns leitores que Zaterka e Mocellin gostariam de agradecer. Em primeiro lugar, agradecem ao professor Hugh Lacey não somente pelas sugestões valiosas, mas também por sua presença sempre constante na formação de ambos os autores. Além disso, agradecem a Marcos Barbosa de Oliveira por sua interlocução e pelo engajamento de seus textos, e a Paulo Tadeu da Silva, Claudemir Roque Tossato e Plinio Junqueira Smith pelas importantes e proveitosas observações.

Agradecem também ao professor Pablo Rubén Mariconda pelas inúmeras sugestões de forma e conteúdo, bem como pelo diálogo filosófico constante. E, por fim, endereçam um agradecimento especial a Bernardette Bensaude-Vincent não apenas por seu prefácio, mas, sobretudo, pelo conjunto de sua obra, que muito os auxiliou para a produção deste trabalho.

Em particular, Zaterka agradece a constante presença, compreensão e afeto de seu marido, Helio, bem como o amor incondicional de sua mãe, Myriam. Também agradece o diálogo constante e a amizade inigualável de sua irmã Simone, o carinho e apoio de seus irmãos, Bia e Beno, e, por fim, a troca intelectual e a generosidade de seu amigo José Eduardo Marques Baioni.

Já Mocellin agradece a seus antigos professores-orientadores, Décio Krause (Iniciação Científica), Luiz Henrique de Araújo Dutra (Mestrado), Bernadette Bensaude-Vincent (Doutorado) e Maurício de Carvalho Ramos (Pós-doutorado), e também aos professores, químicos e historiadores Juergen Heinrich Maar e Carlos Alberto Lombardi Filgueiras pelo apoio e amizade.

Sumário

LISTA DE FIGURAS   11

PREFÁCIO   13
Bernadette Bensaude-Vincent

INTRODUÇÃO   17
Filosofia e química

CAPÍTULO 1   41
Alquimia e química: permanências e rupturas
1.1 Alquimia, temporalidade e organicidade: um paradigma feminino   46
1.2 A racionalidade alquímica na Modernidade   55
1.3 O laboratório alquímico   64
1.4 A Modernidade e o abandono da Terra-mãe   74
1.5 Boyle, Newton e a alquimia   80

CAPÍTULO 2   93
História natural, filosofia experimental e a emergência da química moderna
2.1 A química como parte da história natural   96
2.2 A filosofia químico-experimental   102
2.3 Conceitos, tabelas e nomenclatura: preocupações da química das Luzes   108
2.4 O sistema químico de Lavoisier e uma "nova" química   119

CAPÍTULO 3   137
Química e medicina: sangue, longevidade e controle dos corpos
3.1 Medicina e química no início da Modernidade: as primeiras transfusões de sangue   141
3.2 Coletivação dos corpos pela socialização do sangue   148

3.3 Sangue e transumanismos ... 157
3.4 Breves considerações sobre o ideal da longevidade humana ... 171

CAPÍTULO 4 — 175
A química e a biografia de seus materiais

4.1 O alumínio ... 179
    4.1.1 A criação ... 180
    4.1.2 Inseparáveis criaturas ... 182
    4.1.3 Novo material: substituição, progresso e propaganda ... 185
    4.1.4 O primeiro cartel ... 187
    4.1.5 O alumínio e suas presenças no mundo humano e natural ... 189
    4.1.6 Pluralismo existencial ... 192
4.2 Plásticos: química, poder e meio ambiente ... 194
    4.2.1 Uma breve genealogia: os plásticos naturais ... 196
    4.2.2 A era dos plásticos: temporalidade e impactos ambientais ... 202
    4.2.3 Os plásticos e a saúde humana ... 210

CAPÍTULO 5 — 217
A química agrícola, os organismos geneticamente modificados e a responsabilidade humana

5.1 Os fertilizantes químicos: elementos de uma longa história ... 220
    5.1.1 Produção e circulação ... 226
    5.1.2 A guerra química moderna chega aos campos ... 236
5.2 Organismos geneticamente modificados e o princípio de equivalência substancial ... 239
    5.2.1 O princípio de equivalência substancial e o lugar da incerteza na ciência ... 240

CONSIDERAÇÕES FINAIS — 255
Química, sociedade e responsabilidade

REFERÊNCIAS BIBLIOGRÁFICAS — 283

ÍNDICE REMISSIVO — 317

ÍNDICE ONOMÁSTICO — 325

Lista de figuras

Figura 1   49
Frontispício do *Actorum chymicorum Holmiensium Parasceve*,
de Urban Hjärne (1712)

Figura 2   51
Imagem retirada da obra *Utriusque cosmi maioris scilicet*,
de Robert Fludd (1619)

Figura 3   53
Rosarium Philosophorum, de John Ferguson (1550)

Figura 4   66
Amphitheatrum Sapientiae Aeternae,
de Hans Vredeman de Vries (1595)

Figura 5   77
Frontispício do *Humanis corporis fabrica libri septem*,
de Andreas Vesalius (1543)

Figura 6   106
Físico conferenciando com um químico sobre a dissolução.
Parte da prancha que representa o laboratório químico e a Tabela de
relações de Geoffroy na *Enciclopédia* de Diderot e d'Alambert

Figura 7   113
Tabela de Geoffroy (1718)

Figura 8   129
Retrato de Lavoisier e sua mulher, de Jacques-Louis David (1788)

Figura 9   145
Ilustração do livro do cirurgião alemão Matthias Gottfied Purmann,
que representa uma das primeiras transfusões de
sangue conhecidas (1705)

Prefácio

A filosofia da química vem passando por um renascimento nas últimas décadas que pode parecer paradoxal, pois a química é mal-amada neste início do século XXI. Pouco atraente para os jovens à procura de uma profissão, ela é frequentemente criticada e associada a tragédias e poluições.

É compreensível que no século XVIII a química fosse capaz de atrair filósofos, pois era considerada uma ciência rainha na cultura do Iluminismo por ser uma ciência experimental em plena expansão, aberta, cultivada por um público esclarecido, e, sobretudo, útil para o bem comum. É mais difícil compreender por que, no século XX, a química brilhou por sua ausência do campo filosófico, embora os seus produtos, onipresentes na vida quotidiana graças à substituição de materiais tradicionais por materiais sintéticos, fossem o motor da prosperidade econômica. Por que os filósofos da ciência falavam apenas da física quando a química, no auge de sua glória, moldou a cultura moderna, impregnando-a com valores associados ao artifício e ao progresso? Será que os filósofos iriam na contramão da opinião pública e da cultura ambiente?

Este livro sugere precisamente o contrário. Ele mostra que a filosofia da química pode nos ajudar a pensar sobre o mundo conturbado em que vivemos. Fazendo um amplo apelo à história e percorrendo vários séculos desde a alquimia da Idade Média até os mais recentes projetos transumanistas, os autores mostram que devemos passar pela química para compreender como o mundo moderno foi construído e como, talvez, seja destruído. É aos químicos que devemos a invenção do laboratório e a valorização de provas empíricas para estabelecer a verdade. A estreita aliança entre a química e a medicina lança luz sobre os múltiplos papéis que os químicos desempenham nas questões de saúde pública. Garantidores da salubridade da água graças às suas técnicas de análise e de higiene, segundo a tradição pastoriana, os químicos são também incontornáveis para a fabricação de medicamentos e bactérias-usinas de fármacos produzidos pela biologia de síntese. Se acrescentarmos o papel crucial que os químicos desempenharam na industrialização e no desenvolvimento da agricultura intensiva, fica evidente que essa ciência está no centro da modernidade. A química é onipresente, pois permeia todos os aspectos das nossas vidas e invade todas as partes do ambiente em escala global. Graças à sua dupla face de ciência e de tecnologia, a química faz o mundo.

A sua importância deriva da relação muito especial que os químicos têm estabelecido com a matéria. Para tanto, eles escolheram uma forma de abordar o mundo que é resolutamente materialista e pluralista: o mundo que habitamos está cheio de agentes materiais dotados de disposições ou capacidades a explorar e a tirar benefícios, e, longe de procurar ir além das aparências para alcançar uma realidade oculta ou de reduzir a pluralidade material à unidade, os químicos operam com a multiplicidade repleta de individualidades materiais. Eles fazem os corpos agirem e reagirem uns com os outros para produzir novos corpos com propriedades interessantes. Porém, os agentes materiais, que por suas inter-relações fazem emergir novas propriedades, não são marionetes controladas por um mecanismo escondido atrás do palco. São, ao contrário, parceiros com os quais podemos contar, desde que os domestiquemos para construir um mundo habitável. É assim que a química sustenta as nossas aventuras tecnológicas tanto para o melhor quanto para o pior. Em suma, ela rege as nossas relações com o mundo material, assegurando a governança dos materiais em toda a sua diversidade.

Este livro fala da química não só por meio de seu conteúdo, mas também por meio de sua forma. Ao optar por escrever *Ensaios*, os autores se apropriaram do estilo de investigação próprio aos químicos, pois o laboratório inventado pelos químicos medievais era, sobretudo, um local para ensaios, onde se punham à prova materiais – metais em particular – para avaliar a sua qualidade de acordo com as suas respostas aos testes. Desde então, o método de ensaios tem sido também estendido das coisas às pessoas, que são avaliadas para que se possa determinar sua qualidade para um determinado emprego. Ademais, ele também se estende às interações entre as coisas e as pessoas quando se realizam ensaios clínicos sobre medicamentos ou vacinas. Quanto às ideias, podemos submetê-las a testes de laboratório ou pô-las à prova do público para validá-las sem a pretensão de esgotar o assunto. É nesse gênero literário, caro a Montaigne, que este livro inscreve a filosofia da química. Ele apresenta hipóteses sobre a ontologia feminina da alquimia, bem como sobre a diversidade dos modos de existência dos materiais, que são estímulos ao pensamento, fornecendo pistas de investigação a serem exploradas. A esse respeito, esta obra faz parte de uma tradição resolutamente antidogmática. Por sua erudição histórica e sua informação de vanguarda sobre a investigação atual em história e em filosofia da química, ele certamente transmite conhecimentos sólidos e realiza essa missão pedagógica sem sucumbir ao estilo dogmático dos manuais. Este livro convida estudantes e pesquisadores de todas as disciplinas a refletir não só *sobre* a química e seu envolvimento na construção de um mundo hoje em crise, mas também *com* a química, pois ela determina, de uma forma muito direta e concreta, a nossa relação com o mundo material.

Bernadette Bensaude-Vincent

Professora Emérita de Filosofia das Ciências e das Técnicas
Universidade de Paris I – Panthéon-Sorbonne

Introdução
Filosofia e química

A filosofia da química, como uma disciplina institucionalmente estabelecida, é algo bastante recente. Por outro lado, as relações entre as investigações químicas e filosóficas são extremamente antigas. Qual é o significado de uma "visão química" do mundo? Dito de outra maneira, qual é o lugar do conhecimento químico no espectro dos saberes humanos, considerados pela tradição filosófica como válidos e verdadeiros? Nas análises filosóficas do conhecimento científico, a química contribui por sua especificidade ou como uma ciência periférica, seguindo os mesmos modelos epistêmicos da física-matemática? Em suma, a química apresentaria algum interesse para a filosofia em geral e para a filosofia da ciência em particular? Essas são algumas das questões que permeiam o debate da historiografia da filosofia da química.

As discussões filosóficas sobre o desenvolvimento do conhecimento científico que tiveram lugar na primeira metade do século XX se apoiaram, majoritariamente, em exemplos extraídos das ciências físicas, de modo que a expressão "filosofia da ciência" se tornou sinônima de "filosofia da física". O fato de a física ser a ciência experimental melhor assimilada pela linguagem matemática fez com que essa ciência passasse a ser tomada como modelo do que seria o conhecimento científico para as demais ciências empíricas. Afinal, o paradigma físico-matemático foi o dominante desde a Revolução Científica do século XVII. Uma demonstração dessa seletividade epistemológica nos é fornecida pelas principais publicações que tratavam da filosofia da ciência nos países ocidentais. Por exemplo, se consultarmos as páginas do *The Journal of Unified Science*, porta-voz da escola de Viena, de 1931-1940, não encontraremos nenhuma referência à química, ocorrendo o mesmo com os títulos das contribuições ao *International Congress for the Unity of Science*. Da mesma forma, nos dezoito volumes da *Foundations of the Unity of Science: Toward an International Encyclopedia of Unified Science*, publicados entre 1938 e 1970, há inúmeros artigos sobre física, matemática, biologia e probabilidades, mas apenas um sobre a química (cf. BRAKEL, 2000, p. 17).

Assim, os sistemas epistemológicos hegemônicos privilegiaram análises lógico-matemáticas e linguísticas da ciência, deixando de lado não apenas as questões filosóficas sugeridas pela investigação experimental, como também todo o contexto social e intelectual subjacente a tal conhecimento. Embora recentemente tenha crescido o interesse pela filosofia de outras disciplinas científicas, notadamente pela filosofia da biologia, o modelo paradigmático para a filosofia da ciência entre os filósofos continua a ser, de maneira geral, a física.

É interessante notar, entretanto, que a quase ausência de reflexões filosóficas envolvendo o conhecimento químico nas publicações de língua inglesa não se repetiu nem na França, nem nos países do leste europeu. O interesse pela filosofia da química nos países socialistas decorreu, principalmente, tanto da utilização da química como exemplo na demonstração de Friedrich Engels (1820-1895), em seu *Dialética da Natureza*, do caráter dialético do materialismo (cf. ENGELS, 1976) quanto, também, da centralidade da química na filosofia da ciência hegeliana, pois Hegel considerava que a química estava entre o mecanicismo e a teleologia, sustentando, desse modo, o desenvolvimento de uma "perspectiva teórica" autônoma para essa ciência. Existiriam, assim, três tipos de movimentos materiais: o mecânico, o orgânico e o químico (cf. RENAULT, 2002).

Na defesa da interpretação dialético-materialista da ciência, muitos filósofos e químicos do leste europeu, sobretudo russos e alemães orientais, escreveram sobre a particularidade das ciências, refutando a interpretação neoempirista do grupo vienense, bem como seu reducionismo linguístico-fisicalista. A aplicação do esquema conceitual do materialismo dialético às ciências naturais sugeria uma série de questões diretamente relevantes para o surgimento de uma filosofia da química. Uma delas era a distinção dos diferentes tipos de mudança material, bem como a dos diferentes tipos de matéria que, não sendo redutíveis às teorias físicas, careciam, portanto, de leis próprias que os descrevessem, garantindo, com isso, uma singularidade disciplinar. O principal exemplo era a lei periódica de Dmitri Mendeleev (1834-1907), que resultou na organização da periodicidade de certas propriedades químico-físicas dos elementos químicos em uma tabela sintética (cf. BENSAUDE-VINCENT, 1996; SCERRI, 2001). Para se ter uma ideia desses interesses, foram inúmeras as publicações em filosofia da química em periódicos especializados, como o russo *Voprosi Filosofii* (*Problemas de Filosofia*). Também foram publicados diversos livros que tratavam exclusivamente das questões filosóficas sugeridas pelo estudo, por exemplo, da estrutura atômica da matéria, da química quântica, das teorias ácido-base, da estrutura das moléculas orgânicas etc. (cf. BRAKEL, 2000, p. 22-34; SCHUMMER, 2006, p. 23).

A França também teve suas particularidades. A filosofia da ciência francesa é herdeira da tradição enciclopedista, na qual o problema da definição e da classificação de um conhecimento sempre foi considerado indissociável de sua história. Em outros termos, diferentemente da tradição de língua inglesa, filósofos como Auguste Comte (1798-1857), Pierre Duhem (1861--1916), Émile Meyerson (1859-1933), Gaston Bachelard (1884-1962) e Hélène Metzger (1889-1944) sustentaram que as análises filosóficas acerca do desenvolvimento das ideias científicas não poderiam estar dissociadas do contexto histórico no qual elas operaram, embora chegassem a conclusões filosóficas bastante diferentes. Outra característica das reflexões dos autores franceses foi a de considerar que cada campo de investigação científica tem uma identidade epistêmica, ou seja, existe uma *philosophie des sciences*, e não uma *philosophy of science*. As investigações sobre teorias da matéria também tiveram lugar privilegiado, e era na química, que se ocupava especificamente das transformações materiais, que se encontravam os melhores casos histórico-epistemológicos. Um desses casos, por exemplo, foi o longo debate sobre a existência dos átomos no século XIX, o que gerou um confronto conceitual entre atomistas e energeticistas, positivistas e antipositivistas, realistas e antirrealistas que durou até o início do século XX (cf. BENSAUDE-VINCENT, 2005, 2009).

Contudo, foram as pesquisas em história da química que demonstraram de modo contundente que, ao contrário de uma ciência pouco relevante na construção dos grandes sistemas, a química desempenhou, em alguns deles, uma função central. Além disso, a falta de comunicação entre os membros das comunidades de químicos e de filósofos se revela mais como o resultado de generalizações e simplificações do que como uma realidade histórica. Na verdade, a partir desses trabalhos, constatamos que tanto os químicos tomaram sua disciplina desde um ponto de vista filosófico quanto vários filósofos fizeram da química o alicerce de seus sistemas.

Como exemplo, os trabalhos de A. Debus (1997), W. Newman (2006, 2018), B. Morgan (2005), A. Clericuzio (1994, 2000), P. H. Smith (1994), B. Joly (1992, 2011), A. M. Goldfarb (1997), L. Zaterka (2004), L. Principe (2013) e D. Kahn (2016) apontam o equívoco da tradição histórico-filosófica que toma a chamada Revolução Científica, ocorrida entre os séculos XVI e XVIII, como um fenômeno exclusivo das ciências físico-matemáticas, relegando a um segundo plano os estudos médicos e alquímicos. Ou seja, a interpretação da Revolução Científica e de suas consequências filosóficas é parcial se não levarmos a sério a investigação das operações químicas, das controvérsias envolvendo a diferenciação entre o natural e o artificial, da dimensão econômica dos "produtos da arte", da institucionalização do ensino da alquimia nas escolas de medicina de várias universidades europeias e da literatura química especializada, publicada desde o início do século XVII.

Historiadores da química do século XVIII também têm demonstrado a pluralidade de filósofos que se interessaram pela química, o que indica que os modos de colaboração entre a química e a filosofia eram variados e não induziam a uma única opção filosófica (cf. LEQUAN; BENSAUDE--VINCENT, 2010). Assim, para Denis Diderot (1713-1784) a química constituía o modelo de uma nova filosofia experimental, prática e operatória, que confrontava e tentava superar a filosofia racionalista (cf. PÉPIN, 2012). Quanto a Jean-Jacques Rousseau (1712-1778), o ponto de vista químico de investigar e de interpretar a Natureza era fonte de conceitos centrais à sua filosofia política. Ao mesmo tempo em que Rousseau descrevia métodos e conceitos como os de *análise química*, de *instrumentos operatórios* (naturais e químicos), de *princípios elementares* e de *mixtos* em seu *Institutions chimiques* (escrito em 1747 e somente publicado no início do século XX), ele também se engajava no projeto de uma *Institutions politiques*, na qual esses conceitos eram aplicados no esclarecimento dos corpos individuais, dos *mixtos* sociais e das forças que agiam nas sociedades politicamente organizadas. Um exemplo preciso disso é o emprego do conceito de *mixto*, tal como os químicos compreendiam, no desenvolvimento dos capítulos três e sete do livro III do *Contrato social*, publicado por Rousseau em 1762. No capítulo sete, intitulado "Dos governos *mixtos*", Rousseau se pergunta "qual será o melhor, um governo simples ou um governo *mixto*?" (cf. ROUSSEAU, 1999, p. 94). A compreensão de seus argumentos será bastante favorecida se o leitor tiver em mente o que os químicos denotavam com esse conceito (cf. BERNARDI, 1999, 2006).

Já o bispo George Berkeley (1685-1753), conhecido pelo seu interesse em refutar teses ateístas e materialistas, expressa forte interesse por temas científicos, em especial na sua última obra publicada, de nome *Siris: Uma cadeia de reflexões filosóficas e investigações sobre as virtudes da água de alcatrão e outros temas diversos conectados entre si e decorrentes uns dos outros* (1744). Pelo título, já podemos notar que investigações sobre a água de alcatrão motivaram o pensador a reflexões médicas e químicas, além de filosóficas. Por meio dessas considerações, Berkeley discute ideias de vários dos membros da Royal Society, entre eles Robert Boyle (1627-1691) e Robert Hooke

(1635-1703), e mostra também o conhecimento das filosofias naturais de Wilhelm Homberg (1652-1715) e Hermann Boerhaave (1668-1738). Na obra *Siris*, Berkeley afirma que existe uma entidade chamada éter, que seria a causa do vínculo existente entre homem e mundo. Para atingir essa concepção, ele discute longamente aspectos das investigações sobre o ar, em especial a perspectiva de Boyle de que o ar contém sal, e que é por essa razão que pode transformar o estado dos metais. A partir dessa discussão, o autor introduz o éter como o elemento mais fundamental e antecedente ao ar, denominando-o de a "alma do mundo". Berkeley, assim, transfere para o éter as propriedades dos solventes observados nas práticas químicas ao assinalar a sua capacidade de unir materialmente todos os corpos, lembrando que, para ele, todas as substâncias materiais não são outra coisa que coleções de qualidades, isto é, de ideias percebidas por uma mente (cf. MANZO, 2004). O bispo irlandês acreditava, assim, que a química poderia servir de fundamento a uma apologética que demonstrava a existência de Deus e a falsidade de toda interpretação materialista e ateísta das transformações materiais (cf. PETERSCHIMITT, 2011).

No entanto, para Paul-Henri Thiry (1723-1789), o barão de Holbach, ela servirá a um propósito diametralmente oposto, pois a química era determinante para responder a duas questões centrais que opunham o seu materialismo às filosofias *teístas* e *deístas*: qual era a origem do movimento? A matéria era *primitivamente* homogênea ou heterogênea? Além de refutar as explicações externalistas, que consideravam que o movimento não se originava da matéria, mas de uma causa externa (Deus), d'Holbach, assim como Diderot, admitiam uma heterogeneidade *essencial* da matéria, contrariando assim as teses que a tomavam como *una* e homogênea, como a de Boyle, por exemplo (cf. BOURDIN, 1993, p. 264). Enfim, o caráter empírico da química e o conceito de "quimismo", entendido como o conjunto dos processos dinâmicos da matéria, foram fundamentais para o desenvolvimento da filosofia da natureza de Friedrich Schelling (1775-1854), bem como a de outros adeptos da *Naturphilosophie* alemã do século XIX, tal como a de Hegel (cf. LEQUAN; BENSAUDE-VINCENT, 2010).

A moderna historiografia da química também revelou que a chamada "revolução química" não é uma revolução postergada, tal como foi descrita pelo historiador britânico H. Butterfield (1962), nem é obra exclusiva dos trabalhos de Antoine Lavoisier (1743-1794) (McEVOY, 2010). Ao contrário, historiadores como F. L. Holmes (1989), B. Bensaude-Vincent (1993a), A. Duncan (1996), Mi Kim (2003), U. Klein (2007), M. Beretta (1993), M. Lequan (2000), C. Lehman (2008), R. Mocellin (2011), F. Pépin (2012), entre outros, demonstraram, por exemplo, a centralidade da química tanto para a filosofia experimental do século XVII quanto para a sociedade das Luzes e, portanto, para a reformulação do modo de se fazer filosofia empreendida pelos *philosophes*.

Os próprios químicos tinham também interesse nas questões filosóficas relativas às suas teorias e práticas. Boyle e Lavoisier são casos exemplares de químicos que seguiram de perto filósofos de seu tempo, como Francis Bacon (1561-1626), no caso do primeiro, e Étienne Bonnot de Condillac (1714-1780), no caso do segundo. Entretanto, o debate filosófico entre os químicos não se limitava à reivindicação de um determinado pensador, mas abarcava, muitas vezes, a natureza específica dos conceitos químicos. Um exemplo foram as questões acerca do conceito de "elemento químico" no século XIX e sua ampla aceitação pelos químicos a partir da segunda metade do século XX. Sabemos que no início do século XIX, na Inglaterra, o físico-meteorologista John Dalton (1766-1844) propôs uma hipótese que tornava possível conhecer os valores relativos da massa dos "corpos simples", que se combinavam durante uma transformação química, de modo que o novo conceito não tinha nenhuma relação com a filosofia atomista dos antigos (Demócrito, Epicuro, Lucrécio). Para Dalton, o termo "átomo" estava associado às unidades materiais que entravam nas combinações químicas previstas pelas leis das equivalências, das proporções simples e das proporções múltiplas, e recebia uma representação gráfica que permitia escrever seus compostos por meio de fórmulas (cf. BENSAUDE-VINCENT, 1993, p. 150-51).

Todavia, para a emergência de um novo conceito de elemento químico foi fundamental a distinção entre "átomos" e "moléculas" proposta pelo físico Amedeo Avogadro (1776-1856). Essa distinção foi importante para que o químico Mendeleev apontasse outra diferença fundamental: entre "corpos simples" e "elementos químicos". Assim, Mendeleev deixava de considerar, como fizera Lavoisier, essas expressões como sinônimas. Por isso, dizia ele: "encontramos na natureza o carbono sob a forma de carvão, de grafite e de diamante, que são corpos simples, mas constituídos por um único elemento, o carbono" (MENDELEEV, 1897, v. 1, p. 36). Tal fenômeno foi denominado de *alotropia* (do grego *állos*, "outro, diferente", e *tropos*, "maneira"), e a expressão "elemento químico" não denotava mais o produto final de um processo de análise química, mas passava a se referir a uma medida relacional e abstrata, que eram as massas atômicas obtidas por diversas técnicas experimentais. Como as propriedades químicas e físicas dependiam dos "pesos atômicos" dos elementos químicos constituintes, era natural, dizia Mendeleev, procurar uma relação entre as propriedades análogas. Tal era a ideia que o obrigava a dispor todos os elementos segundo a grandeza de suas massas atômicas, que Mendeleev viu-se impelido a enunciar uma lei que descrevia a periodicidade das propriedades dos elementos químicos. Segundo ele, "as propriedades dos corpos simples, como as formas e as propriedades das combinações são uma *função periódica* da grandeza do peso atômico" (MENDELEEV, 1897, p. 462-63, grifo nosso). Portanto, o conceito moderno de elemento químico remete a uma entidade puramente abstrata que não tinha uma existência isolada, pois só era possível identificá-la pelas suas relações de massas com outros elementos químicos (cf. BENSAUDE-VINCENT, 1996; SCERRI, 2007).

Ao longo do século XIX também podemos notar um estreitamento no diálogo entre químicos e físicos e os resultados obtidos pela física, que traziam novas informações sobre as substâncias químicas. Contudo, embora no início do século XX físicos como Paul Dirac (1902-1984) tenham previsto que a totalidade das leis da química seriam explicadas pela mecânica quântica, eles não tiveram sucesso em reduzi-las ao formalismo da física quântica, e é certo que existe um mundo quântico propriamente químico (cf. DIRAC, 1929; GAVROGLU; SIMÕES, 2012). No caso dos elementos químicos, a descoberta da radioatividade e da existência dos isótopos (do grego *isos*, "mesmo", e *topos*, "lugar") trouxe duas dificuldades ao "modo químico" empregado por Mendeleev para defini-los em sua posição na tabela periódica. A primeira foi a descoberta da transmutação de um elemento químico em outro por decaimento radioativo (recusada por Mendeleev), e a segunda foi a multiplicação de elementos com propriedades químicas iguais, mas com massas atômicas diferentes. O fenômeno da isotopia, além de contrariar o segundo postulado da hipótese atômica de Dalton, que afirma que átomos iguais tinham os mesmos "pesos atômicos", também trazia um enorme desafio para a representação gráfica da tabela periódica, pois vários elementos poderiam ocupar o mesmo lugar.

Foi o radioquímico Friedrich (Fritz) Paneth (1887-1958) quem propôs uma saída para essa crise. A solução baseava-se na constatação de que elementos químicos com propriedades químicas idênticas, mas com massas atômicas diferentes, possuíam uma identidade física comum: o número atômico. Essa nova maneira de identificar a singularidade dos elementos químicos baseava-se nos avanços obtidos pelos físicos ao investigar a natureza interna dos átomos a partir da constatação de que eles eram formados por elétrons (THOMPSON, 1897) e por prótons (cf. PANETH, 2003). De fato, desde 1916 Paneth sugeria associar o número de prótons presentes no núcleo dos átomos ao conceito de elemento químico (cf. SCERRI, 2007). Após a adoção desse critério pela recém-criada IUPAC (International Union of Pure and Applied Chemistry), Georges Urbain (1872-1938), outro químico-filósofo, analisou as razões químicas e físicas dessa escolha. Para ele, "essa definição apresenta a vantagem de resolver a questão dos isótopos, de maneira que diferentes isótopos de um mesmo elemento químico são partes integrantes desse mesmo elemento" (URBAIN, 1925, p. 48; cf. CLARO--GOMES, 2003).

Enfim, após longo tempo à margem dos debates filosóficos, o conhecimento químico começou a despertar o interesse de filósofos profissionais da ciência. Isso se deveu, principalmente, não só à necessidade de se elaborar os conceitos utilizados no ensino da química, da particularidade da "visão química" do mundo e de seu lugar no espectro do conhecimento científico, mas também à forma como os químicos defenderam a identidade epistêmica de sua ciência ao longo de sua longa história e nas discussões sobre a ética e os valores atuantes na produção do conhecimento científico. A evidência social mais clara desse interesse consiste na crescente institucionalização do ensino de filosofia da química.

A partir da metade do século, a química começou a ganhar mais espaço na filosofia da ciência praticada por autores de língua inglesa. Procurando vias alternativas ao empirismo lógico e à historiografia tradicional da ciência, M. Polanyi (1946, 1958), S. Toulmin (1957), T. Kuhn (1962), H. Putnam (1975), P. Kitcher (1978) e L. Laudan (1984) fizeram uso de diversos casos da história da química na defesa de seus pontos de vista sobre o desenvolvimento da ciência. Entretanto, a consolidação disciplinar e a organização institucional só começaram efetivamente nos anos 1990. Em 1994, realizou-se em Londres a First International Conference on Philosophy of Chemistry, além de várias reuniões e congressos realizados na Alemanha, na Itália e nos EUA; em 1995, foi criado o jornal *Hyle: International Journal for Philosophy of Chemistry*, cujo editor-chefe é, desde então, Joachim Schummer; em 1997, organizou-se a International Society for the Philosophy of Chemistry (ISPC) e, em 1999, nos EUA, é criado o periódico *Foundations of Chemistry*, cujo editor-chefe é Eric Scerri. A partir disso, um crescente número de universidades tem oferecido cátedras de filosofia da química nos cursos de filosofia e química, além de mestrados e doutorados específicos na área (cf. BAIRD; SCERRI; McINTYRE, 2006; SCERRI; FISCHER, 2016; BENSAUDE-VINCENT; EASTES, 2020).

Um dos principais temas abordados nesses cursos de filosofia da química tem sido o *emergentismo* das propriedades químicas da matéria. Aqui, lembraremos apenas que, na perspectiva emergentista, as propriedades de um determinado nível de materialidade, embora derivadas de um nível inferior, são exclusivas desse nível. Mesmo que as propriedades químicas emergissem de um universo físico mais básico (subatômico), isso não implicaria que elas fossem redutíveis às propriedades dessas entidades físicas, muito menos às proposições ainda mais básicas, como as da matemática. De fato, os próprios teóricos da perspectiva *emergentista* têm na química seu território favorito de exemplos de emergência material, que satisfazem inclusive à controversa noção de causalidade descendente (*top-down*) (cf. LUISI, 2002).

Porém, apesar de sustentar a autonomia epistêmica e fenomênica da química, algumas interpretações emergentistas continuam admitindo uma dependência ontológica em relação à física quântica. Os críticos dessas posições emergentistas consideram que, embora elas defendam um monismo fisicalista não redutivo, elas continuam admitindo a prioridade ontológica do mundo físico, de modo que as entidades e as propriedades químicas teriam uma existência ontologicamente secundária. Nesse sentido, alguns filósofos defendem que a química é autônoma tanto epistemólogica quanto ontologicamente, pois, segundo eles, podemos dispor de um pluralismo ontológico, de modo que entidades químicas, ligações químicas ou orbitais moleculares existem dentro de um escopo ontológico próprio da química (cf. LABARCA; LOMBARDI, 2010; LLORED, 2013; LEWOWICZ; LOMBARDI, 2013).

Outro tema de investigação acadêmica tem sido o estudo dos materiais produzidos pelos químicos nos laboratórios e nas indústrias. Segundo os pesquisadores dessa abordagem, as substâncias químicas e os produtos nos quais elas estão presentes deveriam ser analisados levando-se em conta desde a comunidade científica que os tornaram materialmente possíveis até os interesses industriais e econômicos envolvidos (cf. KLEIN; LEFÈVRE, 2007; TEISSIER, 2014). Assim, os materiais produzidos pela química (metais, pólvora, pigmentos, fertilizantes, plásticos, extrato de carne etc.) sempre seriam "construções sociais", que passam a existir a partir de um contexto histórico, geográfico, econômico ou institucional, mas que podem tornar-se autônomos desses contextos uma vez que se espalham pelo mundo humano e ambiental, causando efeitos que não eram previstos e nem desejados (cf. LEWOWICZ, 2015, 2016). Enfim, outro exemplo de tema que tem despertado o interesse de filósofos e historiadores pela química é o "pluralismo científico", que consiste na defesa de um compromisso societário e acadêmico de manter múltiplos sistemas de conhecimento em cada campo de investigação; esse pluralismo na ciência, contudo, não deve ser confundido com um "relativismo". Uma tarefa importante para a filosofia e a história da ciência consiste em explicitar não seus próprios modelos de análise, mas, sobretudo, os prejuízos cognitivos causados por um monismo nas estratégias de pesquisa em ciência (cf. CHANG, 2004, 2010, 2012).

Foram as pesquisas em ensino da química, no entanto, as que mais contribuíram para a institucionalização da filosofia da química nos departamentos de química e de educação. Uma dessas particularidades, que tem demandado uma análise filosófica detalhada da parte dos educadores, consiste no entendimento dos procedimentos adequados na construção de modelos explicativos em química. Embora as abordagens e propostas não sejam uniformes, o elemento comum dessas investigações está no esforço em promover o aprendizado da química, processo que passa pelo domínio de suas linguagens e pela capacidade daquele que aprende (e daquele que ensina) de identificar "problemas químicos" próprios a seus contextos histórico--culturais e de sua habilidade de propor soluções (cf. ERDURAN, 2001).

Como os alunos aprendem conceitos científicos? Quais estratégias devem ser adotadas no aprendizado dessa nova linguagem, que rompe e, ao mesmo tempo, resta imbricada em outros níveis linguísticos (cotidiano, informal, midiático etc.)? Qual é o perfil do profissional que tem por tarefa promover essa "apropriação científica", essencial para a formação cidadã? É consenso que a realização de experimentos é indispensável no entendimento de conceitos químicos, mas como organizá-los? Como interligar, de modo significativo, esse ir e vir entre teoria e prática que caracteriza a ciência química? Quais são os instrumentos didáticos mais eficientes nessa tarefa? Tem-se feito grandes esforços para responder a essas e a várias outras questões envolvidas na apropriação social do conhecimento químico (cf. NETO, 2009; GOIS, 2012; LABARCA; BEJARANO; EICHER, 2013; RIBEIRO, 2014; GOIS; RIBEIRO, 2019). Assim, a centralidade da ciência química nas sociedades contemporâneas e a obrigação republicana (*res publica*) de promover o domínio público desse conhecimento são razões mais do que suficientes para a promoção de seu ensino. Mais que um desafio aos profissionais dessa área, trata-se de uma das questões-chave no processo de construção de sociedades democráticas e, nesse sentido, uma reflexão filosófica apurada é fundamental para essa tarefa.

O ensino da química é, certamente, um dos focos importantes de investigação conceitual, porém filósofos e historiadores têm explorado outros eixos de pesquisa, ramificando, assim, a institucionalização da filosofia da química nos departamentos de filosofia e de história das ciências. Além das relações entre filósofos canônicos e o pensamento químico, questões relativas à história da alquimia e da química, historiografia, epistemologia, ontologia, tecnologia, metodologia, metrologia, ética, estética, lógica, linguagem, semiótica e literatura apontam para a existência de uma disciplina madura, praticada por uma comunidade de pesquisadores bem estabelecida.

O fato de o conhecimento químico e seus produtos estarem associados a múltiplas áreas (biologia, física, medicina, farmácia, informática, engenharia, ciência dos materiais etc.) faz da química uma ciência central, e essa centralidade não é uma novidade da química contemporânea. Na verdade, se tomarmos a posição dessa ciência na segunda metade do século XVIII, perceberemos que naquele período e durante boa parte do século XIX a centralidade do conhecimento químico causou um impacto cultural bastante importante. Aliás, parece que a onipresença da química na atualidade contribui, paradoxalmente, para o seu "desaparecimento" cultural. Contudo, essa posição, associada ao caráter dual do conhecimento químico (teórico e prático/laboratório e indústria), impôs aos químicos o desafio de elaborar uma identidade epistêmica e delimitar um território de investigação.

Assim, discutir o conhecimento químico de um ponto de vista filosófico implica deixar de lado (ou submeter a uma análise crítica) o léxico tradicionalmente empregado pela filosofia da ciência. Ou seja, em vez de buscar exemplos que esclareçam o significado de conceitos como indução, dedução, causalidade, determinismo, essencialismo e substancialismo na ciência química, é muito mais pertinente fazer emergirem desse conhecimento suas próprias noções e conceitos. Pensando a história da química como um processo de longa duração, conceito devido ao historiador F. Braudel, um dos expoentes da chamada escola dos *Annales*, B. Bensaude-Vincent e I. Stengers (1993) mostraram, de modo convincente, que um dos aspectos originais da química está na historicidade da construção de sua identidade. Ao mesmo tempo em que é a ciência da ultramodernidade, tem suas teorias e práticas químicas ancoradas no passado.

No início do século XX, o uso de certos produtos químicos já causava reações contrárias de parte da opinião pública. Os gases tóxicos utilizados na Primeira Guerra Mundial, por exemplo, chamaram a atenção para o emprego dos produtos de um conhecimento científico para provocar mortes. De fato, a situação era ambivalente, pois a química também era vista com grande entusiasmo pelo público, animado pelos novos artefatos obtidos pela química de síntese e por uma propaganda massiva. Todavia, a partir dos anos 1960, sobretudo com a repercussão do livro *Silent spring* (2012 [1962]), de Rachel Carson (1907-1964), a opinião pública começou a associar a química a efeitos deletérios sobre o ambiente natural. Os produtos da química e de sua indústria são comumente apontados como os principais inimigos do ambiente natural, causadores de tipos variados de poluição e cuja duração pode se estender por vários séculos após o seu "lançamento" no mundo, o que expôs a química e os químicos ao julgamento da opinião pública (SCHUMMER; BENSAUDE-VINCENT; TIGGELEN, 2007).

A ocupação do mundo por produtos da indústria química passou a uma nova escala ao longo do século XX com as demandas crescentes tanto da sociedade civil quanto dos aparatos militares. Se o carvão, a madeira, o ferro fundido e o aço continuaram a ser os materiais mais postos à disposição para uso social, novos materiais entraram em cena, como o alumínio e outros metais leves, a borracha (natural e sintética), os polímeros sintéticos (como plásticos e elastômeros), as cerâmicas, o silício e, ainda, os compósitos e híbridos materiais. Os polímeros sintéticos derivados do petróleo, por exemplo, são certamente alguns dos materiais que mais contribuem para a "presença" humana na nossa biosfera. Criados nos laboratórios dos químicos e produzidos pela indústria química, eles estão presentes na grande maioria dos objetos utilizados em nosso cotidiano. Leves, baratos e resistentes, esses materiais sintéticos substituíram progressivamente materiais tradicionais como a madeira, o ferro, o aço ou mesmo o concreto, e tornaram-se o material símbolo das últimas décadas. Eles são essenciais para o modo de vida contemporâneo, uma importante criação dos químicos, prova da inventividade de engenheiros, de *designers* industriais, de metalurgistas-arquitetos e, ao mesmo tempo, uma ameaça real e talvez sem precedentes ao ambiente natural. A produção em larga escala, que em determinados contextos revela-se pertinente, mas em outros demonstra-se catastrófica, como foi o caso do DDT ou como se apresenta constantemente nos acidentes nas instalações químicas, faz da ética uma dimensão essencial da filosofia da química (cf. EASTES; SIMON, 2020).

O escopo da ética da química inclui todos os aspectos de valor da atividade química, desde a construção do conhecimento básico, ensino e pesquisa até seu desenvolvimento e aplicações em ambientes acadêmicos, industriais e governamentais. Para cada atividade, podemos fazer perguntas como: quais valores, normas e obrigações os químicos seguem? O que eles pretendem alcançar? Quais são as consequências mais amplas de suas atividades? Estamos com os resultados positivos e negativos previsíveis, incluindo possíveis riscos, bem equilibrados? Os químicos fazem todos os esforços para estimar os possíveis resultados com base no melhor conhecimento disponível? Eles são responsáveis e devem ser responsabilizados pelos efeitos adversos de suas ações? As normas dos químicos individuais e da comunidade química em questão estão de acordo com os padrões éticos gerais? Suas pesquisas provocam conflitos com valores culturais estabelecidos? [cf. *Hyle*, 7 (2), 2001; 8 (1), 2002].

Do mesmo modo, em termos de hábitos cotidianos, um público crescente diz preferir consumir "produtos naturais" supostamente mais "puros" do que aqueles obtidos a partir de processos químicos. Evidentemente, os químicos ficam escandalizados com a inocência do grupo quanto à presença da ciência química em suas vidas e veem, com certa resignação, a ingratidão desse público em relação ao conhecimento dos profissionais e às práticas industriais, que tornam suas vidas mais longas e agradáveis. Quanto à pureza das substâncias extraídas da "natureza", sacralizadas no discurso pró-bio, eles apontam que, na verdade, é somente com a química que somos capazes de obter produtos puros e que a suposta pureza natural fundamenta-se em uma fantasia, e não em uma realidade científica. Em outras palavras, mais do que nenhum outro profissional de outras áreas, os químicos sabem que somente por meio de uma série de procedimentos técnicos controlados torna-se possível obter uma amostra com certo grau de pureza. Um exemplo fundamental para os dias de hoje, que ilustra de maneira manifesta a relação entre a pureza e a não pureza das substâncias e o lugar do químico nessa discussão, é o caso da produção do oxigênio hospitalar. A demanda aumentou exponencialmente em 2020 e 2021 por causa dos altos números de pacientes com baixo nível de saturação decorrente do COVID-19. Ora, somente por meio de um processo físico-químico rigoroso é que se consegue extrair o oxigênio hospitalar, que deve ter uma pureza acima de 99,5%. Usualmente extraído do oxigênio do ar, que além de oxigênio possui nitrogênio e argônio, entre outros gases, por meio de destilação fracionada, deve-se inicialmente passar o ar para o estado líquido. Em seguida, esse líquido vai ser aquecido lentamente, pois o nitrogênio, o oxigênio e o argônio possuem pontos de ebulição distintos: o nitrogênio entra em ebulição a -196 ºC, seguido pelo argônio, a -186 ºC e, finalmente, pelo oxigênio, a -183 ºC. Porém, depois dessa fase é preciso ainda atingir um altíssimo grau de pureza, o que significa que o oxigênio passa por um processo de filtragem para a retirada de toda a poeira e de partículas em geral, além da água contida no ar. O químico é quem, na etapa final, atesta a pureza desse oxigênio produzido e o coloca em cilindros verdes para que possa, finalmente, chegar aos hospitais com a sua devida qualidade de pureza. Esse caso também explicita que só nos damos conta da importância da química em nossas vidas quando demandamos dela as moléculas e os produtos de que necessitamos com urgência, já conhecidos ou que ainda serão sintetizados.

Normalmente, atribui-se a principal razão do público ter uma imagem negativa em relação a essa ciência à ignorância dele em relação aos benefícios trazidos pela química, ou seja, por não saber que, sem ela, a vida seria muito mais difícil. A resposta convencional para sanar esse "mal-entendido" entre a química (e, consequentemente, seus agentes produtores, ou seja, profissionais, industriais, governamentais etc.) e o público aponta para a necessidade de uma melhor informação acerca dessa ciência e de seus benefícios – admite-se, claro, seus perigos e os cuidados a serem tomados. Afinal, considerar o público apenas como formado por ignorantes não deixa de lado questões centrais na relação entre esse grupo e a apropriação social do conhecimento químico?

Por certo, a relação entre a química e o público não é um assunto recente, e esse diálogo não nos parece poder ser reconstruído em uma perspectiva linear de um crescente entendimento mútuo. Ele também não está afastado da relação que esse grupo tem com as ciências em geral. As tentativas de aproximação do público com as ciências acentuaram-se a partir do chamado século das Luzes: no século XVIII, o *Le spetacle de la nature* do abade Noël-Antoine Pluche (1688-1761) (nove volumes publicados entre 1732 e 1742 e reimpressos até o final do mesmo século), os dicionários e enciclopédias (particularmente a monumental *Enciclopédia das ciências, das artes e dos ofícios*, dirigida por Diderot e D'Alembert, e sua sucessora, a *Enciclopédia metódica*) ainda eram restritos a um público numericamente limitado. Contudo, ao longo do século XIX, a "vulgarização" científica estará na ordem do dia, alimentada por múltiplos interesses dos Estados, da indústria, dos editores etc.

Os objetivos dessa "popularização" também são variados e não podem ser simplesmente associados a uma consequência lógica do crescente domínio científico sobre o meio natural e social. De fato, a promoção de uma popularização da ciência servia ao discurso de um amplo espectro político-ideológico que, no século XIX, ia dos discursos industrialistas (de Saint-Simon, Comte, Arago, entre outros) até a defesa da libertação da opressão de classes pelo conhecimento científico (de Fourier, Marx, Proudhon, Kropotkine e outros). Embora a crença de que o progresso social e o progresso do conhecimento técnico-científico fossem convergentes tenha sido abalada ao longo do século XX, a apropriação pelo público dos produtos da ciência obriga a um constante estímulo destes em relação ao conhecimento científico. A massificação do ensino serviu, sem dúvida, a essa tentativa de "alfabetização" científica do grande público. Nesses discursos, a ciência em geral (e a química em particular) é considerada como essencial não apenas ao desenvolvimento econômico, mas, sobretudo, ao aumento da qualidade e da expectativa de vida, enquadrando-se em uma perspectiva mais ampla de que a ciência está a serviço do progresso (cf. BENSAUDE-VINCENT, 1993b; BENSAUDE-VINCENT; RASMUSSEN, 1997).

Mas, em um momento em que a desconfiança do público em relação aos impactos causados pela ciência ao meio ambiente é enorme, o que resta da ideia de progresso? Dado o paradoxo contemporâneo de desconfiança e, ao mesmo tempo, de veneração pelo progresso, como revitalizar esse conceito agregando-lhe sistemas de valores (epistêmicos, éticos, sociais, políticos) que contribuam para a redefinição de certos objetivos civilizacionais? Essa forma de promover a ciência química, que toma o público como alunos a serem ensinados sobre o que é o melhor para eles, continua sendo a predominante. Tome-se como exemplo os objetivos traçados pela Unesco por ocasião da promoção do Ano Internacional da Química, em 2011: aumentar a valorização e o entendimento público sobre a química para atender às necessidades do mundo; estimular o interesse dos jovens pela química; gerar entusiasmo pelo futuro criativo da química; celebrar o papel das mulheres na química e comemorar o centenário de morte de Marie Curie (1867-1934), ganhadora do Prêmio Nobel de Química (cf. UNESCO, 2011).

É somente a falta de educação química que faz o consumidor se perguntar se um produto é "químico" ou "natural"? A preferência pelo bio é apenas uma questão de moda? Geralmente apontado pelo público como o grande inimigo do ambiente natural, o conhecimento químico encontra-se na posição de ser, paradoxalmente, parte da ciência natural (regido por leis) e inimigo da natureza.

Se nas últimas décadas, como vimos, a filosofia da química se estabeleceu como área de investigação reconhecida institucionalmente, isso não significa que tenha sido apenas a partir desse momento que químicos e filósofos começaram a trabalhar em questões comuns. Também não significa que essa nova disciplina acadêmica possua um *corpus* teórico homogêneo e bem definido. Na verdade, os pesquisadores que mais têm se destacado nesse campo, tais como D. Baird, R. Harré, E. Scerri, J. Schummer, J. van Brakel, B. Bensaude-Vincent, entre outros, certamente divergem em pontos importantes. Essas divergências, porém, só existem na medida em que todos os estudiosos partem de uma base comum, que consiste em tomar o conhecimento químico como uma forma própria do pensar e do fazer humano.

Na química, teoria e prática são indissociáveis. Não se trata da tradicional questão de precedência, mas de um processo em que uma não existe sem a outra. Dito de outra forma, o conhecimento químico emerge de um modo singular de investigação do mundo material, no qual a experimentação e a teorização estão em permanente tensão. Por isso, seja o alquimista medieval, o químico amador da época das Luzes ou o químico formado no modelo da escola de Justus von Liebig (1803-1873), nenhum deles considera possível existir algum conhecimento químico sem um lugar específico no qual se manipule efetivamente a materialidade do mundo. Assim, estamos de acordo com aqueles autores que consideram o laboratório de alquimistas e químicos o espaço (social, instrumental, industrial, pedagógico) não apenas de produção de artefatos químicos, mas de articulação de análises que aproximam químicos, historiadores e filósofos. Ou seja, mesmo com diferentes questões a resolver, essas três categorias de pesquisadores estão interessadas no que entra e no que sai de um laboratório, pois um conjunto de valores (sociais, epistêmicos, comunitários etc.) está envolvido nos processos de manipulação e transformação do mundo em que habitamos (cf.BENSAUDE--VINCENT; SIMON, 2008).

Após essa breve descrição acerca das relações recíprocas entre a filosofia e a química, cabe-nos anunciar qual é o propósito do presente livro. Objetivamos fornecer ao leitor alguns ensaios a respeito de aspectos diferenciados e não lineares historicamente da filosofia e da história da química. Não se trata, portanto, de um livro de introdução à história, nem à filosofia da química, mas de um conjunto de ensaios sobre temas específicos partindo de um ponto de vista histórico e filosófico. No primeiro capítulo, "Alquimia e química: permanências e rupturas", discutimos as origens da química na época moderna por meio de seus distanciamentos e aproximações das práticas alquímicas. O foco é propor um afastamento da historiografia tradicional da história da química ao apresentar, por um lado, a centralidade da racionalidade alquímica como um saber fundamental acerca da materialidade, bem como o âmbito prático e instrumental desse saber, que permaneceu na ciência química, e, por outro, ao analisar a natureza desse saber ancestral que operava com uma visão de mundo diferente daquela na qual a Modernidade irá se estruturar, qual seja, um âmbito feminino de ciência. Nesse capítulo, discutimos, ainda, o *locus* fundamental do laboratório para as práticas e os conhecimentos acerca da matéria, pois, afinal, esse "lugar de experiências" não era um mero gabinete de curiosidades ou somente um espaço para a demonstração dos fenômenos naturais, mas um lugar onde ocorriam, de fato, transformações, onde se articulavam e relacionavam não apenas os componentes íntimos da matéria, mas os diversos níveis da estrutura social. Desse espaço nasceu uma cultura científica específica que identificava uma coletividade de praticantes, constituída de atitudes, gestos, teorias, instrumentos, produtos, manuais e métodos de ensino, traduções, correspondências e formas simbólicas.

No capítulo seguinte, "História natural, filosofia experimental e a emergência da química moderna", refletimos, inicialmente, sobre a origem da filosofia experimental na Inglaterra no século XVII, em especial nas obras de Francis Bacon e Robert Boyle. Aqui observamos a importância da história natural baconiana, bem como o papel das novas tecnologias, como a bomba a vácuo, para a constituição dessa nova filosofia. Em seguida, ao discutir alguns de seus desdobramentos no século das Luzes, notamos que a filosofia experimental não é, na verdade, única, mas que durante o século XVIII existiram diversas maneiras de filosofar experimentalmente. De um lado, encontramos, por exemplo, o ponto de vista de Boerhaave, que utilizava como inspiração os empreendimentos filosóficos dos membros da Royal Society, e, de outro, as pesquisas de Gabriel-François Venel (1723-1775) e Diderot, que enfatizavam mais o âmbito prático e operacional do que hipóteses *a priori*, como a teoria corpuscular da matéria formulada por Boyle e discutida por John Locke (1632-1704) em seu *Ensaio sobre o entendimento humano*. O século XVIII apresenta, ainda, um lugar fundamental para os estudos químicos, pois foi o momento em que a publicação de muitos de seus resultados, seja em manuais, tratados ou dicionários, ganha destaque. Um caso emblemático é a *Enciclopédia* de Diderot e d'Alembert. Por fim, discutimos a importância da nova nomenclatura química para a sua futura identidade epistêmica que conduzirá, sem dúvida, à sua autonomia. Veremos que nomes como Louis-Bernard Guyton de Morveau (1737-1816) e Antoine Lavoisier serão fundamentais para esse novo momento da história da química.

"Química e medicina: sangue, longevidade e controle dos corpos" discute a relação entre os saberes químicos e a medicina por meio de um estudo de caso de longa duração: o sangue e a longevidade humana. Nosso objetivo nesse capítulo é apresentar estudos que estejam na interface entre a química e a medicina que podem auxiliar na compreensão de como o corpo se tornou, cada vez mais ao longo da história, um objeto técnico. Partindo do que chamamos de programa baconiano de conhecimento, mapeamos a motivação epistêmica que conduziu aos primeiros estudos modernos sobre o sangue e sua transfusão. O segundo caso histórico que abordamos continua a enfatizar os aspectos experimentais e operativos da transfusão sanguínea, mas agora salientando o seu processo de institucionalização. Nele, destacamos algumas ideias e práticas realizadas pelo médico e filósofo russo Aleksandr Aleksandrovich Bogdanov (1873-1928), nascido Malinovsky, que foi o diretor da primeira instituição mundial consagrada exclusivamente ao estudo do sangue e de sua transfusão, o Instituto de Transfusão de Sangue, criado em Moscou em 1926. Veremos alguns elementos conceituais que fizeram das transfusões de sangue um domínio para reflexões filosóficas e políticas, em especial sobre como as instituições começaram a sistematizar uma política de controle dos corpos. O terceiro e último estudo de caso diz respeito ao movimento filosófico conhecido como transumanismo. Esse movimento incentiva a utilização da ciência e da tecnologia para superar as limitações humanas, e, portanto, enfatiza o uso racional da tecnologia para alterar a condição humana sempre para melhor. Abordaremos alguns aspectos da química desse movimento, tais como a controvérsia técnica da parabiose (experimento em que cientistas unem cirurgicamente animais para criar um sistema de circulação compartilhada) e os experimentos com criogenia, bem como o *locus* do sangue nesse debate. Veremos que tal estudo levanta questões inusitadas, principalmente no que se refere à comercialização do sangue, tratando-o como mais uma mercadoria entre outras.

A partir do capítulo quatro, "A química e a biografia de seus materiais", este livro amplia os seus horizontes metodológicos. Ao discutir o lugar do alumínio e dos plásticos na nossa sociedade, não basta analisarmos a sua origem técnica e nem mesmo as suas propriedades químicas, pois a existência desses materiais não deve ser definida somente por meio dessas características. Ao unir perspectivas complementares, como as da sociologia, história, filosofia e tecnologia das ciências, notamos que compreender a "biografia" de um material significa, sobretudo, conhecê-lo no seu vir-a-ser. Em outras palavras, devemos nos aproximar dos seus "modos de existência", isto é, observar tanto a sua origem como os diversos espaços e lugares por onde ele se move, pois, como bem sabemos, muitos desses materiais, no limite, não perecem em uma escala temporal como a humana.

No último capítulo, intitulado "Química agrícola, os organismos geneticamente modificados e a responsabilidade humana", destacamos a relação entre a química, a agricultura e os ambientes técnico, natural e social nos quais elas ocorrem. Para tanto, em um primeiro momento, analisamos aspectos da história da origem dos fertilizantes, bem como a gênese dos pesticidas sintéticos. Em um segundo momento, voltamo-nos para uma questão de cunho atual, qual seja, a liberação dos organismos geneticamente modificados na agricultura. Por meio dessa liberação, discutiremos aspectos de alguns valores éticos subjacentes a essa temática: o uso do princípio de equivalência substancial em contraposição ao princípio de precaução.

Esperamos, enfim, por meio desses *Ensaios*, oferecer ao leitor algumas reflexões sobre a filosofia e a história da química, tendo como parâmetro questões de cunho epistemológico, metodológico, ético, político, econômico e social, apresentando, assim, a química com toda a sua centralidade, identidade epistêmica e capilarização social.

Capítulo 1
Alquimia e química: permanências e rupturas

A transmutação (*transmutare*) de metais comuns em metais nobres, como a prata e o ouro, constitui um dos principais objetivos dos autores dos primeiros textos alquímicos escritos no Ocidente, como aqueles do Pseudo-Demócrito (século II d. C.) ou de Zósimo de Panópolis (século III/IV d. C.). É importante notar que a datação e os autores desses e de outros textos alquímicos só começaram a ser historicamente estabelecidos no século XIX, com os trabalhos de químicos-historiadores, como Hermann Kopp (1817-1892) e Marcellin Berthelot (1827-1907), e ainda são tema de controvérsias entre especialistas (cf. MARTELLI, 2011). Portanto, até a recepção tardia desses textos alquímicos no Renascimento europeu e o declínio da alquimia como um saber explicativo acerca da *matéria* e de suas transformações, julgava-se precipitadamente que a arte alquímica tinha origem em uma época muito remota, criada por sacerdotes egípcios e praticada por outros sábios da Antiguidade (cf. YATES, 1995 [1964]).

Essa ancestralidade proposta revelava-se útil para a justificação de uma prática que irá compor o *corpus* alquímico. Os verdadeiros autores davam lugar a pseudônimos de sábios míticos ou de pensadores antigos conhecidos, o que constituía uma verdadeira estratégia de transmissão dos textos, aumentando sua credibilidade junto ao seu possível leitor. Foi o caso, por exemplo, de textos relacionados a temas alquímicos atribuídos a filósofos antigos, como Pitágoras (570 a. C.), Demócrito (460 a. C.), Platão (427 a. C.) e Aristóteles (322 a. C.), ou a filósofos medievais, como Alberto, o Grande, ou Tomás de Aquino. O mesmo ocorreu a alquimistas célebres, como foi o caso do autor do mais importante livro de alquimia escrito no medievo latino, o *Summa perfectionis magisterii*, atribuído ao árabe Jâbir ibn Hayyân (século VIII), cujo nome foi latinizado como Geber, sendo que, provavelmente, o texto foi escrito entre os anos de 1270 e 1300 por um monge franciscano. Os alquimistas certamente não foram os únicos a empregar esse procedimento literário, porém foram eles que o utilizaram de maneira mais efetiva a fim de erigir o *corpus* de uma filosofia da natureza capaz de conferir articulações racionais entre uma investigação efetiva do mundo natural e um trabalho de iniciação místico-esotérica, que dava sentido às suas práticas no laboratório. Além da forma escrita, esse *corpus* filosófico da alquimia e o conjunto de suas *receitas* também eram transmitidos, sobretudo a partir do século XIV, por meio de imagens e de símbolos, cuja decodificação somente era acessível aos iniciados na *arte sagrada* (cf. HALLEUX, 1979; OBRIST, 1982; NEWMAN, 1991).

A alquimia ocidental originou-se, assim, no Egito helenizado do início da Era Cristã (Alexandria foi fundada em 361 a. C.). A alquimia greco-alexandrina tinha como fontes principais uma literatura de receitas, filosofias gregas sobre a matéria (dos pré-socráticos, platônicos e neoplatônicos, atomistas, estoicos e aristotélicos) e revelações místico-filosóficas atribuídas ao lendário Hermes Trismegisto (cf. FESTUGIÈRE, 1949-1954). Esses textos se difundiram primeiro pelo mundo bizantino, sendo traduzidos para o árabe somente a partir do século VIII e para o latim a partir dos séculos XII e XIII. A busca por um *elixir* que prolongasse a vida humana era também um objetivo importante entre os alquimistas, sobretudo após a reivindicação de uma medicina química por Paracelso (1493-1541), que foi o responsável por uma grande renovação da racionalidade alquímica no período renascentista (cf. DEBUS, 1965, 2002 [1972]; PAGEL, 1989; WEBSTER, 2008). Além disso, mais do que as transmutações metalúrgicas, a busca pelo *elixir da juventude* também caracterizou o desenvolvimento de uma alquimia no mundo chinês, que, embora apresentasse similitudes com aquela praticada no ocidente greco-árabe-latino, não mostrou evidências de uma influência recíproca (cf. NEEDHAM, 1983).

Portanto, em linhas gerais, a alquimia ocidental estruturou-se a partir de três eixos principais: os conceitos extraídos de filosofias gregas sobre a matéria, uma literatura de receitas que tratava de metalurgia, de tinturaria, de ourivesaria ou de outras artes práticas, e, ainda, um *corpus* místico-filosófico atribuído a Hermes Trismegisto. Comentadores recentes da história da alquimia têm apontado os elementos de racionalidade que fundamentam as teorias alquímicas sobre a matéria e a natureza até mesmo do ponto de vista de alguns resultados experimentais. Não se trata, certamente, de uma racionalidade do tipo lógico-matemática, tal como será entendido na Modernidade com Galileu Galilei (1564-1642) ou Isaac Newton (1643-1727), mas de um tipo teórico e argumentativo que vinha acompanhado de uma demonstração prática tanto no âmbito da operação no laboratório quanto na subjetividade do alquimista. Esse *corpus* alquímico, composto por inúmeros manuscritos e livros impressos, constituiu, assim, tanto uma filosofia natural, ou seja, um conjunto de teorias filosoficamente fundamentadas para explicar a natureza da matéria, de suas propriedades e de suas transformações, quanto uma fonte de transmissão de saberes práticos sobre a fabricação de substâncias e dos utensílios necessários para compor o laboratório do alquimista. Enfim, outro indício dessa "racionalidade alquímica" pode ser encontrado no diálogo que os alquimistas estabelecem com outros filósofos de seu tempo, de modo que, mesmo de forma periférica, participaram das controvérsias filosóficas predominantes em cada período. Exemplo disso é a posição tomada diante da obra de Aristóteles, em especial com relação à sua teoria da matéria e seus quatro elementos fundamentais (água, terra, fogo e ar) e suas respectivas qualidades (frio, seco, quente e úmido), que ora será considerada uma aliada na construção racional da alquimia, ora os alquimistas irão recorrer a outras fontes filosóficas para atacar o filósofo grego, como ocorreu com o estoicismo (cf. JOLY, 2013; PRINCIPE, 2013; KAHN, 2016).

Não há uma única história da alquimia, pois, ao longo de quinze séculos, existiram e coexistiram diferentes alquimias, diferentes teorias da matéria, de modo que a história narrada depende do ângulo de abordagem, além do período e dos autores escolhidos pelo historiador. Podemos, porém, dizer que os alquimistas foram os precursores dos químicos modernos? A relação entre a química moderna e a alquimia antiga é bem mais complexa do que uma relação de influência e de precursores. Não houve na história da química uma revolução galilaica que poderia caracterizar, mesmo assim com dúvidas, uma ruptura radical entre o moderno e o antigo. O que houve foi uma continuidade técnico-experimental e de alguns conceitos operatórios, acompanhada de uma profunda ruptura cosmológica associada às investigações sobre os materiais. As continuidades e rupturas mais específicas que atuaram na passagem entre essas duas tradições de pesquisa podem ser observadas na ampla literatura publicada depois do surgimento da imprensa e também nos programas dos cursos criados para o ensino de química nas academias e nas faculdades de medicina [cf. AMBIX, 68 (2-3), 2021].

Na sequência, começaremos propondo um dos aspectos que consideramos ser perenes na racionalidade alquímica. Para tanto, denominaremos essa continuidade na tradição alquímica ocidental com a expressão "paradigma feminino" de raciocínio, que será rompido na Modernidade com a emergência de um paradigma que, por oposição, poderíamos chamar de "masculino". Contudo, com o emprego dessas expressões, não queremos essencializar aspectos femininos e masculinos, mas apenas diferenciar a relação que pesquisadores antigos e modernos tinham com a Natureza. Nesse sentido, seguimos a identificação feita a partir do século I a. C e destacada por Pierre Hadot ao descrever a Natureza como uma deusa, que podia ser invocada e era considerada como a mãe de todas as coisas. O autor cita alguns poemas escritos em homenagem à essa deusa, "mãe de todas as coisas", como destaca um aforismo de Plínio, o Velho, em sua *História natural* (cf. HADOT, 2006, p. 46). Com isso, queremos, mais parecisamente, analisar esse "paradigma feminino" a partir de dois conceitos que acreditamos ser próprios da tradição alquímica: o de temporalidade e o de organicidade. Se na Modernidade o tempo passa a ser uma grandeza física e o universo uma grande máquina concebida por um Deus criador, na alquimia o tempo é associado à geração da vida, ao crescimento dos minerais nas entranhas da terra, à corrupção dos corpos e à morte. Para os alquimistas, a Natureza era orgânica e dinâmica, o útero gerador de todas as coisas que existem, e para conhecer seus segredos era necessário obedecer aos seus processos de transformação e desenvolvimento. No entanto, a associação da Natureza ao útero não exclui o âmbito masculino, e se achamos pertinente chamar de "feminino" alguns elementos dessa racionalidade alquímica é porque também gostaríamos de lembrar que muitos conceitos alquímicos foram elaborados a partir de analogias sexuais.

O *experimento* alquímico não tinha por objetivo a corroboração ou a refutação da teoria em questão, mas o teste da habilidade experimental e da pureza espiritual do adepto da arte alquímica. Por isso, não era estranha a presença de um oratório no laboratório alquímico, pois somente alcançaria os elevados objetivos da filosofia alquímica aquele que conseguisse transmutar a si mesmo, que se purificasse assim como pretendia purificar os metais e obter o *elixir*. Assim, após analisarmos esse "paradigma feminino" de racionalidade, propomos visitar o alquimista em seu laboratório a fim de melhor compreender essa dupla dimensão experimental e espiritual de seu trabalho, isto é, a dimensão esotérica e a dimensão exotérica de seu labor, bem como o que será absorvido nas atividades dos novos químicos. Concluiremos este capítulo apontando como se deu o abandono desse paradigma feminino e descrevendo algumas relações secretas entre dois dos principais pensadores da revolução científica moderna, Newton e Boyle, e a tradição alquímica.

1.1 Alquimia, temporalidade e organicidade: um paradigma feminino

Há pelo menos sete mil anos convivemos com práticas, produtos e procedimentos ligados à matéria, como cerâmica, metalurgia, corantes e medicamentos. As primeiras ideias sobre a possibilidade de transformar a matéria parecem estar ligadas ao início da prática metalúrgica: muitas civilizações antigas, como a egípcia e a chinesa, acreditavam que pedras e minerais cresciam no ventre da Terra e fizeram importantes usos dos metais, o que auxiliou no desenvolvimento da produção de alguns materiais metálicos. Sumérios e babilônios, por exemplo, desenvolveram técnicas para se obter os metais a partir de minérios e produzir ligas metálicas como o bronze. Essas técnicas sempre foram acompanhadas de cerimônias ou rituais, pois para fundir o ferro, por exemplo, deveria-se esperar o momento adequado, aquele no qual Marte influenciaria tal fundição de maneira efetiva. Assim, para operar no âmbito da materialidade, havia a necessidade de uma sabedoria profunda, qual seja, a de compreender e explicitar as relações cósmicas entre o homem e a matéria. Além disso, as sociedades agrícolas antigas operavam também com uma concepção animista de natureza. Nesse sentido, a natureza seria a deusa em cujo ventre fértil germinariam as sementes. Como enfatiza Mircea Eliade no seu já clássico *Ferreiros e alquimistas* (1979), o universo metalúrgico na Antiguidade possuía um universo mental próprio e, com isso, acreditava-se que as substâncias minerais participavam da sacralidade da Terra-Mãe. Daí a afirmação de que cresciam no ventre da Terra como se fossem embriões:

> A metalurgia adquire um caráter obstétrico. O mineiro e o metalúrgico intervêm no desenvolvimento da embriologia subterrânea: aceleram o ritmo de crescimento dos minerais, colaboram na obra da Natureza [...]. Em suma, através das técnicas que utiliza, o homem pouco a pouco substitui o Tempo, e o seu Trabalho realiza a tarefa que cabia a este (ELIADE, 1979, p. 10).

Essa concepção, nomeada por Eliade de "embriológico-obstétrica", embora anacrônica, fornece-nos pistas importantes dessa visão de mundo na qual a natureza é compreendida em todo o seu dinamismo e transformação. O ciclo da vida que engloba o nascimento, o desenvolvimento e a morte representa bem essa perspectiva, que tem como base a integração e a aliança entre o humano e a natureza. Mineiros, metalúrgicos, agricultores, ferreiros e alquimistas baseiam-se nessa visão para desenvolver seus conhecimentos e práticas, e para todos eles, o que subjaz às suas relações com a matéria é, sobretudo, uma associação mágica e simbólica. Essa concepção de matéria tem como fio condutor a crença de que ela é viva e sagrada e, portanto, movida por uma alma. De fato, "a mulher", "a grande mãe", "a mãe Terra" eram conceitos-chave para homens e mulheres interessados no conhecimento do mundo natural compreenderem e interagirem com os fenômenos do universo e seus respectivos reinos animal, vegetal e mineral.

Acreditava-se que a mãe Terra comandava esses reinos como uma alma universal, ou *anima mundi*. Ao alquimista, agricultor e minerador cabia o papel sagrado de entrar em contato com essa natureza viva, com esse âmbito de sacralidade, e, aos poucos, desvendar os seus mistérios para, sobretudo, auxiliar nos seus processos de crescimento e maturação. A mãe Terra guarda em seu ventre os embriões metálicos que, como sementes, vão se desenvolver e se transformar. Eis a base da suposição de que um metal pode vir a se transformar em outro, seguindo diversos graus de maturação que vão do cobre ao ouro, produto final dessa elaboração. A imagem da gestação é tão forte que se acreditava que, se nada obstruísse o processo natural, a natureza transformaria qualquer metal em ouro.

O importante nessa discussão é que o feminino, o vivo, o útero e a mulher são elementos constitutivos de uma visão ontológica e cosmológica dessa materialidade e natureza. Não é menos importante, por exemplo, que para essa tradição alquímica os fornos sejam verdadeiros úteros artificias, nos quais os minerais irão completar a sua gestação. Já o martelo, a pá, o fole e a bigorna apresentam-se como instrumentos animados. É por isso que temos um paradigma animista, orgânico e mágico, no qual o feminino e todas as suas representações possuem um *locus* privilegiado e fundante.

Das inúmeras imagens que poderíamos utilizar para esclarecer essa cosmovisão, a de Urban Hjärne (1641-1724), elaborada no século XVIII, chama-nos a atenção (figura 1). Nela, podemos observar essa imponente mãe Terra, representada por meio de três partes de seu corpo: os reinos animal, vegetal e mineral, os quais ela germinaria e comandaria como uma alma universal. O corpo pode ser lido também como um "forno", no qual metais e sementes irão nascer e se produzir. Todos os reinos, por meio dela, estão interconectados com uma finalidade clara: propiciar a divina fecundação.

Ao lidar com uma concepção de matéria viva e ativa, agricultores, metalúrgicos e alquimistas extrapolavam o âmbito da técnica, pois a eles cabia uma serie de rituais mágicos. "Os fornos, de certa maneira, constituem um novo útero, um útero artificial, onde o mineral completa a sua gestação. Daí o número infinito de precauções, tabus e rituais que acompanham a fusão" (ELIADE, 1979, p. 48). Nesse sentido, a arte alquímica acabou por criar no homem um sentimento de confiança e até mesmo de orgulho: homens e mulheres sentiam-se capazes de colaborar na obra da natureza e de auxiliar nos processos de crescimento que se efetuavam no seio da Terra. Alquimistas apressavam e aceleravam o ritmo das lentas maturações tectônicas; em outras palavras, eles alteravam a temporalidade natural. É por isso que, durante muito tempo, os alquimistas foram chamados de "senhores do fogo", pois, com a ajuda do calor, eles conseguiam alterar o estado da matéria, acelerando seu crescimento. Se o Sol ou o ventre da Terra operavam as mutações naturalmente, o fogo as apressava consideravelmente. É por isso que, séculos depois, Bacon, reafirmando a concepção de que os metais são vivos, pôde afirmar em seu *Sylva sylvarum* (III, 1963, p. 153): "Contam alguns autores antigos que existe na ilha de Chipre uma espécie de ferro que, cortado em pedacinhos e colocado numa terra frequentemente irrigada, nela de certa maneira vegeta, de sorte que todos os seus pedaços tornam-se muito maiores".

Figura 1 – Frontispício do *Actorum chymicorum Holmiensium Parasceve*, de Urban Hjärne (1712).

Na imagem, observa-se, na parte de baixo, uma criança segurando um fole perto da fornalha, ou o útero da grande Mãe. O objeto de amor materno possui os traços de Diana de Éfeso, símbolo importante da Antiguidade. As três partes de seu corpo representam os três reinos da natureza, que ela domina como uma *anima mundi*. Já a parte superior expressa a sua onipotência: seus vários seios são abundantes, clara fonte de nutrição, assim como os dois leões em seus braços e ombros testemunham a sua força. Por fim, os aparatos alquímicos, o vaso e o receptor, no primeiro plano à direita, estão unidos por meio de uma bica usada em processos de destilação. Esses processos são frequentemente comparados pelos adeptos aos seios gotejantes das mulheres que amamentam (cf. FABRICIUS, 1989, p. 54).

O que torna os textos alquímicos tão difíceis de serem interpretados pelo leitor contemporâneo é que as operações, os processos e as metamorfoses descritas dizem respeito, ao mesmo tempo, ao que o alquimista realizava em seu laboratório e às etapas sucessivas de uma ascese espiritual, o chamado trabalho de oratório. Assim, em um primeiro momento, deve-se, sobretudo, olhar para si mesmo com prudência e profundidade. Se for honesto e um verdadeiro adepto, perceberá que a raiz de todas as questões é o desconhecimento quase absoluto do que é o mais importante: o seu verdadeiro eu; o que leva ao primeiro passo desse longo processo alquímico. O segundo consiste em olhar para o exterior, em observar o mundo de forma ativa, independente e interconectada. Esses dois aspectos, o introvertido e o extrovertido, são, de fato, indissociáveis nessa longínqua tradição. Isso significa uma visão de natureza e de cosmologia distinta da nossa, pois opera com uma concepção na qual o espiritual e o material estão interconectados e na qual esse âmbito material é ativo. Nesse sentido, essa visão de mundo opera com um conceito material originário: a de um grande organismo vivo, orgânico e feminino.

Essa perspectiva pode ser ilustrada pela bela obra do renascentista Robert Fludd (1574-1637), importante alquimista neoplatônico que criou uma imagem do macrocosmo animado por uma alma feminina (figura 2) e retratou, assim, a alma do mundo como sendo uma mulher que seria sobretudo a mediadora viva desse cosmos. Ela está conectada por meio de sua mão direita a Deus, representada, na imagem, pelo tetragrama hebraico, ou seja, as quatro consoantes, JHVH, transmitidas por uma corrente de ouro para o mundo terrestre abaixo, representado, aliás, por um macaco, isto é, um ser totalmente governado por forças instintivas do reino animal.[1]

---

[1] Lembremos que, na tradição alquímica, muitos dos primeiros tratados e manuscritos foram escritos ou atribuídos a mulheres: Ísis, Maria, a judia, Cleópatra, Theosobia. Maria, a judia (273 a. C.), também chamada a Profetisa, por exemplo, foi uma das primeiras alquimistas conhecidas. Praticamente tudo o que sabemos dessa importante mulher deve-se a Zózimo de Panópolis (III d. C.), cujas anotações sobre o assunto constituem as obras gregas mais antigas.

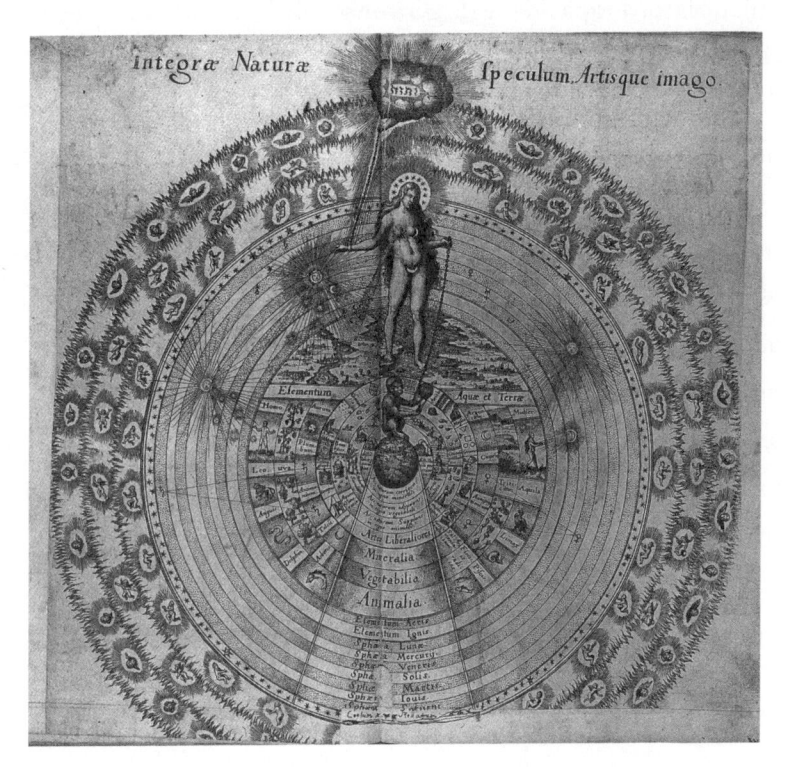

Figura 2 – **Imagem retirada da obra *Utriusque cosmi maioris scilicet* (História dos dois mundos), de Robert Fludd (1619).**

A obra do médico paracelsista inglês, publicada em cinco volumes, descreve, como o título sugere, o âmbito do microcosmo, isto é, da vida humana na terra, e do macrocosmo, do universo, incluindo o reino espiritual divino. Na imagem, observa-se que a alma do mundo, quem de fato faz a mediação entre esses dois reinos, é uma mulher.

Aliás, foi ele que a identificou como Maria, a irmã de Moisés. Infelizmente, de seus manuscritos sobreviveram apenas notas. Entre algumas de suas descobertas encontramos o alambique, dois aparelhos de destilação, com duas ou três saídas para destilados: o *dibikos* e o *tribikos*. Ela ainda desenvolveu um aparelho de sublimação feito de metal, que não se sabe se era feito de cobre ou bronze, em que a parte central superior possuía três tubos com uma saída em forma de bico que podia gotejar o líquido destilado em frascos ou recipientes. Inventou, ainda, o *kerotaki*, que era usado como um aparelho para amolecer os metais e misturá-los com agentes corantes. Maria percebeu que era possível controlar melhor a temperatura das substâncias com o auxílio da água – e esse aparelho até hoje é conhecido pelo nome de "banho-maria".

Nesse sentido, essa mulher fundamenta tanto a alma do mundo como constitui, de fato, a capacidade de germinação e, portanto, de transformação e crescimento de metais e minerais. Podemos notar que os alquimistas possuíam um pensamento dominado pelo simbolismo cosmológico, criando assim uma "experiência do mundo" completamente diferente daquela que possui o homem moderno e contemporâneo. Para o pensamento simbólico, o mundo não só está "vivo" como também "aberto": um objeto nunca é simplesmente ele mesmo, mas é um receptáculo de algo diferente, de uma realidade que transcende o plano do ser do objeto. Por exemplo: o campo cultivado é algo além do que um simples pedaço de terra, é também o corpo da Terra-mãe; assim, o trabalho agrícola é, ao mesmo tempo, um trabalho mecânico (efetuado com ferramentas fabricadas por nós) e uma união sexual orientada para a fecundação com a Terra-mãe.

Só compreenderemos o processo de transmutação se tivermos como pano de fundo a ideia dessa realidade que transcende o próprio objeto. Tanto é assim que um tema que perpassa toda a arte alquímica é o do "sofrimento", "morte" e "ressurreição" da matéria. A transmutação – ou seja, a *opus magnum* que conduz à pedra filosofal – é alcançada fazendo-se passar a matéria por várias fases: *mélansis* (preto), *leúkosis* (branco), *xánthosis* (amarelo) e *iôsis* (vermelho). O interessante é que, ao contrário do que poderíamos pensar, embora haja um predomínio do âmbito feminino nessa cosmovisão, no universo alquímico não há, como dissemos acima, uma exclusão do âmbito masculino, e nem poderia haver. Afinal, as etapas mencionadas requerem um processo de fusão importante. Inúmeras ilustrações alquímicas apontam claramente que essa fusão, essa união, requer dois elementos, um masculino e outro feminino (figura 3).

Figura 3 - *Rosarium philosophorum*, de John Ferguson,
um dos mais importantes tratados alquímicos do século XVI.

A imagem representa o processo de fermentação por meio da união dos opostos. Essa obra, apresentada em vinte xilogravuras, descreve as operações necessárias ao processo de transmutação, e nela, os amantes representam a solução perfeita dos opostos (Sol e Lua) (cf. ROLA, 1996, p. 72-3).

Tanto é assim que, para o objetivo do iniciado ser alcançado, ele tem que utilizar os fornos, que, como vimos, são verdadeiros úteros artificias em que os minerais irão completar a sua gestação, grande parte deles, aliás, possuindo elementos masculinos e femininos, pois são neles que o casamento químico irá ocorrer (cf. DEBUS, 1996 [1978], 2002 [1972]).

Essa visão de natureza, de maneira geral, prevalecerá até o início da Modernidade. Entre os séculos XV e XVI, por exemplo, essa perspectiva de interação com a materialidade foi adotada pelos chamados iatroquímicos, homens de ciência e médicos que tinham como objetivo preparar fármacos usando substâncias inorgânicas. Paracelso (1493-1541), médico e alquimista suíço, foi, sem dúvida, o maior expoente dos chamados filósofos químicos do Renascimento. Levando em consideração a profunda relação entre o micro e o macrocosmo, ele acreditava ser capaz de penetrar nos segredos da natureza pelo estudo da química. Por meio dessa ciência, então, paracelsistas seriam capazes de transformar a *prima materia*,[2] aquela matéria sem forma, ainda não condicionada por nada, na pedra filosofal, e paralelamente a alma também se desenvolveria a partir desse estado primitivo, caótico. Portanto, matéria e alma vão ganhando contornos específicos durante o processo alquímico, ambas se aproximando gradativamente das suas finalidades, da perfeição, seja material ou espiritual. Para Paracelso, os metais eram fundamentais, pois eram o elo entre o macrocosmo e o microcosmo, entre o Cosmo e o homem. Eles se interconectavam da seguinte maneira: Sol, ouro, coração; Lua, prata, cérebro; Saturno, chumbo, baço; Marte, ferro, fel; Vênus, cobre, rins; Mercúrio, mercúrio, pulmões; Júpiter, estanho e fígado. Noções ativas como espírito e semente também permanecem presentes nessa filosofia. Por fim, e não menos importante, Paracelso e seus seguidores fundaram a iatroquímica, ou química médica, que acreditava que a função da química era curar as doenças e debilidades humanas. Contra a perspectiva antiga que enfatizava o uso de medicamentos de origem vegetal, Paracelso trouxe uma inovação ao propor a utilização de fármacos de natureza inorgânica. Portanto, desde a Antiguidade até o Renascimento a arte alquímica possui

---

2 Sobre o conceito de *matéria-prima*, cf. Burckhardt, 1991, p. 97-112.

manifestamente um fundamento feminino, ativo, vivo, e era tal como *Gaia*, a Terra-mãe.

1.2 A racionalidade alquímica na Modernidade

Existem distinções importantes entre um alquimista do século XIII como Roger Bacon (1214-1294) e um químico da Modernidade como Robert Boyle, afinal, observa-se duas racionalidades distintas, não sendo possível e nem desejável apontar o primeiro como precursor do segundo (cf. GOLDFARB, 1987). Entretanto, se tomarmos textos de um mesmo período – o que seria fundamental para essas complexas análises pela observância da coexistência, em vários autores, de duas racionalidades diversas –, como os do século XVII, por exemplo, a distinção não é tão nítida e nem tão fácil de ser compreendida. Por "racionalidades diversas" entendemos duas maneiras de compreender o mundo e os seus fenômenos por meio de lógicas, métodos e critérios distintos, cada uma com a sua validade e veracidade próprias, com o intuito de nos aproximarmos cada vez mais do conhecimento do mundo. Por exemplo, na apresentação de seu *Cours de chymie*, Nicolas Lemery (1645-1715), frequentemente identificado como um químico mecanicista e radical opositor dos alquimistas, afirma que "os químicos adicionaram a partícula árabe *Al* à palavra *química* (*Chymie*), quando eles quiseram exprimir o mais sublime, como aquele que ensina a transmutação dos metais, embora '*alquimia*' não signifique outra coisa que *química*" (LEMERY, 1675, p. 2). No entanto, a origem da palavra "alquimia" é incerta. O termo latino *alchimia* deriva do árabe *al-kîmmiyâ*, que, por sua vez, é baseado no grego *khêmeia* (ou *khumeia*, do verbo χέω/chéw, que significa "derramar", "fundir"), o que sugere, segundo alguns intérpretes, que a palavra denote originalmente práticas metalúrgicas. A partir do século XV se formaram dois termos latinos – *chemia* e *chymia* –, que serão empregados por longo tempo como sinônimos de "alquimia" (cf. HALLEUX, 1979, p. 45-47; MARTELLI, 2011, p. 130-132).[3]

A denúncia das falsas transmutações tampouco era feita somente pelos críticos da alquimia, mas pelos próprios alquimistas, preocupados com a má fama de suas atividades, sobretudo a de fabricantes de ouro falso e de venenos. Etienne-François Geoffroy (1672-1731), um bom exemplo de um químico acadêmico que mantinha uma estreita relação com a tradição alquímica, apresentou à Academia de Ciências de Paris, em 1722, uma dissertação sobre as fraudes ligadas à pedra filosofal, na qual ele enumerava vários procedimentos engenhosos, porém falaciosos, que podiam levar à falsa conclusão de que houve uma produção artificial de ouro ou de prata (cf. GEOFFROY, 1722; HALLEUX, 1979; JOLY, 2007).

A falta de nitidez quanto ao momento da emergência de uma "nova" química sugere que não foi por meio de uma ruptura drástica que essas duas tradições de investigação se distinguiram. A diferenciação entre essas racionalidades foi sendo explicitada gradualmente por meio de mudanças no tipo de linguagem empregada (simbólica e escrita), das conclusões teóricas dos experimentos, da própria noção de "experiência", do âmbito sigiloso de suas práticas e de uma proposta epistêmica alicerçada em uma relação íntima entre o micro e o macrocosmo, entre o trabalho interior do adepto e sua efetivação no mundo. As diferenças são bem menores, no entanto, em relação às práticas, instrumentos e espaços utilizados na investigação das substâncias químicas, que, como veremos, efetivou-se desde sempre em um espaço epistêmico fundamental: o laboratório.

Embora seja clara uma ruptura explícita entre as aspirações metafísicas da alquimia e a objetividade da química moderna, podemos identificar

---

3 Sobre a origem do termo alquimia, ver Holmyard (1990) e Principe; Newman (1998). Sobre a alquimia em geral, ver Newman (2004), Principe (2013), Joly (2013) e Kahn (2016). A revista *AMBIX*, editada pela Society for the History of Alchemy and Chemistry, é consagrada à história da alquimia e da química antiga.

certas continuidades que se manifestam em âmbitos mais específicos, como em alguns temas de investigação e nos conceitos empregados em sua explicação racional. Houve, por exemplo, a polêmica no início do século XVIII entre os químicos *modernos* Louis Lemery (1677-1743), membro da Academia de Ciências de Paris, e seu colega Etienne-François Geoffroy em torno da origem do ferro obtido das cinzas de plantas, o que constitui um caso concreto dessa continuidade nas pesquisas em torno das transmutações metálicas. Enquanto Geoffroy retomava os argumentos do alquimista Johann Becher (1635-1682), sustentando que a calcinação de uma planta fazia com que seus *princípios* se combinassem de modo a produzir ferro artificialmente, Lemery considerava que a presença de ferro tinha por origem a terra em que a planta era cultivada e que entrava em sua composição por meio da seiva. Em outras palavras, o tema central da polêmica era a transmutação metálica e a produção artificial de um metal, ocorrendo no interior da Academia de Ciências de Paris, considerada a guardiã dos procedimentos claros e distintos da tradição cartesiana (cf. JOLY, 2007). No verbete "Alquimia" da *Encyclopédie* de Diderot e d'Alembert, o médico-químico Paul-Jacques Malouin (1701-1778) considera que não há nenhuma diferença de natureza entre a alquimia e a química, salvo pela superioridade da primeira em termos de perfeição e de operações extraordinárias (cf. MALOUIN, 1751, p. 248). Mesmo Pierre-Joseph Macquer (1718-1784), conhecido como um dos principais químicos franceses da segunda metade do século XVIII, reconhecia o mérito dos alquimistas dos séculos anteriores e considerava possível obter a *pedra filosofal*, a qual, uma vez introduzida nos *mixtos* metálicos comuns, os transmutaria em metal nobre (cf. LEHMAN, 2013).

O mais interessante nessa controvérsia não é propriamente o ponto de divergência entre os polemistas, mas o que era partilhado por ambos, nesse caso, a crença de que os metais eram corpos *compostos*. Convém lembrar que, até o final do século XVIII, os metais eram considerados como corpos *mixtos*, formados por dois ou mais *princípios*, a depender da teoria da matéria considerada, de modo que era teoricamente possível acreditar que um rearranjo desses *princípios* poderia acelerar a transmutação de metais comuns naquilo que era a sua evolução natural de se tornar um metal nobre. Assim, a controvérsia nos revela que mesmo químicos acadêmicos, que recusavam a cosmologia que acompanhava a antiga alquimia, consideravam que a transmutação metálica era um genuíno problema de investigação experimental e de conjecturas teóricas. Ela também aponta para a permanência de um conceito operatório essencial tanto na organização dos experimentos quanto na explicação teórica das supostas transmutações. Trata-se do conceito de *mescla* ou de *mixto* (*mixis*), que, mesmo apresentando significações diversas na explicação da composição metálica a partir de princípios distintos, fez parte tanto do léxico alquímico quanto da nomenclatura química até a ruptura conceitual operada por Lavoisier, que sustentava que os metais eram corpos simples, e não compostos.

As concepções sobre a natureza dos *mixtos* eram variadas, mas é possível identificar a hegemonia de algumas teorias em um determinado período. Na alquimia latina medieval, o conceito era entendido em uma acepção aristotélica, assim como a explicação sobre a origem dos metais, a partir de emanações dos elementos "mercúrio" e "enxofre", que ocorriam nas entranhas da Terra (cf. DEBUS, 1996, p. 44). A teoria da matéria de Aristóteles, denominada de *hilemorfismo*, considerava que todos os elementos materiais tinham por constituintes metafísicos básicos a forma e a matéria, que não existiam separadamente a não ser por abstração, e fundamentava-se na aceitação da existência de quatro *princípios elementares* (terra, água, ar e fogo), eles próprios produtos da associação entre duas *qualidades* essenciais com o substrato material inerte (terra – seco e frio; água – frio e úmido; ar – úmido e quente; fogo – quente e seco).

No final do livro I de seu *Da geração e da corrupção*, Aristóteles analisa um dos temas centrais da obra: o da *combinação* desses elementos primários por meio de um processo chamado de *mixis* (cf. SEALTSAS, 2009).[4] Segundo ele, "é preciso indagar o que é a combinação, a que entes é inerente e de que maneira, enfim, há realmente combinação ou se sua existência é uma ilusão" (ARISTÓTELES, 2001, p. 83). Para Aristóteles, uma substância composta por elementos constituintes distintos é homogênea quando todas as suas partes são idênticas (homeômeras), de modo que as propriedades individuais deixam de existir e dão lugar a novas. O filósofo grego introduz a ideia de *mixto* (*mixis*) para explicar a constituição dessas substâncias homogêneas a partir das quais todas as coisas no mundo sublunar são feitas. Em um mixto, os ingredientes interagem uns com os outros para dar origem a uma nova substância, qualitativamente diferente, mas preservando os ingredientes originais em potência para que possam ser novamente separados, partindo, assim, da noção de que há "entes que são em ato e entes que são em potência, de maneira que o produto das coisas combinadas é diverso delas em ato, mas cada ingrediente ser em potência o que era antes de combinar-se, e não ficar destruído" (ARISTÓTELES, 2001, p. 84). Portanto, era necessário distinguir os verdadeiros mixtos dos aparentes, que só parecem homogêneos devido aos nossos limitados sentidos de percepção, mas que "que não estariam combinados aos olhos de Linceu" (ARISTÓTELES, 2001, p. 88).

Explicar a emergência das novas qualidades da *mixis* e o que acontecia com as propriedades de seus constituintes foram questões intensamente

---

4 O termo grego *miksis* ou *mixis* é empregado por Aristóteles não no sentido de uma simples mistura, mas de uma verdadeira combinação, como foi, aliás, o termo empregado na tradução brasileira da obra (ARISTÓTELES, 2001, p. 83). A tradução latina adotou a forma *mixto* (pl. *mixti*), termo empregado por alquimistas e químicos até o século XVIII. Em português mais antigo, o termo podia ser escrito como "mixto" ou "misto". Preferimos manter a escrita antiga com "x" para evitar a confusão de associar o termo com "s" à ideia de mistura, uma vez que ele denota uma verdadeira combinação química. Na linguagem da química, o termo "mixto" foi substituído por "combinação" a partir da segunda metade do século XVIII, como indica o verbete "Mixtion" do *Dicionário de química* de Macquer (cf. MACQUER, 1766, p. 108). Portanto, confundir o mixto com uma simples mistura pode levar a uma incompreensão tanto do conceito aristotélico quanto de seu emprego pelos químicos (cf. BENSAUDE-VINCENT, 2008a).

debatidas pelos comentadores de Aristóteles. Sua teoria era uma alternativa importante à teoria atômica de Demócrito e também foi empregada contra teorias atômicas posteriores, como as de Epicuro e de Lucrécio. Demócrito introduziu o termo "átomo" (indivisível, embora seja uma questão controversa se foi empregado teoricamente ou fisicamente) para denotar entidades que eram imutáveis na forma, sólidas, e de tamanho e peso diferentes. Esses átomos se uniam para formar compostos que davam origem a diferentes tipos de coisas no mundo, porém eles mantinham sua identidade, pois ficavam apenas justapostos uns aos outros, assim como as letras de um alfabeto, que podem formar diferentes palavras e permanecer, elas mesmas, idênticas (cf. SALEM, 2013). Embora Aristóteles e seus comentadores rejeitassem a existência de partículas materiais indivisíveis, sua doutrina do contínuo não excluía a ideia de que a combinação ocorria a partir de partículas mínimas de matéria, denominadas de *minima naturalia*. Mesmo críticos modernos de Aristóteles, como Bacon e Boyle, ressignificaram o conceito de *minima naturalia* em suas respectivas teorias da matéria, que rejeitavam tanto o atomismo quanto os *elementos* portadores de qualidades de Aristóteles, pois resultavam de investigações empíricas guiadas por um rigoroso controle experimental (cf. ZATERKA, 2004).

Porém, o conceito de *mixto* empregado pelos alquimistas foi profundamente modificado ao longo dos séculos XVI e XVII. A reformulação desse conceito na Modernidade também fazia parte do "combate" ao aristotelismo escolástico e teve como modelo a física estoica, recém redescoberta. Sabemos da enorme influência que a filosofia estoica, com sua moral e sua física, teve no Renascimento europeu a partir da tradução de alguns textos de seus proponentes (gregos e romanos) (cf. WHITE, 2003). Exemplo dessa recuperação da filosofia estoica, mesclada com conceitos neoplatônicos, foi a obra de Marsílio Ficino (1433-1499), que, além de traduzir textos de Platão, foi o responsável pela tradução latina do *Corpus hermeticum* (1463), no qual o pensamento estoico já se manifestava. Esse texto influenciou profundamente os alquimistas renascentistas, como se pode constatar no caso de Paracelso. Estavam associados a essa tradução os comentários bastante positivos de um padre da Igreja, Lucio Lactâncio (séculos III/IV), ao "antigo" texto de Hermes Trismegisto, além de também justificarem sua adoção não somente por pensadores cristãos não ortodoxos, como Pico della Mirandola (1463-1494) ou Giordano Bruno (1548-1600), mas também por homens de ciência, como Johannes Kepler (1571-1630) e, mais tarde, por Newton. No século XVI também começaram a ser editados em latim os textos de Epiteto (50 d. D.), Sêneca (4 a. C.), Cícero (106 a. C.) e Marco Aurélio (121 d. C.), que apresentavam a rigorosa moral estoica associada a uma concepção puramente material do mundo natural, da divindade e de sua inseparabilidade, pois Deus e matéria eram idênticos para os estoicos. Foi por meio do modelo físico dos estoicos que os alquimistas modernos justificaram a relação entre o macro e o microcosmo por meio da associação que faziam entre a astrologia e a teoria dos metais (mas também do homem), empregando uma linguagem que associava o trabalho e a ascese do alquimista à disposição dos astros. Esse modelo também fundamentava uma *magia natural*, que unificava o cosmo por meio de uma matéria sutil que dinamizava todos os corpos, o *pneuma*, um sopro divino que circulava em todo o universo, que interpenetrava todos os materiais e que o iniciado poderia manipular por meio da *arte alquímica* (cf. SAMBURSKY, 1990 [1962]; YATES, 1995 [1964]; MATTON, 1993; ABRANTES, 2014).

Mas o que nos interessa salientar é que a concepção de *mixto* da física estoica difere profundamente tanto daquela dos atomistas (justaposição mecânica dos átomos) quanto daquela de Aristóteles (qualidade em *ato* ou em *potência*), diferença que julgamos ser a razão da permanência desse conceito-chave da alquimia do Renascimento até a química do final do século XVIII. Na física estoica há dois *princípios*, um ativo e outro passivo. Para que um corpo exista é necessário que ele seja o produto da *mescla* desses dois *princípios* com um substrato material sem qualidade. O *princípio ativo* é Deus, o *pneuma* que tudo permeia, o *fogo artista* do qual derivam, por resfriamento, os demais elementos primários (ar, água, terra) e todos os seres do mundo natural. Nesse sentido, a produção de todos os corpos que constituem a natureza se explicava segundo um modelo químico de uma mescla de *pneuma* com uma matéria passiva. Os metais eram uma mescla de dois princípios originados de duas composições diferentes do pneuma com essa matéria passiva, o *princípio* fogo (enxofre) e o *princípio* água (mercúrio), o que será acrescido, pelos alquimistas paracelsistas, ao *princípio* sal, ele próprio uma *mescla* dos dois anteriores. A *mixis*, segundo a física estoica, não é uma justaposição, nem suas partes existem apenas em potência ou em ato, mas é uma verdadeira *composição* na qual os elementos perdem algumas de suas qualidades, embora continuem existindo concretamente no composto formado. Uma clara demonstração da importância do "modelo estoico" na elaboração de uma racionalidade da alquimia ao longo do século XVII é a obra *Manuscriptum ad Fridericum*, escrita em 1653 pelo médico paracelcista francês Pierre-Jean Fabre (1588-1658), a qual expõe as bases racionais da alquimia e de sua filosofia natural (cf. JOLY, 1992).

No entanto, as investigações históricas e filosóficas da passagem da alquimia à química moderna frequentemente deram lugar a narrativas com outros propósitos além daquele de investigar a racionalidade da alquimia. Por exemplo, o distanciamento semântico e conceitual na expressão dessas racionalidades foi artificialmente ampliado pela releitura e pela reinterpretação dos textos alquímicos feitas a partir do século XIX e início do século XX. Os químicos-historiadores do século XIX, em geral preocupados em estabelecer o momento crucial em que a química se tornou uma ciência positiva, com uma identidade disciplinar bem estabelecida, costumam apontar as contribuições da alquimia para o estabelecimento dessa identidade, notadamente sua tradição prática e instrumental, mas deixam de lado as teorias alquímicas consideradas como fantasiosas. Os romancistas também contribuíram na construção de uma imagem quimérica da alquimia, como Goethe e seu *Fausto*, Balzac e seu *Recherche sur l'absolut* e Mary Shelley e seu *Frankenstein*.

No século XX, a interpretação de Carl G. Jung (1875-1961) revalorizou a racionalidade simbólica da alquimia. Porém, mesmo reconhecendo a contribuição instrumental dos laboratórios alquímicos, Jung estava de acordo com a hipótese de uma radical distinção entre a alquimia e a química. Para ele, a alquimia nada tinha em comum com a química, pois ela não era outra coisa além da expressão privilegiada dos arquétipos do inconsciente, e, além disso, os discursos alquímicos expressavam uma concepção pan-vitalista do universo, ou, ainda, manifestavam as aspirações espirituais da humanidade (cf. JUNG, 2012). Na esteira de textos de Jung, anteriores ao *Psicologia e alquimia* (1944), Gaston Bachelard associou o universo das imagens alquímicas com a racionalidade noturna, imagens que se constituíam em obstáculos epistemológicos para a racionalidade diurna. Ao comentar, por exemplo, uma receita de Becker acerca de uma substância que "um historiador da química positiva" identificaria como "fosfato de cálcio", Bachelard afirma que "para nós o desejo de Becker tem outro tom. Não são os bens terrestres os que esses sonhadores procuram; é o bem da alma. Sem essa inversão do interesse, faz-se um juízo errôneo sobre o sentido e a profundidade da mentalidade alquímica" (BACHELARD, 2005, p. 61). Mircea Eliade, por sua vez, elaborou uma interpretação da alquimia como parte da história das religiões e da mística-esotérica, dando atenção particular às alquimias hindu e chinesa. Ele reconhece não haver uma ruptura radical entre a alquimia e a química do ponto de vista instrumental, mas "no panorama visual de uma história do espírito, o processo se apresenta de distinto modo: a alquimia se erigia em *ciência sagrada*, enquanto a química se constituiu depois de ter despojado as substâncias de seu caráter sacro" (cf. ELIADE, 1979, p. 11).

Sem deixar de reconhecer as rupturas importantes da racionalidade da "nova" química com as dimensões esotéricas e simbólicas das diversas alquimias, a moderna historiografia da alquimia aponta, no entanto, para uma passagem gradual do vocabulário empregado e das inovações teóricas acerca, por exemplo, dos metais e de como transmutá-los. De acordo com esses historiadores da alquimia, ao contrário de uma oposição radical entre a alquimia e a química, melhor seria considerar que até o início do século XVIII os termos eram empregados indistintamente. A distinção só começou a se instaurar, sobretudo, nas dissertações acadêmicas, nos livros e dicionários destinados ao esclarecimento público do que era a química para atrair novos estudantes e despertar o interesse das autoridades dos Estados nacionais emergentes. O termo "química" passou, então, a ser utilizado para identificar o trabalho dos químicos acadêmicos, dos médico-químicos e dos químicos das manufaturas, enquanto o termo "alquimia" passou a designar uma química perecida, uma química de um passado arcaico, ainda distante do racionalismo alcançado pela "nova" química. Um objetivo comum desse novo interesse historiográfico pela alquimia é o de retomá-la como um território de pesquisa próprio aos historiadores da ciência e não deixá-la "à mercê" de investigadores com interesses variados, como historiadores positivistas da química, psicólogos e historiadores do esoterismo, em geral alheios à racionalidade alquímica por ela mesma. A alquimia, portanto, deve ser considerada como parte integrante da história das ideias e das técnicas, e seus textos devem ser estudados e interpretados de acordo com os métodos historiográficos e filológicos de leitura de textos antigos, não devendo ser usada para exemplificar teorias psicológicas ou epistemológicas.

1.3 O laboratório alquímico

A passagem da alquimia para a química não foi nem completamente linear, nem tampouco abrupta. Se, por um lado, esses saberes operam com visões cosmológicas distintas, por outro, existe, em ambas, um componente prático importante que subsistiu a essas mudanças. Uma maneira interessante de abordarmos mais de perto essa temática é por meio da análise do que constitui um laboratório, afinal, nenhum lugar melhor do que esse espaço epistêmico para nos fornecer um guia sobre as práticas e operações envolvidas em ambos os conhecimentos que lidaram com a materialidade. O laboratório não é apenas um espaço físico e material, mas um conjunto de produtos, utensílios e instrumentos sem os quais toda a literatura alquímica perderia o sentido. É no laboratório que o alquimista objetiva realizar o que afirmavam os textos, mas seu insucesso indicaria uma imperfeição pessoal mais do que o equívoco da teoria ou os limites do laboratório.

Iremos notar que, se na química nascente encontramos uma perspectiva epistemológica que pretende dominar a natureza, na alquimia o que rege é, sobretudo, a integração com a natureza, mas que ambos os processos são operados e efetivados nos laboratórios. Embora o termo "laboratório" tenha posteriormente passado a ser empregado na prática experimental de outros domínios do saber, ele foi originariamente associado aos alquimistas e aos primeiros químicos modernos. Em um dos primeiros dicionários da língua francesa, de Antoine Furetière (1619-1688), publicado em 1690, o verbete "Laboratório" apresenta a sucinta definição: "Termo de química. É o lugar onde os químicos fazem suas operações, onde estão seus fornos, suas drogas, suas vasilhas" (cf. FURETIÈRE, 1690, t. 2). Para ilustrar alguns aspectos filosófico-científicos desse laboratório alquímico renascentista, sugerimos a análise da bela imagem desenhada pelo arquiteto Hans Vredeman de Vries (1595) (figura 4), a qual representa elementos constituintes manifestos dessa visão de mundo alquímica.

Por meio do uso da perspectiva, os observadores da imagem são convidados a entrar nesse espaço no qual os âmbitos espiritual-contemplativo e experimental-operacional se entrecruzam, refletindo a visão paracelsista de mundo. A imagem é considerada uma das primeiras representações de um laboratório, ou melhor, de um laboratório-oratório. O alquimista do quadro, lembremos, é o médico, filósofo e discípulo de Paracelso Heinrich Khunrath (1560-1605), que estaria exatamente em seu laboratório alquímico, título dado à própria prancha, operando a primeira etapa da grande obra.

Figura 4 – *Amphitheatrum sapientiae aeternae*, de Hans Vredeman de Vries (1595).

A obra, cujo título completo é *Amphitheatrum sapientiae aeternae, solius verae, christiano-kabbalisticum, divino-magicum, necnon physico-chemicum, tertriunum, catholicon*, que em português significa "Anfiteatro da sabedoria eterna, único verdadeiro cristão-cabalístico, divino-mágico e físico-químico, eternamente católico", contém duas partes. O livro foi publicado pela primeira vez em Hamburgo, em 1595, e continha 306 aforismos, e depois em 1609, quando foi publicada uma edição ampliada em Hanau, com 365 aforismos. A primeira edição contém quatro ilustrações, todas permeadas por temas alquímicos, que retratam respectivamente o empírico, a cosmogonia, a pedra filosofal e o oratório/laboratório do alquimista. A imagem acima, intitulada "A primeira etapa da Grande Obra", conhecida como o "laboratório do alquimista", possui no centro o paracelsista alemão H. Khunrath, que adicionou cinco ilustrações para a nova edição, mas morreu enquanto a preparava.

Ao lado esquerdo da imagem encontramos um alquimista ajoelhado rezando em seu oratório, local em que prevalece o âmbito meditativo, introspectivo e reflexivo do labor alquímico. Em cima da mesa notamos dois livros abertos, a *Bíblia* do lado direito e, à esquerda, um livro repleto de símbolos, inclusive o diagrama circular do próprio Khunrath em seu *Amphiteatrum*. Acima do pregador observamos as letras romanas do adepto *Khunra*, bem como a sua transliteração em hebraico, e, mais ao alto, o importante tetragrama YHWH, o nome de Deus, impronunciável para os hebreus. No centro da imagem, bem no topo, verifica-se a inscrição *Sine afflatu divino, nemo vinquam vir magnus*, ou seja, "sem divina inspiração, não há homem que seja grandioso", frase esta retirada do *De natura deorum*, de Cícero (106 a. C.), o que exemplifica a presença da filosofia estoica na concepção da alquimia renascentista que anteriormente apontamos. Na dobra esquerda do santuário, há a inscrição latina *Hoc hoc agentibus nobis, aderit ipse Deus*, "quando prestamos atenção estrita ao nosso trabalho, o próprio Deus nos ajudará". Essas palavras revelam claramente a forte ênfase espiritual da imagem, que envolve reflexões teológicas de base, reflexões estas que refletem a obra do próprio Khunrath.

De fato, o alquimista acredita que, sem a iluminação, a verdade não poderá ser alcançada. Para tanto, as orações e a espera paciente por Deus são elementos indispensáveis, pois é "Feliz aquele que segue o conselho do senhor", como encontramos escrito no oratório do alquimista. Com o objetivo de atingir a regeneração, o renascimento do homem perdido após a queda no pecado original, Khunrath critica a concepção da natureza humana como irreparavelmente pecaminosa. Existe um caminho para a restauração, qual seja, a fé. Tanto é assim que, ainda desse lado da imagem, mas em primeiro plano, encontramos uma pequena mesa com uma substância queimando, e na fumaça que dela exala lemos a oração "em sacrifício a Deus". Porém, é importante observar que a fé constitui o primeiro livro que devemos aprender e decifrar, e para essa tradição existem dois grandes livros divinos: as sagradas escrituras e o livro da natureza.[5] Esses dois âmbitos estão claramente propostos em seu *Amphitheatrum*: "Como paracelsista em geral, ele acredita que a revelação de Deus está presente não apenas nas sagradas escrituras, mas em todos os lugares" (ZEMLA, 2017, p. 52). A iluminação, assim, atinge aqueles que estão examinando e estudando a natureza, o outro livro sagrado.

Ao ler e compreender o livro da natureza, o adepto poderá atingir conclusões teologicamente relevantes, como, por exemplo, "a compreensão de que mesmo Cristo como salvador e filho do homem ou microcosmo pode ser conhecido por meio do *Lapis philosophorum* como filho do macrocosmo" (ZEMLA, 2017, p. 52). Nota-se aqui a relação fundante paracelsista e estoica entre micro e macrocosmo, a harmonia analógica entre homem e universo, e a pedra filosofal, identificada com o próprio cristo e compreendida como filha do macrocosmo. O interessante é que esse conhecimento do todo não se dá somente por meio de teorias, mas pelo trabalho com a natureza e pelo trabalho operatório com o âmbito da materialidade dos fenômenos do mundo natural, com a finalidade, sabemos, de transformar, transmutar os processos naturais e observar os seus resultados. É por isso que Khunrath acredita que a física é:

> [...] o conhecimento e o tratamento de ambos os mundos – ou seja, do mundo inteiro, o maior e o menor (com relação ao corpo e ao espírito, que reflete o macrocosmo). É da tradição, natureza e arte; em geral, da e na Sagrada Escritura; da pedra filosofal; e em particular, da e nas partes de ambos (KHUNRATH, 1609, p. 145).

---

5 Para um aprofundamento da teologia de H. Khunraht e a influência da tradição luterana em seu pensamento, cf. Zemla, 2017. Com relação à existência de um terceiro livro, o "livro da consciência", ao homem é dada a dádiva que nos fornece os critérios, como bom senso e julgamento natural, para podermos lidar com os critérios e as normas das certezas nas ciências (cf. FORSHAW, 2004, p. 100ss). No limite, a natureza, as escrituras e a humanidade constituem o todo relacionado do universo. Alguns comentadores afirmam que a mesa na qual encontramos os instrumentos musicais, que significam a harmonia do cosmo, seria exatamente a representação do livro da consciência, o terceiro livro fundamental do universo.

Nesse sentido, todo o lado direito da imagem é dedicado ao *laboratorivm*. Dentre as inscrições que podemos notar, duas são importantes para quem opera com reações e processos químicos: *Nec temere, nec timide*, "nem precipitadamente, nem timidamente", e *Sapienter retentatum, succedet aliquando*, "o que é sabiamente tentado terá sucesso em algum momento". Em suma, o alquimista, para alcançar a sua finalidade e ter sucesso na obtenção da sua ação, deve ser paciente, tolerante e insistente, e só assim poderá atingir o seu objetivo, a grande obra.

À direita da imagem observamos um grande forno alquímico com seus acessórios, sustentado por duas colunas: *Ratio* e *Experientia*. Sabemos que o forno era o principal equipamento de qualquer laboratório químico. Se o alambique se tornou um ícone do processo alquímico, era menos essencial, quando comparado ao forno, tanto para as reações químicas propriamente ditas como para deixar o laboratório e seus adeptos aquecidos, além de fornecer luz para o ambiente. É interessante notar que as imagens desses primeiros laboratórios raramente apresentam outros meios de iluminação, como velas ou tochas, e usualmente apresentavam janelas, mesmo que pequenas, ou uma porta aberta, pois era exatamente devido à presença dos fornos nos laboratórios que havia uma necessidade de ventilação. Assim, antes que

> [...] poderosos e seletivos reagentes fossem introduzidos no século XX, o calor era o principal agente das transformações químicas. Além dos fortes ácidos minerais, o único outro agente importante era o tempo, conforme demonstrado pela fabricação de cobre e carbonato de chumbo durante um período de semanas e meses. Se os 'filósofos' queriam descobrir do quê algo era feito, eles o aqueciam. Se queriam que dois compostos reagissem, eles os misturavam e os aqueciam. Se queriam separar uma mistura, eles a aqueciam para remover os componentes mais voláteis por destilação ou sublimação (MORRIS, 2015, p. 35).

Mais à frente, localizamos uma cesta com carvão, material necessário para alimentar os fornos (cf. MORRIS, 2015, p. 33-36). A físico-química (*physico--chemicorum*) é a arte de dissolver quimicamente as coisas físicas por meio do método da natureza para purificá-las e reuni-las da melhor maneira, bem como o todo (no âmbito do macrocosmo, a pedra filosofal; no âmbito do microscosmo, as partes do corpo humano; mas também a degradação da replicação da figura antiga) e as coisas particulares do globo inferior (cf. KHUNRATH, 1609, p. 145s).

Destilação, dissolução, separação, união, aquecimento e purificação, caros processos aos químicos até hoje, são alguns dos procedimentos efetivados por meio dos fornos. Essas reações não tinham o objetivo de compreender a criação do mundo, o que ultrapassaria, sabemos, os limites da razão humana, mas entender como ele foi constituído. "A implicação é que, ao contemplar o ato da criação divina, o físico-químico (*physico-chemicorum*) será capaz de replicar o processo em uma escala menor" (FORSHAW, 2003, p. 91).

Os instrumentos que aparecem nesse laboratório nos indicam o meio pelo qual o alquimista poderá atingir a sua grande obra, e muitos deles são aqueles que por muito tempo permanecerão no laboratório dos químicos. Inicialmente, notamos logo no primeiro plano da imagem, à direita da mesa, uma série de equipamentos. À esquerda desse detalhe, encontra-se um alambique com um receptor, equipamento bastante comum já nos laboratórios medievais. De fato, a destilação de líquidos e sólidos por meio da condensação de vapores foi um dos procedimentos mais importantes da cultura química/alquímica renascentista: o alambique foi utilizado por quase toda a Era Cristã e só deixou de ser utilizado nos laboratórios no século XIX. A retorta também foi, até o século XX, um instrumento importante para os laboratórios químicos, útil para a destilação de sólidos (pirólise). Os vapores do alambique e da retorta eram geralmente resfriados por condensação em seus tubos pelo ar. No meio do detalhe presente na figura, observamos os fornos móveis, bastante úteis para aquecimentos lentos e uniformes de substâncias sólidas ou líquidas, sendo justificada a presença da inscrição *festina lente*, ou seja, "apressa-te devagar", "faça a sua obra de maneira rápida, porém não apressada, com precisão, cuidado e muita atenção". Por fim, à direita observamos um forno de areia. Notamos ainda um conjunto de onze frascos dispostos no aparador, todos etiquetados, entre eles *Hyle*, a matéria primordial, *Ros celi*, o orvalho do céu, *Gold Potab*, o ouro potável, e *Azoth*, o resultado da união de mercúrio, vinagre, sal, sublimado de enxofre e sangue de dragão, substâncias de extrema importância para os alquimistas.

Se um dos objetivos da alquimia, como vimos, é a restauração da humanidade ao seu estado anterior à queda, essa só poderá ser atingida por meio também da restauração da matéria. Metafísica, religião e ciência estão imbrincadas nessa visão de mundo. Assim, a alquimia superior (espiritual) está necessariamente ligada à alquimia material (inferior). É por isso que, para compreender a voz do todo, devemos escutar "com os ouvidos dos sentidos, da razão, do intelecto e da mente: rezando no oratório, trabalhando micro e macro cosmicamente, fisicamente, físico-medicamente, físico-quimicamente, etc. no laboratório" (KHUNRATH, 1609, II, p.18-19).

O âmbito teológico é inseparável da prática, assim como o âmbito alquímico é inseparável da religião, pois o trabalho laboratorial deve ser acompanhado pela oração. E é esse âmbito operacional, instrumental e extrovertido que será constitutivo do laboratório moderno. A importância desse aspecto prático pode ainda ser notada pelo número de aparelhos químicos localizados embaixo da mesa principal, na figura 4.

Por fim, e não menos importante, constatamos, bem no centro da imagem, a importância de todo um simbolismo relacionado à música para a execução da grande obra, afinal a presença desses instrumentos musicais pode ser correlacionada aos quatro elementos fundamentais: a harpa, que corresponde ao fogo; o alaúde, que corresponde à água; a viela ou vila, que corresponde à terra; e o cistro, que corresponde ao ar. Além desse aspecto, é importante enfatizar que, de forma semelhante aos textos e às imagens, as composições musicais também expressavam a harmonia da natureza, de modo que todos os sentidos do alquimista estavam voltados à contemplação e ao conhecimento. Exemplo disso é a obra *Atalanta fugiens* (Fuga de Atalanta), publicada em 1618 por Michael Maier (1569-1622), composta por cinquenta argumentos filosóficos e cinquenta emblemas, todos expostos nas páginas à direita, e por cinquenta partituras, representadas nas páginas à esquerda. Cada imagem é acompanhada de um discurso explicativo e uma harmonia correspondente, de modo que tanto a vista quanto o ouvido do alquimista eram requisitados no seu trabalho de ascese no laboratório (cf. MAIER, 1617; JOLY, 2013, p. 120). Além deles, observamos na cabeceira da mesa o assento do alquimista, onde possivelmente ele efetiva os seus estudos. Percebemos, na mesa, instrumentos de escrita, um par de balanças e seus pesos, uma faca, uma pedra de amolar, pequenos vasos de medição, uma sineta, livros, o símbolo do pentagrama e uma inscrição latina que indica que a música sagrada dispersa a tristeza, ou a melancolia alquímica, bem como os maus espíritos: "A música sacra dispersa os espíritos melancólicos e malignos!". Em outras palavras, a música, tão cultivada pelos pensadores renascentistas, tinha o poder de dissipar a melancolia saturnina. A noção da música como o espaço de mediação entre a atividade verbal do oratório e a atividade manual do laboratório encontra apoio em vários intelectuais da época, como, por exemplo, Marsilio Ficino, "que justifica a sua própria concepção pessoal entre medicina, música e teologia com o argumento de que a música é importante para o espírito intermediário da mesma maneira que a medicina é para o corpo e a teologia para a alma" (cf. FORSHAW, 2010, p. 172).[6]

Ainda no alto da imagem vemos uma lâmpada representada por uma estrela com sete pontas, cada uma delas emitindo uma pequena chama, que

---

6 Lembremos ainda que, além do *Trivium*, composto pelas artes verbais, gramática dialética e retórica, os estudantes das universidades medievais deveriam passar pelo *Quadrivium*, aritmética, geometria astronomia e música para, assim, ter condições de atingir os estudos mais avançados, como a filosofia e a teologia, por exemplo.

são as sete principais operações da alquimia. No fundo, vemos a porta do quarto do alquimista com a sua cama à esquerda. Interessante notarmos que, por causa do conflito entre espiritualidade e experimento, além do rico simbolismo expresso no texto e nas gravuras de Khunrath no seu *Anphitheatrum*, seu trabalho foi condenado pela Sorbonne em 1625, trabalho esse que possui como mensagem a harmonia entre os livros, entre o espiritual e o material. A partir de agora, como sabemos, a ênfase será dada ao âmbito do laboratório, do concreto e do tangível, sendo esquecido e sublimado, no decorrer dos tempos, o âmbito do oratório e do simbólico.

Os fornos e utensílios representados na imagem também apareciam nos livros de alquimia que começavam a ser publicados, o que se pode constatar em outras pinturas da época, como as imagens de laboratórios alquímicos feitas pelo pintor flamengo David Teniers, o Jovem (1610-1690), nas quais os instrumentos representados eram muito semelhantes aos impressos na obra *Traite de chymie*, de Christophe Glaser (1629-1672). Sem dúvida, a impressão e a consequente divulgação de *tratados* contribuíram para a passagem de uma estratégia alquímica de se operar no laboratório para uma que identificaríamos como mais próxima da nossa própria concepção da química. Médicos e apoticários constituíam um público natural para esses *tratados* de química. O surgimento de uma comunidade de leitores e de praticantes das "artes químicas" constituiu, para alguns historiadores da química, um dos "momentos fundadores" da ciência química, pois entre essas pessoas ocorriam trocas de conhecimentos acerca das transformações dos materiais e das técnicas instrumentais necessárias para atingir determinados objetivos experimentais.

A emergência da química como um conhecimento autônomo estaria diretamente ligada à publicação de manuais especializados, de modo que o livro impresso teria instaurado um novo regime de saber e uma ruptura com a tradição hermética, de maneira que a química passou a se tornar uma ciência pública. Duas obras teriam marcado a entrada da alquimia no cenário da revolução científica moderna: o *Alchemia*, de Andreas Libavius

(1555-1616), publicado em Frankfurt em 1597, e o *Basilica chymica*, de Oswald Croll (1563-1609), publicado na mesma cidade no ano de sua morte (cf. HANNAWAY, 1975). Porém, embora essas obras procurassem correlacionar melhor o discurso teórico com a prática experimental, deixando de lado os aspectos mágicos e religiosos do paracelsismo, elas não rompiam com a tradição dos textos alquímicos e demonstraram que a racionalidade alquímica resistia à publicidade de seu *corpus* teórico-filosófico (cf. MORAN, 2005; JOLY, 2013, p. 104).

Enfim, Frederic Holmes demonstrou que, no espaço dos laboratórios, articulava-se um *éthos* institucional que fazia da química não apenas uma ciência experimental, mas um domínio de investigação cada vez mais dinâmico e produtivo. Holmes também apontou que a estabilidade instrumental desses espaços epistêmicos – pois o repertório de aparelhos e as operações efetuadas nos laboratórios em 1750 não eram muito diferentes daqueles descritos por Libavius em seu *Alchemia* – não significava um imobilismo. Na verdade, as melhorias técnicas e a invenção de instrumentos para medir novas informações acerca dos materiais analisados eram permanentemente incorporadas ao acervo tradicional (cf. HOLMES, 1989).

1.4 A Modernidade e o abandono da Terra-mãe

É impensável matarmos uma mãe. Não se cava as suas entranhas e se mutila seu corpo facilmente, ainda mais se os motivos são fugazes e transitórios, como adquirir ouro e prata. Enquanto a Terra – Gaia – fosse considerada sagrada, viva, ativa e sensível, seria uma violação ética realizar atos destrutivos contra ela. Na cosmologia alquímica, as minas eram consideradas verdadeiros úteros, e a metalurgia era um processo de aceleração humana do nascimento de um metal vivo no útero artificial da fornalha. Assim, o que aconteceu, do ponto de vista epistêmico, é que essa visão inicial de natureza como mulher que, então, alimentava, germinava e fertilizava a Terra foi dominada, aos poucos, por uma outra perspectiva que também existia desde então, mas que não era dominante, qual seja, a imagem de uma natureza selvagem, desordenada, dominadora, incontrolável, que propiciava trovoadas, violência e caos. Como afirma Carolyn Merchant (1983, p. 2) no seu *The death of nature*:

> Mas uma outra imagem oposta da natureza como mulher também prevalecia: natureza selvagem e incontrolável que poderia causar violência, tempestades, secas e caos geral. Ambas foram identificadas com o sexo feminino e foram projeções das percepções humanas sobre o mundo externo. A metáfora da Terra como mãe que amamenta desapareceu gradualmente como imagem dominante, à medida que a revolução científica mecanizou e racionalizou a visão do mundo. A segunda imagem [...] trouxe uma importante ideia moderna, o poder sobre a natureza. Duas novas ideias, de mecanicismo e de dominação da natureza, tornaram-se conceitos centrais do mundo moderno. Uma mentalidade organicamente orientada, na qual os princípios femininos desempenhavam um papel importante, foi minada e substituída por uma mentalidade mecanicamente orientada que ou eliminava, ou usava princípios femininos de uma maneira exploradora. À medida que a cultura ocidental se tornava cada vez mais mecanizada nos anos 1600, a terra feminina e o espírito terreno virgem foram subjugados pela máquina.

De um lado, observa-se a cosmologia dominante da época que operava, como vimos, com uma imagem feminina, orgânica e integradora de natureza, concepção que foi gradativamente sendo abandonada, e, de outro, a imagem que irá prevalecer a partir da Modernidade, de uma natureza mecânica, dicotômica e controladora. Assim, a transformação que podemos observar a partir do século XVII, com relação à visão de mundo alquímico para a nova visão de mundo químico, está claramente relacionada às alterações nas atitudes e comportamentos de nós, humanos, em relação à Terra, aos fenômenos do mundo natural e, portanto, ao âmbito da materialidade. É claro que as razões que levaram a isso são inúmeras, mas não é nosso objetivo esgotá-las, embora possamos mencionar algumas delas: a nova cosmologia com a queda do geocentrismo e, portanto, a retirada da Terra como *locus* privilegiado do mundo; a matematização da natureza; o experimentalismo e o desenvolvimento de instrumentos tecnológicos; o ritmo alucinante da sociedade industrial; a emergência do paradigma patriarcal que fez, sabemos, com que a divindade, o Criador, se tornasse eminentemente masculino; e, como desdobramento desse último item, a busca pelo além, pela transcendência, pela eternidade e o desprezo, cada vez maior, pelo corpóreo e, portanto, um desrespeito pela própria terra e sua respectiva materialidade.

Essa nova visão pode ser ilustrada pelo livro *De humani corporis fabrica Libri Septem* (1543), do médico Andreas Vesalius (1514-1564), que marca, do ponto de vista histórico, metodológico e epistêmico, o surgimento da anatomia moderna. Para compreender as razões dessa relevância, dois pontos são importantes: os aspectos inovadores e, portanto, transformadores de suas investigações anatômicas e a maneira de apresentar e documentar esse conhecimento. Com relação ao primeiro aspecto, encontramos uma clara inversão de hierarquia frente aos estudos filosóficos antigos, ou seja, para Vesalius, a evidência empírica poderia e deveria estar à frente da tradição. A observação experimental do corpo produz fatos mais verdadeiros e eficazes do que qualquer autoridade textual. Essa inversão de caráter metodológico e epistêmico apresenta como fio condutor a supremacia da dissecação, do experimento, dos fatos sobre o texto. A própria dissecação produz o argumento textual.

Para esclarecer esse novo posicionamento moderno, tomemos como exemplo a conhecida folha de rosto da obra (figura 5):

Figura 5 – Frontispício do *De humani corporis fabrica Libri Septem*, de Andreas Vesalius (1543).

Notamos um teatro de anatomia, com o próprio Vesalius em pé à esquerda do centro da mesa, dissecando uma mulher. Ao redor, observamos uma grande multidão de homens assistindo ao procedimento.

Nela, encontramos o cadáver de uma mulher, com o seu útero sendo dissecado. Nesse contexto, devemos interpretar a imagem de Vesalius, na folha de rosto do *De humani corpori fabrica*, dissecando precisamente um útero como um gesto que parece estar desvendando seus segredos e naturalizando o seu poder em um desencantamento do corpo (cf. ORTEGA, 2008, p. 103).

Mulher e útero são elementos constituintes, desde a Antiguidade, como vimos, do saber alquímico, e essas noções são pertencentes a todo um paradigma mágico-vitalista de compreensão do mundo, que será inteiramente aniquilado a partir de agora. Vesalius não só disseca uma mulher, como disseca o seu útero. Na terminologia de Sawday (1996), a introdução de uma "cultura da dissecação" provocará uma virada epistemológica importante, na qual o experimento propiciará uma anatomização do indivíduo. A Modernidade chegou e com ela veio uma concepção de ciência que eliminará o reino do sagrado, do vivo, da Terra-mãe e, portanto, de uma materialidade ativa. Ao longo dos séculos XVI, XVII e XVIII, os saberes alquímicos vão gradativamente ceder lugar à química moderna. Os segredos e ritos serão substituídos pelo caráter público, protocolar e sistemático desse novo conhecimento. Nesse sentido, humanos não são mais vistos como partícipes de um mundo orgânico, no qual apresentavam rituais e cuidados, afinal estavam entrando em contato com um mundo vivo e sacralizado. Frente à dicotomia nascente entre natureza e humano, a natureza se transformou em uma simples extensão e movimento, passiva, eterna, constituída de simples elementos que podemos, a qualquer momento, desmontar e depois relacionar sob a forma de leis. Junto com René Descartes (1596-1650) e Francis Bacon, tornamos-nos ministros e intérpretes da natureza. A partir daqui, observa-se uma ênfase no caráter "extrovertido" da natureza, ou seja, no espaço geográfico que não oferece possibilidade alguma de ascese espiritual, minimizando o seu âmbito introvertido, aquele voltado a si, aquele das entranhas vivas da terra e, enfim, da espiritualidade feminina.

Conhecer, a partir de agora, significa quantificar. O rigor científico afere-se pelo rigor das medições. As qualidades intrínsecas do objeto são desqualificadas e, portanto, o que não é quantificável ou geometrizável é cientificamente irrelevante. Do ponto de vista da filosofia e da história da química, observamos o desaparecimento do universo da atividade, da germinação, da qualidade, do feminino e, portanto, de Gaia, e notamos aos poucos o surgimento de uma nova filosofia experimental e com ela um novo sujeito epistêmico, este absolutamente e somente masculino. O interessante é que para os novos filósofos experimentais seiscentistas, como ministros e intérpretes da natureza, devemos conhecer, explorar, intervir e, portanto, atormentar a natureza, seja inanimada ou animada, pois assim tanto nos aproximaremos da obra de Deus como ampliaremos o nosso domínio sobre o mundo natural com a finalidade de propiciar uma verdadeira ciência voltada para o bem-estar da maioria dos homens, ao menos idealmente. Estamos no âmbito de uma proposta científico-filosófica operativa, não mais contemplativa, cujo valor dos argumentos deve ser submetido ao debate público.

Emerge, assim, uma narrativa que terá uma longa duração e que acredita no potencial da ciência (filosofia natural) e da tecnologia (das artes mecânicas) nascentes para resgatar o homem de seu estado improdutível por meio do desenvolvimento da estratégia operativa e experimental, que garante à química o ingresso no rol dos conhecimentos científicos. O fio condutor desse novo método é o controle dos corpos naturais. O interessante é que esse espaço é o laboratório, lugar no qual se pode efetivar um experimento confinado, controlado, testemunhado e, por fim, replicado, ou seja, validado por uma série de observadores. Porém, o espaço do laboratório, esse lugar epistêmico de lidar com a materialidade, não é completamente original: se o seu uso, a sua finalidade é outra, alguns de seus aspectos materiais, instrumentais e, portanto, operacionais são bastante semelhantes aos dos alquimistas medievais e renascentistas.

1.5 Boyle, Newton e a alquimia

Em abril de 1676, Isaac Newton escreve ao então secretário da Royal Society, Henry Oldenburg (1618-1677):

> Ontem ao ler as duas últimas *Philosophical Transactions* tive a oportunidade de considerar o incomum experimento do Sr. Boyle sobre o aquecimento (*incalescence*) do ouro e do mercúrio. Eu acredito que os dedos de muitos coçarão para atingir o conhecimento da preparação de tal mercúrio, e para esse fim alguns irão desejar avançar pela sua publicação, insistindo no bem que ele pode fazer ao mundo; mas, no meu simples julgamento, o nobre autor, uma vez que julgou oportuno revelar-se agora, prudentemente deve ser reservado no resto. Não que eu pense que tal mercúrio tenha qualquer virtude, seja para operações médicas ou químicas [...].[7] Mas, ainda assim, porque a maneira pela qual o mercúrio pode ser tão impregnado, foi pensada para ser ocultada por outros que o conheceram e, portanto, poderia ser uma entrada para algo mais nobre, não deve ser comunicada sem imenso dano ao mundo se houver alguma verdade nos escritores herméticos. Portanto não questiono a grande sabedoria do nobre autor que o influencie a um alto silêncio até que ele resolva das consequências que a coisa possa ter ou por sua própria experiência, ou pelo julgamento de alguém que compreenda totalmente o que ele fala, isto é, de um verdadeiro filósofo hermético, cujo julgamento (se houver algum) seria mais para ser considerado neste ponto do que de todo o mundo que estaria ao lado contrário, havendo outras coisas além da transmutação dos metais que

---

[7] Nesse momento da carta, Newton explica que as partículas metálicas (*metalline particles*) presentes no mercúrio de Boyle não possuem uma qualidade peculiar e sutil, mas por serem mais grossas do que as partículas do mercúrio, elas podem se chocar e se mover em direção às partículas do ouro e, assim, aquecê-lo. Se isso de fato ocorrer, continua Newton, a ação do mercúrio preparado por Boyle é semelhante ao calor causado por um licor corrosivo, como, por exemplo, a *aqua fortis* (ácido nítrico).

ninguém, além deles, entendem. Senhor, porque o autor parece desejoso da opinião dos outros neste ponto, sinto-me livre para acrescentar a minha: mas peço que não compartilhe o conteúdo desta carta com ninguém (The Newton Project, 2021).

Boyle estudou alquimia por mais de quarenta anos, particularmente a partir das obras de Jean-Baptiste Van Helmont (1579-1644). Ele escreveu vários textos dedicados ao assunto, entre eles o seu manuscrito póstumo *Dialogue on the transmutation of metals* (c. 1680)[8] e *On the incalescence of quicksilver with gold* (1676), publicado, como vimos, na *Philosophical Transactions* em 1675. Este último texto chamou a atenção de Newton, pois nele o autor do *Químico cético* fala de um experimento para a preparação do mercúrio filosófico, primeira etapa constituinte da pedra filosofal, no qual o mercúrio se amalgamava ao ouro com bastante facilidade e, nesse momento, desprendia uma importante quantidade de calor (*incalescence*). Boyle, nesse texto, é muito cuidadoso em relação à descrição do experimento, sentindo-se, como ele mesmo afirma, "obrigado a silenciar", pois se manifestasse minuciosamente as etapas do processo, poderiam ocorrer "inconvenientes políticos, se fosse comprovado que o mercúrio era do melhor tipo, e caísse em mãos doentes" (BOYLE, 1676, p. 529). Aliás, em outro texto, intitulado *Producibleness of chymical principles* (1680), Boyle descreve detalhadamente algumas propriedades desse mercúrio especial: quando ele é digerido com ouro (*digesting gold with his mercury*), por exemplo, tem a capacidade de mudar de cor diariamente, de crescer e de apodrecer. Notemos que, em ambos os textos, Boyle descreve mais os efeitos e as propriedades desse mercúrio do que o experimento propriamente dito.

Não temos como objetivo aprofundar a temática alquímica nas obras de Boyle e Newton e, portanto, comprovar ou não a obtenção por Boyle de

---

8 Sobre a data da escrita e publicação da obra, cf. Principe, 1998, *appendix* 1, p. 223-231.

tais substâncias. O que nos interessa enfatizar é o lugar que tais discussões ocupavam nos empreendimentos filosóficos de nomes importantes do século XVII. Mais do que isso: a dedicação desses homens da ciência à alquimia não entraria em contradição com os seus estudos mais ligados à filosofia natural? Como compreender a convivência de saberes com pressupostos e visões de mundo distintas em uma mesma filosofia? Concordamos com a posição de Lawrence Principe na sua afirmação de que, para catalogar os interesses alquímicos de Boyle, devemos ser capazes de identificá-los de maneira precisa. Se, por um lado, a distinção entre alquimia e química no início da Modernidade não é completamente garantida, por outro é possível falar em alquimia para descrever um conjunto de atividades e crenças que possuem razões e pressupostos teóricos diferenciados, distintos dos da química. Com relação ao âmbito prático, como já mencionamos anteriormente, é mais difícil fazer essa distinção, pois esse espaço é o que será mantido pelo saber químico posterior. Por exemplo, o mesmo processo para a calcinação do chumbo pode ser adequadamente visto como alquímico ou químico, dependendo da intenção, dos objetivos e da interpretação do agente. Para tentar superar essas dificuldades, uma possibilidade seria considerar os tradicionais desideratos alquímicos, tais como a pedra filosofal, a extração de mercúrio e enxofre, o *alkahest* etc. (cf. PRINCIPE, 1994, p. 92). É importante salientar que, apesar de localizarmos inúmeros processos que possam ser vistos como alquímicos e químicos, uma distinção fundamental entre a alquimia e a química é a publicização ou não dos experimentos. Enquanto a primeira opera no âmbito do sigilo, e, portanto, em um espaço privado, a química moderna será praticada na esfera pública, coletiva, e, portanto, será objeto de crítica pelos pares.

Se o conhecimento alquímico está sobretudo ligado a uma temática definida e regida por códigos, sigilos e segredos, ele é também uma prática laboratorial. Em outras palavras, além de filiar-se a uma tradição textual, os elementos experimentais são essenciais para a prática alquímica. Foi esse aspecto, aliás, que interessou bastante a Boyle. "Para Boyle, o experimentalismo era a chave para o conhecimento do mundo natural; o livro da natureza prevalecia sobre os livros dos homens, e a alquimia não era exceção. Ao contrário de Newton, cuja alquimia consistia predominantemente em estudos textuais, Boyle deu destaque às atividades de laboratório" (cf. PRINCIPE, 1998, p. 150). É por isso que na sua correspondência encontramos inúmeras cartas enviadas e recebidas dedicadas exclusivamente à preparação – cifrada – da pedra filosofal, do mercúrio nobre e do solvente universal, mostrando claramente o seu interesse em se aproximar de uma "comunidade alquímica". O instigante e talvez o mais difícil de entender é como Boyle, o conhecido autor de uma teoria corpuscular da matéria, reconhecido mecanicista, crítico enfático da teoria das formas substanciais e seguidor de Bacon na publicização do conhecimento e na concepção de dominação da natureza, manteve por toda a vida um forte interesse pela alquimia.

Nesse momento, as portas se abrem para a compreensão das diferentes e coexistentes teorias da matéria do início da Modernidade. A proposta corpuscular da matéria boyleana abrangia também as considerações sobre a possibilidade da transmutação. De fato, mais do que se aproximar de um mecanicismo *stricto sensu*, que operava em um registro físico-mecânico e, então, postulava somente características geométricas para as qualidades primárias da matéria – figura, tamanho e movimento –, como ocorre, por exemplo, nos empreendimentos filosóficos de Descartes ou Thomas Hobbes (1588-1679), Boyle insere-se em uma concepção mais qualitativa de matéria. É por isso, por exemplo, que ele incluiu a textura entre as qualidades primárias da matéria, e, para tanto, afastou-se do atomismo clássico e utilizou como base a teoria dos *minima naturalia*.[9] Em um texto de 1660,

---

[9] Se o atomismo sempre esteve ligado ao conceito de agregados imutáveis intrinsecamente sem qualidades, o conceito de *minima naturalia* esteve sempre relacionado ao de forma no sentido aristotélico (livro I, capítulo 4, *Física*). Sobre essa teoria, cf. o segundo capítulo de Zaterka,

conhecido como *Ensaio do nitro*, Boyle demonstrou como o salitre podia ser decomposto pelo fogo em espírito de nitro e nitro fixo e, ainda, como essas partes podiam se recombinar para formar novamente a substância original.[10] Por meio desse experimento, ele conseguiu mostrar a falsidade da teoria das formas substanciais, pois sabemos que essa teoria afirmava que a "forma" do nitro deveria ser completamente destruída e dar lugar a uma outra "forma" substancial durante o experimento. Se Boyle tinha razão e a reintegração era possível, uma substância química podia ser separada em constituintes menores e voltar ao que era pela simples reunião desses. Nesse sentido, sua hipótese corpuscular estaria comprovada.

Mas qual é a natureza desses corpúsculos? Boyle se afasta, como dissemos, do atomismo clássico, pois separa o âmbito da materialidade em três níveis distintos. Em *The origin of forms and qualities* (1666) ele descreve o que entende por *minima naturalia*, ou seja, as partículas mais simples encontradas na natureza e que "muito raramente são realmente dissolvidas ou quebradas" (cf. BOYLE, 1963, III, p. 30); em seguida, o filósofo passa para a descrição do segundo nível hierárquico, chamado por ele de "aglomerados de segunda ordem", formados pela extrema adesão das partículas mínimas. Nesse momento, surge uma propriedade fundamental para a sua teoria da matéria: a textura.[11] Por fim, temos os corpos do mundo manifesto. Para nós, é importante ressaltar o *locus* que Boyle fornece a esses aglomerados de segunda ordem, os corpúsculos, pois, por um lado, é por meio deles que o

---

2004. Em outras palavras, pode-se afirmar que a teoria escolástica do *minima naturalia* é um tipo de "minimalismo material", para usar um termo de Emerton, 1984, p. 76-125.

10 Da perspectiva da química contemporânea, o salitre é conhecido como KNO_3, o espírito de nitro é o HNO_3 e o nitro fixo K_2CO_3. A obra tem como título completo *A physico-chymical essay containing an experiment with some considerations touching the different parts and redintegration of salt-petre* (1660). Para a tradução do texto, bem como a sua análise, cf. o apêndice de Zaterka, 2004.

11 "Quando muitos corpúsculos se reúnem como para constituir qualquer corpo distinto [...] então a partir dos seus outros acidentes (ou modos) lá emerge uma certa disposição ou arranjo das partes no todo, que podemos chamar a sua textura" (BOYLE, 1963, III, p. 22).

filósofo se aproxima da teoria dos *minima naturalia* e, por outro, consegue fornecer inúmeras explicações para as reações químicas: "Boyle não recorre aos últimos blocos da matéria, mas aos corpúsculos de ordens mais altas de composição" (cf. CLERICUZIO, 2000, p. 117). De fato, são esses aglomerados corpusculares, com as suas respectivas texturas, os responsáveis pelas diferentes naturezas e propriedades da matéria. Com isso, chegamos a um ponto fundamental: o mercúrio líquido pode ser transformado em um pó vermelho, em um corpo fundível e maleável ou em uma fumaça fugitiva e se disfarçar de diversas outras maneiras, e, contudo, ainda assim permanecer o verdadeiro e recuperável mercúrio (cf. BOYLE, 1963, III, p. 29).[12]

Isso significa que Boyle acreditava ter conseguido explicar, por meio de sua hipótese corpuscular, uma vasta gama de reações, mudanças e propriedades da matéria:

> Ora, um aspecto muito importante da filosofia corpuscular de Boyle é o lugar de certos corpúsculos insensíveis que ele denomina concreções primitivas. Esses corpúsculos são extremamente pequenos, mas ao mesmo tempo têm um lugar importante nas explicações de Boyle sobre a forma e a geração. Elas incluem tais corpúsculos como princípios seminais que são responsáveis pela reprodução das substâncias animadas e talvez mesmo dos minerais (ANSTEY, 2000, p. 21).

Assim, Boyle abriu um importante caminho, dentro da sua proposta corpuscular, para explicações relacionadas às transmutações metálicas,[13] mesmo

---

12 O pó vermelho possivelmente é óxido de mercúrio (HgO); este é produzido aquecendo-se o mercúrio com oxigênio a uma temperatura de aproximadamente 3500 ºC. Se o óxido for fortemente aquecido, ele se decompõe novamente em mercúrio e oxigênio. Já o corpo maleável deve se referir a uma liga metálica e a fumaça a vapores de mercúrio.

13 Sobre o uso da teoria corpuscular da matéria de Boyle como fundamento explicativo para a sua alquimia, cf. Newman, 1996. Nesse artigo, Newman apresenta a dívida de Boyle tanto em relação à teoria de Geber, como à de Daniel Sennert. Sobre a relação entre as teorias da matéria de Boyle e Sennert, cf. Zaterka, 2004.

porque, para ele, como podemos ler em seu *Químico cético*, alguns corpúsculos seriam dotados de poderes formativos, ou princípios seminais, responsáveis pela geração dos humanos, animais e plantas. É por isso que Principe enfatiza, com razão, que Boyle de maneira alguma rejeitou a alquimia transmutacional. Pelo contrário: ele a perseguiu, experimentou e se apropriou de alguns de seus princípios teóricos. Nesse sentido, "Boyle não foi tão moderno como pensávamos, nem a alquimia tão antiga. O que testemunhamos é uma aproximação entre o que até então era visto como duas metades irreconciliáveis da história da química" (PRINCIPE, 1998, p. 220). Interessa ainda observar que o autor do *Químico cético* objetivava apoiar os seus experimentos relativos à busca da pedra filosofal em seus pressupostos mecânico-corpusculares. Do seu ponto de vista, então, essa aproximação não era uma questão, muito menos um problema. Se, por um lado, observamos descontinuidades importantes, especialmente no que tange à visão de mundo – de um lado, há uma concepção de natureza viva, embrionária, feminina e ativa e, de outro, uma concepção mais masculina, matematizante e controladora da natureza –, por outro, observamos que um aspecto fundamental é mantido, o âmbito laboratorial e experimental, bem como o lugar dos corpúsculos, dos agregados e das texturas, registro fundamental para que a química se torne gradualmente um saber diferenciado frente à física. Principe ainda nos alerta que a alquimia de Boyle tinha ainda mais uma "função" na sua filosofia, qual seja, unir o âmbito teológico e material. Afinal, a alquimia superior seria um facilitador para evitar o ateísmo, um perigo em uma época de sucesso das filosofias mecanicistas e, assim, um auxiliador na aproximação dos homens com a divina criação (cf. PRINCIPE, 1998, p. 208-13), aspecto bastante presente nas obras teológicas do cristão virtuoso.

O estudo da filosofia natural de Newton nos apresenta um caminho muito similar ao de Boyle em termos da coexistência de várias teorias da matéria presentes no início da Modernidade. Os fortes interesses de Newton pela alquimia mostram que em alguns autores importantes da época não encontramos uma nítida separação entre o âmbito do mecanicismo e o pensamento mágico-vitalista. Diferentemente de Boyle, que escreveu vários textos sobre alquimia, o interesse de Newton por essa temática pode ser visto pelas inúmeras transcrições, extratos e compêndios que ele possuiu em sua biblioteca. O *Index chemicus* é um bom exemplo desse tipo de trabalho desenvolvido pelo autor: a obra nada mais é do que um índice do que foi trabalhado por ele por duas décadas, entre 1680 e 1700. Em sua forma final, ele contém 879 títulos, 100 páginas e 20.000 palavras. Esse exercício de longo prazo foi a tentativa de Newton de reunir em um só lugar as revelações parcimoniosas e amplamente dispersas das verdades alquímicas fornecidas por vários autores e juntá-las com a esperança de elucidar um componente importante do mistério alquímico (cf. PRINCIPE, 2000, p. 204). Entre os textos escritos por Newton, um em especial ganhou importância depois de sua publicação por Betty Jo Teeter Dobbs em 1975, intitulado *Clavis*. Esse pequeno ensaio descreve um processo da produção de um amálgama de antimônio, mercúrio, prata e ouro, que conduziria à obra alquímica (cf. NEWMAN, 1992, p. 564-74).

É interessante lembrar que a face alquimista de Newton começou a ser desvendada a partir de 1936 com a compra dos manuscritos alquímicos do autor por Lorde Keynes, o economista, que depois de lê-los, declarou:

> Newton não foi o primeiro da época da razão. Ele foi o último dos mágicos, dos babilônios e sumérios, a última grande mente que penetra o mundo do visível e do intelectual com os mesmos olhos dos que começaram a edificar a nossa herança cultural há pouco menos de dez mil anos (KEYNES, 1947 *apud* DOBBS, 1992, p.13).

Essa declaração colocou em dúvida a imagem tradicional do matemático e físico como modelo de cientista positivo e atraiu a atenção dos historiadores sobre o tema. À medida que esses manuscritos foram sendo divulgados, percebeu-se que a relação de Newton com a alquimia era bem mais profunda do que se imaginava. Historiadores como Westfall e Dobbs sugeriram que o filósofo natural inglês almejava uma síntese filosófica mais ampla entre os fenômenos macroscópicos e microscópicos (DOBBS, 1992). A alquimia, ao fornecer evidências das "virtudes" e dos "poderes" das partículas materiais, contribuía para essa síntese cosmológica ainda mais ampla do que aquela oferecida nos *Principia*.

Como nos mostra Betty Dobbs, Newton leu e se apropriou de partes da *Origem das formas e qualidades* de Boyle para construir o seu corpuscularismo. Assim, ele admitiu a existência de uma única matéria universal (*one catholic matter*):

> Newton leu as *Origens das formas* de Boyle, em 1667 ou 1668. Além disso, ele já estava profundamente imerso, alguns anos antes, nas concepções mecânicas das partículas de matéria em movimento. Ele claramente aderiu à posição mecânica de Boyle sobre a matéria universal e seguiu uma das explicações mecânicas de Boyle a respeito da transmutação, vinte anos depois, quando escreveu os *Principia*. As várias edições da Óptica, da sua época mais madura, estão cheias de conceitos corpusculares. Todos esses fatos agora são bem conhecidos e geralmente reconhecidos, mas parece bom reiterá-los e enfatizá-los neste momento, a fim de fornecer uma justificativa para a seguinte suposição: um conceito mecânico, particular, das mudanças nas 'formas' da 'matéria católica' foi fundamental para o pensamento de Newton durante todo o período em que ele estudou alquimia tão intensamente, embora nem os manuscritos alquímicos, nem as notas laboratoriais reflitam isso (DOBBS, 1992, p. 204).

O interessante é que, para Newton, o rearranjo dessas partículas universais, católicas e básicas poderia levar à transmutação, e, com isso, ele problematizou a discussão deixada por Boyle, já que o autor de *Químico cético* tratava a transmutação no registro das texturas dos corpúsculos. Newton, diferentemente, acreditava que eram essas partículas maiores que deveriam ser quebradas durante o processo de transmutação. O mercúrio ou a *aqua regia* aplicados ao ouro apenas decompunham a coerência entre as partículas maiores, a coerência que os mantinha unidos em um corpo maciço, mas não as destruíam. Esses dois solventes só passavam pelos poros entre as partículas de última ordem. Assim, para reduzir a escala para partículas mais simples, seria necessário um agente analítico realmente poderoso (cf. DOBBS, 1992, p. 219).

Mais recentemente, Newman propôs uma leitura alternativa àquelas de Dobbs e Westfall, que focaram, sobretudo, no papel que a alquimia teria tido no desenvolvimento das ideias religiosas não ortodoxas de Newton e em uma possível influência na formulação de sua teoria gravitacional. Segundo Newman, essas interpretações, assim como a declaração de Keynes, partem da suposição de que a alquimia era fundamentalmente irracional. No caso de Dobbs, sua leitura estaria demasiada próxima da interpretação analítica de Jung dos processos psíquicos expressos em linguagem pseudo-química. Já a perspectiva de Westfall enfatizaria o interesse de Newton na arte aurífera, pois esta poderia ser vista como uma espécie de rebelião contra o projeto racionalista da física cartesiana, que admitia, afinal, a existência de qualidades imateriais (forças, poderes, simpatias, antipatias) e, por isso, teria contribuído de forma importante para a sua teoria da gravitação e, mais amplamente, para a sua convicção de que forças imateriais em geral poderiam operar a distância. Porém, Newman considera que há razões imperiosas para duvidar dessas interpretações, pois a noção outrora popular de que a alquimia era inerentemente não racional – já presente no trabalho de Keynes e avançada pelos sucessivos estudiosos de Newton – tem sido largamente debatida pelos historiadores das ciências nas últimas três décadas. Assim, partindo da ideia de que a alquimia constitui uma filosofia racional da natureza, Newman propõe um método denominado de "história experimental", que incorpora análises textuais rigorosas com replicação laboratorial das experiências alquímicas de Newton. O resultado é uma nova descrição da alquimia do século

XVII e de como Newton e vários de seus contemporâneos a consideravam como um conhecimento fundamental na investigação dos "segredos da Natureza" (cf. NEWMAN, 2019; *The Chymistry of Isaac Newton*, 2005).

Enfim, os estudos de caráter mais químico de Newton foram publicados em seu *Óptica*, que, ao contrário do *Principia*, não trata do movimento dos planetas, mas de fenômenos biológicos, elétricos, geológicos, ópticos e químicos. Na sua famosa *Questão 31* (na edição de 1717), ele se interroga exatamente sobre qual princípio poderia reger as reações e transformações químicas:

> Quando o sal de tártaro [carbonato de potássio, K_2CO_3] corre *per deliquium* [liquefaz-se], derramado na solução de qualquer metal, precipita este último e o faz cair no fundo do líquido na forma de lama; não prova isso que as partículas ácidas são atraídas mais fortemente pelo sal de tártaro do que pelo metal e pela atração mais forte vão do metal para o sal de tártaro? Assim, quando uma solução de ferro em *aqua fortis* [ácido nítrico, HNO_3] dissolve o *lapis calaminaris* [carbonato de zinco, $ZnCO_3$] e solta o ferro, ou uma solução de cobre dissolve o ferro nela mergulhado e solta o cobre, ou uma solução de prata dissolve o cobre e solta a prata, ou uma solução de mercúrio em *aqua fortis* derramada sobre o ferro, o cobre, o estanho ou o chumbo dissolve o metal e solta o mercúrio, não prova isso que as partículas ácidas da *aqua fortis* são atraídas mais fortemente pelo *lapis calaminaris* do que pelo ferro, e mais fortemente pelo ferro do que pelo cobre, e mais fortemente pelo cobre do que pela prata, e mais fortemente pelo ferro, cobre, estanho e chumbo do que pelo mercúrio? E não é pela mesma razão que o ferro necessita de mais *aqua fortis* para dissolvê-lo do que o cobre, e o cobre mais do que os outros metais; e que, de todos os metais, o ferro é o mais facilmente dissolvido e o mais propenso a enferrujar, e, depois do ferro, o cobre? (NEWTON, 1996, p. 277).

Ao questionar o mecanicismo clássico que operava o movimento por meio da teoria do choque, o pensador introduz, sabemos, o conceito de força, algo que poderia unir o todo do universo e a distância. Não há nada mais alquímico do que isso![14] Embora tivesse recebido muitas críticas por não fornecer a causa da gravitação universal, ele não via problemas nisso. De fato, observa-se, em sua filosofa natural, uma junção de várias fontes, entre elas o corpuscularismo de Boyle, o espírito universal dos neoplatônicos e o mecanicismo de Descartes, bem como seu interesse pela alquimia. Ao se afastar de uma compreensão mecânica estrita com relação à materialidade, Newton, como herdeiro de uma tradição hermética, conseguiu abrir as portas para outras explicações químicas – em outras palavras, a admissão de forças de atração e repulsão. Com isso, a importante interpretação newtoniana da noção de afinidade química foi introduzida e, como veremos no próximo capítulo, tornou-se um núcleo importante para os estudos da química do século XVIII.

---

14 É importante salientar que, além dessa influência de textos alquímicos, o conceito de força empregado por Newton também tem como referência a obra de Kepler. O autor das três leis planetárias foi quem, de fato, introduziu tal conceito na cosmologia e na astronomia, tendo como referencial tanto a tradição astrológica, como os dados observacionais do astrônomo dinamarquês Tycho Brahe (1546-1601). Kepler utiliza o conceito de força e de ação a distância na confecção das famosas Tabelas Rudolfinas, que serão posteriormente utilizadas por Newton (MARTENS, 2000).

Capítulo 2
História natural, filosofia experimental e a emergência da química moderna

O programa de Bacon para a história natural, particularmente a sua concepção de história das artes, constituiu um acesso importante para os estudos da filosofia experimental e mesmo para a gênese histórico-conceitual da química moderna. O programa baconiano de conhecimento pode ser compreendido como um novo conjunto de áreas de investigação que ganhou o *status* de científico por sua insistente característica de enfatizar o uso da experimentação e a compilação de histórias naturais, incluindo as histórias dos ofícios. A este segundo grupo pertencem, em particular, o estudo do calor, da eletricidade, do magnetismo e da química (cf. KUHN, 1961, p. 186). Assim, *grosso modo*, esse "programa" de conhecimento incluiu aspectos de quantificação, construção de instrumentos técnicos, reprodutibilidade, publicidade, e, portanto, de comunidades de homens de ciência trabalhando de maneira cooperativa, novas técnicas e métodos, e filósofos naturais operando nos laboratórios (cf. SUKOPP, 2013, p. 58).

Para Bacon, na sua famosa analogia feita no aforismo XCV do Livro I de seu *Novum organum* (1620), o trabalho dos químicos seria semelhante ao das abelhas. Por outro lado, aqueles que se dedicavam à ciência de modo meramente empírico seriam tais como as formigas, que acumulam coisas, e aqueles que se dedicam de modo puramente racional seriam tais como as aranhas, que, a partir delas mesmas, constroem sistemas sem conexão com a realidade do mundo material. A abelha, ao contrário da formiga e da aranha, "representa uma posição intermediária: recolhe a matéria-prima das flores do jardim e do campo e com seus próprios recursos a transforma e digere" (BACON, 1963, IV, p. 93). Assim também seriam os químicos, pois eles conectam a teoria e a experimentação a fim de construir um arcabouço conceitual coerente com a atividade prática realizada no laboratório.

Esse movimento epistêmico fica manifesto na obra de Boyle, que desenvolveu, de fato, uma filosofia do experimento, com repercussões importantes nas áreas da medicina, da biologia e da química dos séculos XVII e XVIII. A Inglaterra seiscentista testemunhou a institucionalização de um programa de conhecimento experimental que foi acompanhado por uma literatura explícita que descrevia e justificava aspectos práticos desse programa. É significativo que os filósofos naturais, que defendiam tal perspectiva, se autodenominavam distintamente de filósofos experimentais:

> Pois eles consultam a experiência frequente e cuidadosamente e, não contentes com o fenômeno que a natureza espontaneamente lhes fornece, são solícitos quando acreditam que é necessário, para ampliar suas experiências, introduzir ensaios deliberadamente planejados; e mesmo, de quando em quando, refletindo sobre eles, são cuidadosos em colocar suas opiniões em conformidade com eles [...] conformar suas opiniões [...] e se for o caso modificá-las. Assim, nossos *virtuosi* têm o direito peculiar ao distinto título [...] de filósofos experimentais (BOYLE, 1966 [1772], p. 41).

Isso significa que, para Boyle, assim como para muitos dos membros da Royal Society, os experimentos eram, antes de tudo, procedimentos humanos que possibilitavam interações, manipulações e alterações frente ao curso ordinário da natureza. Essas intervenções podiam ocorrer tanto por meio da percepção sensível como principalmente por meio de uma intervenção ativa, ou seja, por meio de instrumentos, tais como a bomba a vácuo, o microscópio ou os aparelhos de destilação. Sabemos que ao criticar a esterilidade das escolas antigas, baseadas nos livros das autoridades, nos silogismos e nas lógicas vazias e distantes do livro da natureza, Bacon propôs a sua *Instauratio magna* (*Grande restauração*), principal projeto baconiano que deveria ter sido escrito em seis partes, todas descritas no Plano da obra (*Distributio operis*), organizadas da seguinte maneira: Parte I: *Partitiones scientiarum* (*As divisões das ciências*), não elaborada, mas antecipada no *The proficience and advancement of learning* (*Da proficiência e do progresso do conhecimento*), de 1605; Parte II: *Novum organum, sive indicia de interpretatione natura* (*Novum organum ou indicações acerca da interpretação da natureza*), de 1620; Parte III: *Historia naturalis et experimentalis*, que contém as histórias naturais, tais como a da vida e a da morte, a dos ventos, a do denso e raro, a dos graves e leves, a da simpatia e da antipatia das coisas, a do súlfur, mercúrio e sal; Parte IV: *Scala intellectus* (*A escada do intelecto*); Parte V: *Prodromi, sive antecipationes philosophiae secundae* (*Os precursores ou antecipações da filosofia segunda*); e Parte VI: *Philosophia secunda, sive scientia activa* (*Filosofia segunda ou ciência ativa*). Vários textos incompletos relativos a essas partes foram editados postumamente. Nessa importante reformulação, ou *restauratio*, Bacon aponta a importância do âmbito operativo da natureza e, então, introduz a história natural e experimental da natureza como fundamento mesmo de todo o sistema: "Pois o conhecimento é como uma pirâmide, onde a história é a base; assim, na filosofia natural, a base é a história natural" (BACON, 1963b, p. 356).

Começaremos este capítulo, portanto, analisando o lugar ocupado pela química na história natural baconiana. A seguir, propomo-nos a investigar os desdobramentos desse programa ao longo do século XVIII a fim de explicitar, em primeiro lugar, a adoção do método experimental de investigação como critério de justificação do conhecimento químico e, em segundo, as novidades da filosofia químico-experimental presentes nos artigos da *Enciclopédia* e no próprio pensamento filosófico de Diderot. Isso nos permitirá distinguir duas abordagens de filosofia experimental e apontar que essa diferença pode ser esclarecida a partir da química. Essas reflexões filosófico-experimentais, suscitadas pela química, se deram na medida em que essa ciência ganhava espaço social tanto nas instituições de Estado quanto no gosto da opinião pública, pois, afinal, as substâncias químicas começavam a penetrar de maneira importante na produção industrial. Assim, parece-nos importante descrever a "rede conceitual" da química da época das Luzes a fim de compreendermos como a química passou a ser um conhecimento independente da história natural e da medicina.

Adentraremos, a seguir, no laboratório do químico da segunda metade do século XVIII, o que nos permitirá entender melhor suas atividades e os conceitos operatórios que articulam um discurso dentro dos padrões da nova concepção de ciência e que caracterizam a emergência da química moderna. Além disso, destacaremos, sobretudo, alguns temas da química que irão passar por profundas transformações no final do século, como a reforma de sua linguagem, a reatividade química dos gases e a composição dos metais. Feito isso, concluiremos este capítulo apresentando o que denominamos de "sistema químico" de Lavoisier, que nos permitirá discutir os fundamentos filosóficos e conceituais de sua prática experimental, além de evitar reduzir todos os interesses da química a esse sistema.

2.1 A química como parte da história natural

Bacon elaborou a mais influente teoria da história natural do início da Modernidade. Ele discute sua concepção de história natural em quatro obras publicadas durante a sua vida: *Advancement of learning* (1605), *Novum organum* e seu apêndice "*Parasceve ad historiam naturalem*" (1620), *Historia naturalis et experimentalis* (1622) e *De augmentis scientiarum* (1623). Além dessas obras, dois manuscritos póstumos também abordam a temática: *Descriptio globi intellectualis* e *Phaenomena universi*. Por fim, lembremos dos exemplos que ele fornece em suas *Historias*, tais como a *Historia ventorum* (1622), *Historia vitae et mortis* (1623) e *Historia densi e rare* (1658).

Na terceira parte da sua *Instauratio magna*, intitulada *Fenômenos do universo, ou história natural e experimental para fundamentar a filosofia*, Bacon discute o seu procedimento científico, pois para ele o conhecimento só é possível se primeiramente elaborarmos uma *história experimental da natureza*, ou seja, uma investigação exaustiva de todos os dados que podemos coletar, registrar e classificar. Isso significa que, no limite, acrescida à história experimental, nós só poderemos nos aproximar dos fenômenos da natureza depois de contar, recontar e recontar novamente a história descrita sobre a questão tal como narrada pelos que a antecederam:

> Quando Bacon usa a 'história' nessas histórias experimentais e naturais inclui, por exemplo, nomes de ventos, o que as pessoas têm dito sobre eles, quando sopram, de onde eles vêm e o que fazem para árvores e plantas [...]. As conotações de 'história' na *História da vida e da morte* são mais variadas [...]. A história da longevidade dos humanos começa com uma coleção de evidência textual [...]. A história da circulação do sangue não somente descreve como o sangue pode se mover, mas também fatos relevantes para a circulação e o aquecimento (MILLER, 2005, p. 358-9).

Observamos, assim, que na perspectiva baconiana as descrições históricas das coisas e dos artefatos possuem um forte vínculo com a própria prática experimental. É por isso que homens de ciência importantes da época, tais como Boyle, Hooke, John Wallis (1616-1703), John Wilkins (1614--1672), Christopher Wren (1632-1723), Newton, entre tantos outros, irão utilizar elementos dessa teoria na fundamentação mesma de seus sistemas filosófico-científicos. A história natural ganha, assim, um *locus* sem precedentes, isto é, um lugar epistêmico fundante, pois, a partir desse momento, torna-se uma parte constituinte da filosofia natural e, como sabemos, continuará viva durante todo o século XVII e parte do XVIII. O interessante é que Bacon, no *Preparative toward a Natural and Experimental History*

(1620), ampliou a noção até então corrente, pois classificou a natureza em três estados: os processos naturais (ou gerações), os monstros na natureza (ou preter-geração) e a natureza modificada pelo domínio do homem (ou as artes) (cf. BACON, 1963, vol. IV, p. 253). Dessa maneira, como a história natural se refere tanto ao que é feito pela natureza como àquilo que é feito pelo homem, ela inclui, segundo Bacon, o que a natureza faz por si mesma e o que ela faz sob a ação humana. O que é importante enfatizar é que essa concepção de história natural inclui os feitos do homem, ou seja, não estamos no âmbito de uma história meramente descritiva e contemplativa da natureza por si mesma, mas sim de uma história "ativa" das operações e técnicas humanas que incidiram sobre a natureza, dominando-a em proveito dos seres humanos.

A história natural, portanto, é aquela que lida com as naturezas das coisas, quer estas estejam "livres", como nas espécies naturais, "perturbadas" (*disturbed*), como no caso dos monstros ou maravilhas, ou "confinadas", como nos experimentos. Esta última é a natureza atormentada e modificada por meio de experimentos humanos e ficava, tradicionalmente, fora do âmbito da história natural, pois era vista e compreendida como defeituosa, fragmentada e descuidada (cf. ZATERKA, 2018, p. 7). Nesse sentido, os instrumentos técnicos, como o telescópio, o barômetro, o microscópio e a bomba a vácuo, por exemplo, ganharam um lugar central nas novas investigações. Por meio deles, a natureza será modificada pela intervenção humana como nunca antes fora, com dois claros objetivos: o primeiro é trazer benefícios para a maioria da humanidade, afinal, grande parte dos membros da Royal Society eram fortes propagandistas da nova filosofia experimental; e o segundo, fundamental para a construção de uma filosofia experimental, é tornar visível o âmbito do invisível.

Essa perspectiva experimental fica manifesta na obra de Boyle *New experiments touching the spring of the air* (1660). O objetivo principal do autor, nos 43 experimentos descritos nessa obra, é mostrar que é perfeitamente possível produzir vácuo em laboratório. Da perspectiva epistemológica, essa questão era fundamental, pois, por um lado, Boyle pretende distanciar-se de aristotélicos e escolásticos, que afirmavam que a natureza tinha "horror ao vazio", e, por outro, distanciar-se dos cartesianos, que afirmavam que a matéria é o mesmo que extensão e, portanto, acreditavam na impossibilidade do vazio na natureza. Nesse texto, Boyle também descreve os mais variados experimentos relacionados à resistência e à elasticidade do ar. No experimento 40, por exemplo, ele coloca na sua bomba alguns insetos para observar se a retirada de ar dela prejudicaria ou não os seus voos. Na terminologia atual, o autor estaria se perguntando sobre a consequência do ar rarefeito para a vida dos insetos. Já no experimento 41, ele aprofunda as suas investigações sobre as possíveis relações entre a falta de ar e a morte dos animais. Para tanto, coloca em sua bomba uma cotovia, uma galinha e vários ratos que "foram tomados com convulsões violentas e irregulares", e conclui que a morte desses animais, de fato, ocorreu "pela falta de ar" (cf. BOYLE, 1660, I, p. 97-113). Assim, Boyle conseguiu demonstrar a existência do vazio, bem como a relação entre o ar e a respiração, tema bastante caro aos pensadores seiscentistas, inclusive pela recém-descoberta da dupla circulação sanguínea por William Harvey (1578-1657).

Entretanto, uma outra questão de extrema importância, relacionada especificamente à natureza dos experimentos e suas consequências para a sociedade, surge por meio dessa rica discussão. Como afirmaram Shapin e Schaffer sobre essa série de experimentos realizados na década de 1650, Boyle desenvolveu um papel fundamental na criação de três tecnologias constitutivas que seriam incorporadas à prática experimental, ou seja, no âmbito da instrumentação: I) uma tecnologia material, que viabilizou a construção e operação de uma das primeiras bombas de ar; II) uma tecnologia literária, por meio da qual os fenômenos produzidos eram divulgados para aqueles que não fossem testemunhas diretas; e III) uma prática social, que incorporou os devidos protocolos e convenções que seriam, então, compartilhados entre os filósofos experimentais. Como veremos com maior profundidade no capítulo dedicado à biografia dos materiais, o conhecimento químico efetivado em um determinado laboratório só é de fato incorporado ao *corpus* científico se suas práticas materiais se difundem. Química e objetos de produção – aparelhos, procedimentos e/ou artefatos – estão, portanto, intimamente relacionados. Essa gênese pode ser vista na obra de Boyle (cf. SHAPIN; SCHAFFER, 1985).

De um ponto de vista mais amplo, isso significa que, talvez mais importante do que provar ou não a existência do vácuo, os experimentos de Boyle mostraram a consolidação de uma perspectiva moderna do que é um fato (*matter of fact*), um conhecimento especializado, em sua *pretensa* autonomia frente a questões de cunho político ou social, diferenciando-se do conhecimento do senso comum. Como afirma Donna Haraway (2018, p. 24):

> As três tecnologias, metonimicamente integradas à bomba de ar, o instrumento neutro, fatoraram a agência humana do produto. O filósofo experimental poderia dizer: 'Não sou eu quem diz isso; é a máquina'. 'Era para ser a natureza, não o homem, que impunha o assentimento'. O mundo dos sujeitos e objetos estava no lugar, e os cientistas estavam do lado dos objetos. Atuando como porta-vozes transparentes dos objetos, os cientistas tinham os aliados mais poderosos. Como homens cuja única característica visível era sua modéstia límpida, eles habitavam a cultura de nenhuma cultura. Todos os demais foram deixados no domínio da cultura e da sociedade.

Como bem mostram Shapin e Schaffer, o *locus* do testemunho era fundamental.[1] Resta questionarmos a natureza desse testemunho e como a

---

[1] Mas quais condições eram necessárias para se atuar como testemunha? Deveriam ser públicas e coletivas, com certeza. Porém, o que é o espaço público da perspectiva da nova filosofia experimental da natureza? Nem todos poderiam testemunhar. Hobbes entrou em polêmicas importantes a esse respeito, questionando, por exemplo, a prática experimental, sendo somente observada por comunidades especiais, como a de clérigos e advogados. Ele via tais homens muito mais próximos do que seria um espaço privado do que propriamente civil. Ora, hoje em dia, ao observarmos como funcionam os laboratórios ultra-secretos, as

ciência experimental posterior irá lidar com essas complexas questões, inclusive a tentativa da Modernidade de introduzir o conhecimento laboratorial químico do lado do objeto, da natureza, e não do sujeito produtor. De qualquer maneira, para voltarmos ao nosso ponto inicial, a importância da filosofia experimental estava dada e com ela o lugar dos novos instrumentos científicos, já que "o sentido sozinho era inadequado para constituir o conhecimento adequado, mas o sentido disciplinado era muito mais apto para a tarefa" (cf. SHAPIN; SCHAFFER, 1985, p. 37).[2]

Além de contrariar as interpretações físico-matemáticas acerca das origens da ciência moderna, a centralidade da química no programa de trabalho estabelecido por Bacon e perseguido por Boyle também estabeleceu que essa ciência deveria ser um modelo para se filosofar experimentalmente. Essa imbricação entre química e filosofia experimental proposta por eles continuou a nortear químicos e filósofos ao longo do século XVIII, o que se notava tanto na linguagem adotada pelos químicos na descrição e apresentação de sua ciência quanto no emprego de conceitos químicos na defesa de argumentos filosóficos acerca da superioridade de um modo experimental de se filosofar sobre as divagações especulativas das filosofias racionalistas. Os químicos certamente não eram os únicos a realizar experimentos, pois o papel dos experimentos não tem um lugar menor ou secundário nos trabalhos de Descartes, Galileu, Mersenne e Gassendi. Todavia, foi o tipo de experimento realizado pelos químicos que serviu de modelo para a filosofia experimental de Boyle.

---

patentes e as indústrias que usualmente ocultam seus protocolos, essa questão retorna com preocupação e pertinência.

2 Contudo, muitos comentadores afirmam que é exatamente pelo *locus* central dado às histórias naturais que esse programa baconiano não teve sucesso, e, assim, não contribuiu significativamente para o desenvolvimento da ciência posterior. Koyré, por exemplo, considera nula a contribuição de Bacon para a revolução científica moderna. Para ele, a "revolução filosófica" da ciência moderna tinha sido a de geometrizar a natureza *a priori* para assim submetê-la à experimentação. Não se tratava, claro, de simples experiências de senso comum, mas de uma interrogação metódica sobre a natureza, que demandava uma linguagem geométrica para se dirigir à natureza e obter respostas, o que explicava, segundo ele, a vanguarda revolucionária dos domínios físico-matemáticos do conhecimento (cf. KOYRÉ, 1982, p. 154).

Nesse sentido, podemos acompanhar a longa duração do programa baconiano, o que denota o seu dinamismo. Isso aponta para uma diversidade interpretativa interna a ele, ou seja, indica que a filosofia experimental não era única e nem um sistema fixo de axiomas e princípios, mas que era possível filosofar experimentalmente de diferentes maneiras e com diferentes objetivos.

2.2 A filosofia químico-experimental

Dando continuidade a essa metodologia experimental, o médico-químico holandês Hermann Boerhaave considerava que a química era o modelo de uma aliança entre o trabalho empírico e o trabalho racional. Bacon e Boyle foram referências constantes para o médico na construção de um discurso filosófico-experimental para a química, que pretendia torná-la aceitável para a alta cultura científica (universidades e academias), cujo discurso foi largamente estendido ao longo do século XVIII (cf. PETERSCHMITT, 2005; POWERS, 2012). Boerhaave retomava elementos centrais do programa de Bacon, como a experimentação ordenada, a utilidade pública do conhecimento e a aliança entre os sentidos e a razão, e considerava que eram muitas "as vantagens que os filósofos podiam retirar da química cultivada como se deve, de modo que ela colocaria a física no estado em que o famoso chanceler Bacon almejava, e no que foi seguido pelo ilustre Robert Boyle" (BOERHAAVE, 1754, t. 1, p. 173). Para ele, "a primeira e principal parte dessa ciência [química] consiste em agrupar todos os fenômenos dos corpos que nossos sentidos podem descobrir, e assinalar seu verdadeiro lugar na história natural" (BOERHAAVE, 1754, t. 1, p. 168).

As ideias de Boerhaave tiveram grande influência entre os químicos europeus. Na França, os alunos de Guillaume-François Rouelle (1703-1770) saíam convencidos de seu laboratório de que fazer química era "pensar com as mãos", e isso os distinguia profundamente dos físicos, tão apegados às suas abstrações teóricas. Essa expressão, devida a Diderot, apontava que o conhecimento químico era construído a partir de uma relação indissociável entre o gesto prático e o entendimento teórico. Os químicos agiam como todos aqueles que se ocupavam de operações com materiais, mas o faziam pensando sobre suas práticas e operações que o permitiam, pelo método *a posteriori* (dos efeitos às causas), determinar as suas qualidades. Foi justamente essa característica operacional da química, que misturava *arte* e *pensamento*, que atraiu a atenção de Diderot e serviu de modelo à sua concepção de filosofia experimental. Não se trata de um modelo externo a ser adaptado a uma reflexão filosófica, mas de um modelo de ação reflexiva a ser empregado pela filosofia, que, como a química, tinha a ambição de transgredir fronteiras tradicionais. Na filosofia experimental de Diderot, descrita principalmente em seu *Pensamentos sobre a interpretação da natureza* (1754), a química tornava-se um modelo para uma filosofia que pretendia tanto romper com as divisões intelectuais clássicas (corpo/espírito, sensorial/racional) quanto, também, com divisões sociais de trabalho (nobre/operatório) a partir, sobretudo, da valoração da atividade do homem de ação (cf. PÉPIN, 2012).

Se Gabriel-François Venel, autor do verbete "Química" da *Enciclopédia* (1753), explorava o contraste entre o trabalho do químico e o do físico matemático, Diderot utilizava a mesma estratégia de dicotomia para demarcar duas práticas filosóficas:

> Distinguimos dois tipos de filosofia, a experimental e a racional. Uma tem seus olhos vendados, caminha sempre tateando, recolhendo tudo o que lhe cai nas mãos e, ao fim, encontra coisas preciosas. A outra recolhe essas matérias preciosas e as transforma em guia. Porém, até hoje, esse pretenso guia lhe foi menos útil que o tateamento de sua rival, e isso assim deve ser (DIDEROT, 2005, XXIII, p. 73).

No entanto, Diderot entendia por experimental não apenas o que podia ser escrito em linguagem físico-matemática, como pensava seu colega d'Alembert, mas todas as operações envolvidas na experiência, pois existia uma dimensão *filosófica* em todas as artes práticas. A convergência entre a filosofia experimental defendida por Diderot e a química estava, então, na tentativa de desenvolver uma autêntica filosofia a partir de um conhecimento prático e operacional da natureza.

Nem Venel, nem Diderot se colocavam como opositores da abordagem dos criadores da Royal Society ou do ilustre professor de Leiden. Porém, segundo eles, tanto a química quanto a filosofia experimental deveriam emergir de uma sistematização progressiva das operações práticas, e não da realização prática de hipóteses ou teorias físicas tomadas *a priori*, como, por exemplo, no caso da hipótese corpuscular da matéria de Boyle ou daquela de Newton. Era isso que levava os químicos a ter um ponto de vista próprio das afinidades (isto é, sem repulsão), que permitia identificar um *mixto* químico e suas partes constituintes a partir de suas propriedades operatórias, que eram conhecidas à medida que entravam em relação com outros *mixtos*. Essa mesma noção servia a Diderot na defesa não só da imanência material do movimento, mas também de sua concepção nominalista de matéria, cujo termo final sempre deveria estar submetido aos limites da análise química:

> Não existe senão uma maneira possível de ser homogêneo. Existe, ao contrário, uma infinidade de maneiras diferentes de ser heterogêneo. Parece-me, assim, impossível que todos os seres da natureza tenham sido produzidos a partir de uma matéria perfeitamente homogênea [...]. Qual o número de materiais absolutamente heterogêneos ou elementares? Nós o ignoramos. Quais são as diferenças essenciais desses materiais, que consideramos absolutamente heterogêneos ou elementares? Nós o ignoramos. Até qual nível de divisão podemos conduzir uma matéria elementar, seja nas produções da arte, seja nas obras da natureza? Nós o ignoramos (DIDEROT, 2005, LVIII, p. 112).

Assim, podemos retomar a noção de *mixto* a fim de sugerir uma hipótese sobre a distinção entre dois pontos de partida para a filosofia experimental do século XVIII. Não se tratava apenas de uma idiossincrasia de Venel a defesa de uma concepção de *mixto* da tradição química, mas da conclusão de que o limite material acessível no laboratório não permitia o conhecimento nem da hierarquia material estabelecida por Georg E. Stahl (1659-1734), nem da *textura* dos agregados postulada por Boyle. O *mixto*, como parte dos instrumentos do químico, era conhecido na medida em que operava sobre outros corpos, sendo ele próprio alterado no processo, ou seja, a medida de suas propriedades era sempre pautada por uma relação de vizinhança. Essa opção remetia à concepção de Venel de que a experiência química era eminentemente qualitativa. Era por meio da mensuração relacional das qualidades reais das substâncias, e não de uma concepção corpuscular abstrata, que se tornava possível intervir e explicar as transformações materiais.

Diderot e Venel partilhavam a argumentação acerca dos elementos qualitativamente distintos que, por meio da experimentação e da observação atenta, revelavam a riqueza e a diversidade da natureza. De fato, se a concepção operatória de *mixto* servia a Venel na defesa de uma noção relacional da identidade dos materiais, para Diderot essa concepção permitia articular uma argumentação filosófica que se contrapunha não apenas às filosofias racionalistas, mas a uma filosofia experimental inserida na prática a partir de teorias *a priori*. Isso explica as críticas severas dirigidas a químicos que admitem uma matéria homogênea universal (Boyle) ou explicações químicas a partir de configurações e movimento (Boyle, Boerhaave) (cf. PÉPIN, 2012, p. 327).

A gravura do laboratório da *Enciclopédia* mostra um verossímil diálogo entre essas duas abordagens (figura 6). Discutindo sobre a operação de dissolução química, o físico matemático, em pé, disserta sobre as forças envolvidas no relaxamento das *uniões mixtivas*, causa mesma das dissoluções. O químico, sentado, escuta, pensa, mas continua trabalhando, suas mãos continuam ocupadas na preparação efetiva de uma dissolução, que não se fazia a partir de abstrações de formas geométricas, mas com materiais e utensílios reais e concretos.

Figura 6 – Físico conferenciando com um químico sobre a dissolução.

Parte da prancha que representa o laboratório químico e a Tabela de relações de Geoffroy na *Enciclopédia* de Diderot e d'Alembert.

Enfim, podemos constatar nos tratados, nos manuais e nas dissertações acadêmicas a centralidade da associação entre experimentação e teorização dos fenômenos químicos, bem como nos dicionários e nas enciclopédias publicados ao longo do século, além dos manuscritos de cursos de química oferecidos nas academias de ciências, nas faculdades de medicina ou, ainda, em laboratórios privados. Essas publicações nos ajudaram a compreender a evolução semântica, conceitual e institucional do conhecimento químico. No caso dos dicionários e das enciclopédias, o público leitor era bem mais vasto, de modo que foram instrumentos importantes de divulgação da química e da necessidade de sua promoção social. O *Dicionário de química* (1766, 2 vols./1778) de Pierre-Joseph Macquer é, sem dúvida, o melhor exemplo desse modo de divulgação (cf. NEVILLE; SMEATON, 1981). Esse também foi o caso das duas principais enciclopédias publicadas no século XVIII, a grande *Enciclopédia*, de Diderot e d'Alembert, e a sua sucessora, a *Enciclopédia metódica*, cujo editor era o livreiro Charles-Joseph Panckoucke (1736-1798).

A *Enciclopédia* de Diderot e d'Alembert ordenava os saberes partindo do princípio da unidade e da ligação entre as *ciências*, as *artes* e os *ofícios*, enquanto o projeto editorial de sua sucessora, a *Enciclopédia metódica*, agrupava e subdividia os conhecimentos em matérias específicas. Na primeira, a reflexão sobre o "todo" constitui o ponto de partida de uma posição filosófica distribuída em uma ordem enciclopédica; na segunda, eram as disciplinas que passavam a ser prioritárias, valorizando, assim, a especialização científica por meio da publicação de dicionários separados e ordenados segundo uma ordem analítica e semântica. Essa mudança de perspectiva reflete não só uma mudança de época, mas, sobretudo, uma modificação do ponto de vista epistemológico, que passava de uma organização sistemática dos saberes para uma organização analítica das disciplinas científicas (cf. GROULT, 2011).

As duas empreitadas editoriais foram monumentais. A *Enciclopédia* foi publicada entre 1751 e 1772, e sua coleção original era formada por 28 volumes *in-folio*, 17 de textos impressos em duas colunas e 11 de pranchas. Ela continha cerca de 72 mil verbetes e em torno de 2800 gravuras. A *Enciclopédia metódica* foi publicada entre 1782 e 1832, e sua coleção era composta por 216 volumes *in-quarto* e em duas colunas (cf. BLANCKAERT; PORRET, 2006). No caso da química, a maioria dos verbetes da *Enciclopédia* era de autoria de Venel, cujo verbete "Química" constituía um verdadeiro manifesto pelo reconhecimento da identidade epistêmica dessa ciência (cf. LEHMAN; PÉPIN, 2009). Para dirigir o novo dicionário de química da *Enciclopédia metódica* foi escolhido Guyton de Morveau, da Academia de Ciências de Dijon. O químico dijonês já tinha trabalhado com Panckoucke na correção de vários verbetes da *Enciclopédia* na coleção denominada *Suplementos à Enciclopédia*, publicada em sete volumes (dois de pranchas) em 1776 e 1777. Dos seis tomos do *Dicionário de química*, Guyton de Morveau coordenou apenas o primeiro, publicado em dois volumes, um em 1786 e outro em 1789. Os quatro tomos seguintes foram dirigidos por

Antoine-François de Fourcroy (1755-1809) e o último, publicado em 1815, por Nicolas-Louis Vauquelin (1763-1829) (cf. BRET, 2006, p. 521-51).

Ora, se na *Enciclopédia* de Diderot e d'Alembert a autonomia da química era reivindicada como parte de um todo, conectada a outras formas de saber por meio da interconexão entre os verbetes, na *Enciclopédia metódica* essa autonomia era descrita de forma restrita por meio de um dicionário próprio, de modo que seus conceitos deixavam de ser operatórios em outros domínios do conhecimento. Isso não significa que haja uma unidade teórica na apresentação da química nessas enciclopédias, pois se há verbetes em que as concepções mais modernas aparecem, há outros, sobretudo aqueles que remetem às artes de manufaturas, em que teoria e expressões arcaicas permanecem. A química passava a ser considerada como uma disciplina científica autônoma em relação a domínios próximos, como a medicina, a metalurgia ou a física, um procedimento epistemológico que foi acolhido e desenvolvido pelo positivismo científico do século XIX. Se na grande *Enciclopédia* os argumentos em defesa de uma autonomia epistêmica da química mesclavam conceitos químicos, descrições próprias à história natural e um procedimento metodológico que dialogava com a filosofia experimental, os autores da *Enciclopédia metódica* deixaram de lado esses empréstimos conceituais e concentraram-se na necessidade dos químicos de delimitar seus interesses em uma linguagem exclusivamente química.

2.3 Conceitos, tabelas e nomenclatura: preocupações da química das Luzes

O estudo das substâncias com características salinas já fazia parte da tradição paracelsista, mas o conceito de sal começou a ser reestruturado no início do século XVIII pelos químicos da Academia de Ciências de Paris. Redefinidos, os sais deixavam de representar um *princípio salino*, manifestado pela solubilidade, e passavam a ser classificados como álcalis, ácidos e *neutros*, ou *médios* (combinação de um *sal ácido* (volátil) com um *sal álcali* (fixo). Mais do que a busca por um *princípio* salino último, os químicos da academia estavam interessados em isolar *mixtos* e os colocar em relação química. Isso abria um vasto campo de pesquisa, pois um sal poderia ser considerado a partir de um certo número de relações possíveis, seja com outros sais, seja com *metais* ou com *dissolventes* (cf. HOLMES, 1989).

Compreendidos dessa maneira, os *sais* inauguravam uma química de substituições e de deslocamentos (A + BC → AC + B), na qual os efeitos mais evidentes da ocorrência de uma operação eram as precipitações, os eflúvios aéreos e as mudanças de coloração. A partir de uma operação de substituição, a *química dos sais* organizava uma investigação prática e estabelecia novos critérios de inteligibilidade para o estudo dos materiais. As substâncias químicas deveriam ser compreendidas, portanto, a partir das relações que estabeleciam, podendo ser exploradas a partir das possibilidades de criação e de destruição dessas relações.

Essa noção de substituição, que fazia pensar os *mixtos* químicos como sendo uma *composição* resultante de uma *combinação*, organizava as relações materiais possíveis. As qualidades de um corpo deixavam de ser pensadas como resultantes de um *princípio* portador de *qualidade*, passando a ser entendidas como simples resultado de um arranjo material permitido pelas relações de afinidade. A própria noção de relação/afinidade não remetia mais a nenhum princípio essencial (no qual semelhante atrai semelhante), mas passava a ser o verdadeiro sujeito das operações químicas indicadas na *Tabela de diferentes relações observadas entre diferentes substâncias* de Geoffroy, apresentada em 1718 (GEOFFROY, 1718; KLEIN, 1995).

A tabulação do conhecimento que Michel Foucault (1926-1984), em seu *Les mots et les choses*, aponta como uma das características da epistemologia do século XVIII permite que os químicos apresentem seus conhecimentos de forma concisa e orientada para a ação. A previsão de Bernard de

Fontenelle (1657-1757) e a constatação de Antoine de Fourcroy permitem apontar que a *Tabela de relações* de Geoffroy consiste em um modelo de organização das operações e dos conceitos da química das Luzes. Fontenelle, *homme de lettres*, além de arguto defensor do cartesianismo, era Secretário perpétuo da Academia de Ciências de Paris. Como ocupou essa função por um longo período (1699-1740), foi uma testemunha singular da emergência de novas abordagens científicas e filosóficas das primeiras décadas do século (AUDIDIÈRE, 2016). Por ocasião da morte de Geoffroy, em 1731, ele fez seu *elogio*, concluindo que poderíamos admitir que "a *Tabela* do Sr. Geoffroy, bem compreendida e submetida a toda precisão necessária, poderia tornar-se *uma lei fundamental das operações da química e guiar com sucesso aqueles que nela trabalham*" (FONTENELLE, 1731, p. 99-100, grifos nossos). No início do século seguinte, Fourcroy, em seu *Systême des connaissances chimiques*, declarou que foi "essa verdadeira e importante descoberta que guiou um grande número de químicos que, embora tenham adicionado a ela uma enormidade de contribuições, devem a ideia manifestamente ao ilustre Geoffroy" (FOURCROY, 1802, t. 1, p. 24).

A noção de que existiam "relações ou afinidades" entre certos corpos tem uma longa história e, embora os alquimistas tenham sido aqueles que mais a empregaram na explicação das transformações materiais, também foi utilizada por filósofos e literatos na análise de comportamentos humanos e sociais. Entre os químicos do início do século XVIII, a noção era empregada no sentido dado por Stahl para denotar que as *partes semelhantes* de diferentes corpos materiais tinham afinidades entre si. Se o ácido nítrico, por exemplo, tinha afinidade pelos metais, era porque esses materiais partilhavam um *princípio* que lhes era comum, que Stahl denominava de *terra flogística* ou *inflamável* (cf. BENSAUDE-VINCENT; STENGERS, 1993, p. 78-82).

Na *Enciclopédia* de Diderot e d'Alembert, essa noção foi empregada para diferenciar o terreno de investigação que seria próprio aos químicos em seus laboratórios daquele dos físicos. O verbete "Química" fazia das afinidades químicas o centro da preocupação dos químicos, e o nível de materialidade em que essas forças atuavam era o que delimitava as fronteiras entre a química e a física. No entanto, não devemos esquecer que esse verbete da *Enciclopédia* era uma espécie de "manifesto" carregado de retórica na defesa da singularidade epistêmica da química, e que não deve ser tomado como um testemunho do que faziam os físicos. Tanto a ciência moderna é inseparável da matematização e da mecanização dos fenômenos da natureza, como os físicos dos séculos XVII e XVIII também faziam experimentos. Com relação ao século XVII, não podemos deixar de lembrar do desenvolvimento das balanças e relógios de precisão, das medições de paralaxes estelares e das primeiras máquinas de calcular. Galileu, Pascal e Leibniz são alguns dos nomes importantes dessa tradição da física instrumental. Já no século XVIII, encontramos exemplos realizados pelos físicos newtonianos holandeses Willem Jacob's Gravesande (1688-1742), em suas pesquisas sobre a dilatação dos corpos (por meio de um instrumento conhecido como "anel de Gravesande"), e Petrus van Musschenbroek (1692-1761), em pesquisas sobre a resistência dos metais à tração (ZUIDERVAART, 2003; BESOUW, 2017). Foi o caso também de outros físicos europeus, como os franceses René-Antoine de Réaumur (1683-1757), com seus experimentos sobre a temperatura, e Jean-Antoine Nollet (1700-1770), com pesquisas sobre a eletricidade (RISKIN, 2002; LYNN, 2008). Contudo, o químico Venel, assim como seu amigo Diderot, procurava destacar as diferenças entre os experimentos realizados na química e aqueles realizados na física experimental a fim de valorizar um conhecimento eminentemente operatório, que dependia das substâncias criadas e manipuladas no laboratório do químico e da natureza.

Seguindo Stahl, Venel distinguia dois níveis de materialidade, aquele dos *elementos* e dos *mixtos*, e aquele dos *agregados*. Os *elementos* (*terra, água, ar, fogo*) eram os que resultavam dos processos analíticos mais rigorosos disponíveis, ficando, contudo, em aberto a possibilidade de serem futuramente decompostos experimentalmente. Os *mixtos* resultavam da combinação desses *princípios elementares* entre si, ou com outros *princípios* já *mixtos*, em distintas proporções. As forças que provocavam essas "uniões mixtivas" eram denominadas de relações ou afinidades químicas; já as forças que causavam a reunião e o acúmulo desses *mixtos* para formar os *agregados* eram denominadas de "relações de massas", ou forças de atração. Além disso, os químicos, mesmo admitindo a possibilidade de existir abstratamente uma matéria homogênea e universal, limitavam-se às operações de laboratório, que eram convincentes em demonstrar a heterogeneidade dos materiais. Se para eles a matéria era heterogênea e produtora de seu próprio movimento (força de afinidade), para os físicos-matemáticos ela era, em última instância, homogênea e submetida às forças externas de *atração* e *repulsão* (cf. VENEL, 1753, t. 3, p. 408s).

A *Tabela* de Geoffroy (figura 7) era composta por dezesseis colunas, encabeçadas "pelos principais materiais que temos o costume de trabalhar em química" (cf. GEOFFROY, 1718, p. 202; MI GYUNG KIM, 2003). Os corpos *mixtos* constituíam a quase totalidade das substâncias representadas na tabela. A posição superior na coluna perpendicular indicava a substância a ser comparada com aquelas dispostas abaixo. Da primeira à oitava coluna, temos operações relacionais em meio aquoso das substâncias classificadas como *sais*.

A primeira coluna sintetizava as sete seguintes, pois indicava a intensidade decrescente das relações dos sais de "espíritos ácidos" com os sais álcalis fixos, o sal álcali volátil, as terras absorventes e as substâncias metálicas, cujo resultado era a formação de sais neutros. Ou seja, se um sal neutro formado pela união mixtiva entre o ácido do sal marinho e o álcali volátil fosse apresentado a um álcali fixo, haveria o desprendimento de um eflúvio e uma nova relação seria formada, agora entre o ácido de sal marinho e o álcali fixo.[3]

---

3 Uma representação moderna possível seria: $2HCl(aq) + (NH_4)2CO_3 (aq) \rightarrow 2NH_4Cl(aq) + CO_2(g) + H_2O$.

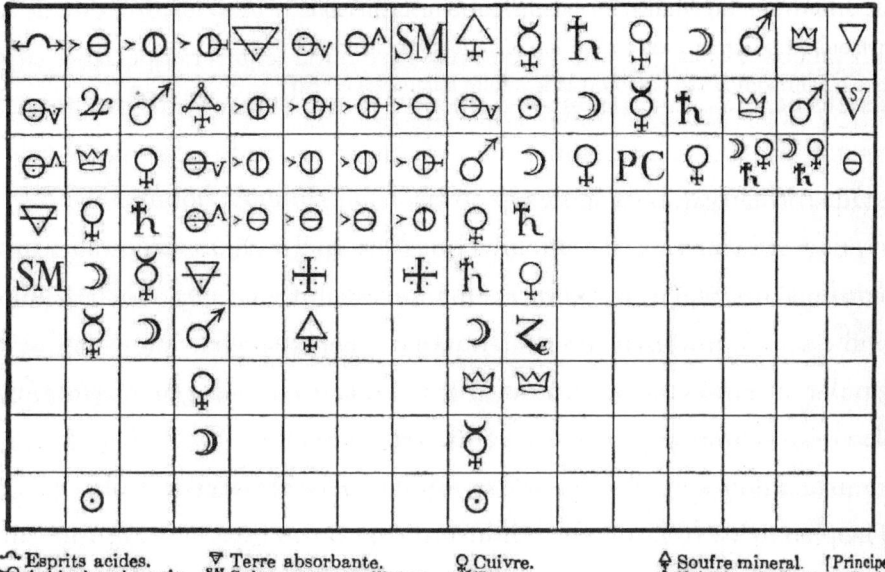

HISTÓRIA NATURAL, FILOSOFIA EXPERIMENTAL E A EMERGÊNCIA DA QUÍMICA MODERNA   113

[Tabela com símbolos alquímicos]

⁀ Esprits acides.   ▽ Terre absorbante.   ♀ Cuivre.   ⚹ Soufre mineral.   [Princípe.
⊖ Acide du sel marin.   ˢᴹ Substances metalliques.   ♂ Fer.   ⚘ Principe huileux ou Soufre
⊕ Acide nitreux.   ☿ Mercure.   ♄ Plomb.   ✢ Esprit de vinaigre.
⊕ Acide vitriolique.   ♅ Regule d'Antimoine.   ⚴ Etain.   ▽ Eau.
⊖ Sel alcali fixe.   ☉ Or.   ⚵ Zinc   ⊖ Sel.   [denta
⊖ˠ Sel alcali volatil.   ☽ Argent.   ᴾᶜ Pierre Calaminaire. ᵛ Esprit de vin et Esprits ar-

Figura 7 – Tabela de Geoffroy (1718).

A Tabela é composta por dezesseis colunas. Segue a correspondência aproximada das substâncias mencionadas: espíritos ácidos (ácidos em geral); ácido do sal marinho (ácido clorídrico); ácido nitroso (ácido nítrico); ácido vitriólico (ácido sulfúrico); sal álcali fixo (mistura de carbonato de sódio e carbonato de potássio); sal álcali volátil (carbonato de amônio); terra absorvente (terras alcalinas, óxidos, carbonatos, etc.); régulo de antimônio (antimônio); pedra calaminar (carbonato de zinco); enxofre mineral (enxofre); princípio oleoso, enxofre princípio [flogístico]; espírito do vinagre (ácido acético); espírito do vinho (etanol, além de outros alcoóis e éteres) (cf. KLEIN, 1995).

Da nona à décima quinta coluna temos as operações metalúrgicas, quepermitiam a formação de ligas metálicas e de amálgamas. Na décima coluna, por exemplo, temos a facilidade decrescente com que o mercúrio produz amálgamas com o ouro, a prata, o chumbo, o cobre, o zinco e, finalmente, com o antimônio. A última coluna indica que a água dissolve mais facilmente – em qualquer proporção – o espírito do vinho (álcool) do que as substâncias salinas.[4] Apesar das colunas à esquerda reunirem operações cujo dissolvente era a água, enquanto o fogo era considerado o dissolvente nas colunas da direita, este último também era considerado responsável pelos estados de agregação da água.

Embora a *natureza* do *fogo* fosse objeto de controvérsias, seu caráter instrumental nas operações químicas era consensual. Todavia, não analisaremos aqui essas controvérsias, pois interessa-nos apenas apontar que Geoffroy e a tradição francesa identificavam o fogo *elemento* ao *princípio flogístico* de Stahl. Isso significava uma importante diferença entre eles na identificação elementar do *flogístico*, pois enquanto Stahl o considerava como um tipo de *terra* (*terra flogística*), Geoffroy o identificava como *fogo*. Essa mudança foi importante, pois agora o *flogístico* era considerado a causa do fogo *instrumento* (das chamas e dos fornos do laboratório), embora não se confundisse com ele, pois se tratava de uma verdadeira substância capaz de combinar-se com outros *elementos* e *mixtos*, transformando-os quimicamente. Havia, portanto, dois tipos ou manifestações do fogo: o *instrumental* ou *livre* (pois provocava mudanças no estado de agregação dos corpos) e o *flogístico* (pois provocava mudanças químicas). Geoffroy apresentou a ordem de relações do fogo *flogístico* na quarta coluna da *Tabela* (JOLY, 1999, p. 41-63).

O trabalho do químico consistia, então, em empregar "todos os meios particulares a fim de submeter os sujeitos da arte às duas grandes mudanças, ou seja, a de efetuar *separações e uniões*" (cf. VENEL, 1753, t. 3, p. 417). Apesar de ter algumas nuances de vocabulário, essa definição da atividade do químico

---

4 A palavra álcool deriva do árabe al-kohl e se refere a um pó branco e fino, produzido pela pulverização do sulfeto de chumbo (galena). Os alquimistas medievais ampliaram o uso do termo para designar qualquer produto resultante da destilação. Paracelso, no século XVI, foi um dos primeiros a utilizar a palavra álcool para denotar o resultado da destilação do vinho, isto é, o álcool seria a parte mais sutil (a mais pura), a quintessência, o espírito do vinho (cf. JOLY, 2013, p. 91).

era repetida nos textos publicados e delineava um território e uma identidade epistêmica para a química. Eis o objeto e o objetivo principais dessa ciência:

> [...] separar as diferentes substâncias que entram na composição de um corpo, examinar cada uma em particular, reconhecer suas propriedades e suas analogias; se possível, decompô-las, compará-las & combiná-las com outras substâncias; enfim, recombiná-las para fazer reaparecer o primeiro *mixto* com todas as suas propriedades (MACQUER, 1749, p. 2).

Essa noção de substituição, que fazia pensar os *mixtos* químicos como sendo uma *composição* resultante de uma *combinação*, organizava as relações materiais possíveis. As qualidades de um corpo não resultavam de um *princípio* portador de *qualidade*, passando a serem entendidas como resultado de um arranjo material permitido pelas relações ou afinidades. Entretanto, como explicar teoricamente a causa dessas relações ou afinidades? Não há consenso entre os historiadores da química acerca da possível influência da explicação sugerida por Newton na *Questão 31*, segundo a qual as afinidades químicas eram forças semelhantes à gravitação universal, com a particularidade de atuarem a pequenas distâncias. Por exemplo, Maurice Crosland (1963, p. 382) considerava que a *Tabela* de Geoffroy consistia na aplicação da lei da gravidade geral de Newton à química. Ao contrário, Holmes (1989, p. 40) e Ursula Klein (1995, p. 91) a interpretaram, respectivamente, no quadro da química acadêmica francesa e da tradição da química farmacêutica do século XVIII. Bernard Joly chama a atenção para a estreita relação de Geoffroy com a Royal Society e as ideias de Newton, embora essa proximidade seja mais de cunho metodológico do que acerca da natureza das forças e dos princípios da ciência química (cf. JOLY, 2012). Bensaude--Vincent, por sua vez, aponta que os químicos da primeira metade do século jamais empregaram as ideias de Newton na explicação das afinidades químicas, pois rejeitavam a existência do oposto da *atração*, ou seja, a existência de *repulsão* entre substâncias químicas. Segundo Bensaude-Vincent, se houve uma influência de Newton entre os químicos franceses da escola de Rouelle, não foi aquela frequentemente sugerida de tentar aplicar, na química, um conceito vindo da astronomia, mas talvez a perspectiva que tomava o sábio inglês também como um membro da tradição química (cf. BENSAUDE--VINCENT, 2008b, p. 126).

As tabelas de afinidade também nos indicam a presença de conceitos químicos essenciais. Os aspirantes a químicos deviam compreender claramente a diferença entre as *partes integrantes* dos corpos, ou seja, "as menores moléculas nas quais os corpos podem ser reduzidos sem serem decompostos", e as *partes constituintes*, que eram "substâncias diferentes, que por sua união e sua combinação mútua constituem realmente os corpos mixtos" (MACQUER, 1766, t. 1, p. 376s). Seria impossível desunir ou separar as partes constituintes dos *mixtos* sem destruí-los. Embora Stahl considerasse que todos os corpos fossem formados pela combinação dos elementos *água* e *terra* (*vitrificável*), seus seguidores ampliaram o número de *elementos primitivos* ao incluir também o *fogo* e o *ar*. Cabe destacar que esses quatro elementos não correspondiam mais aos quatro *elementos qualitativos* de Aristóteles, mas eram *corpos simples* obtidos no final de um processo de *análise química*. Em seu *Dicionário*, Macquer afirma que:

> [...] em química dá-se o nome de elemento aos corpos que são de tal simplicidade que todos os esforços da arte são insuficientes para decompô-los [...]. Os corpos aos quais temos reconhecido esta simplicidade são o fogo, o ar, a água e a terra mais pura, pois os efeitos das análises mais completas e mais exatas não produziram nenhuma outra coisa ao chegar a seu termo (MACQUER, 1766, t. 1, p. 376s).

Porém, esses *elementos* não são obtidos em uma primeira análise química, de modo que os químicos tiveram que considerar a existência de outros níveis de *elementaridade*.

O desenvolvimento experimental ocorreu tanto nos processos de análise e de purificação das substâncias químicas pelo emprego de novas técnicas (por exemplo, a extração por solvente) quanto no emprego de instrumentos físicos, tais como a máquina pneumática utilizada por Stephen Hales (1677-1761), que permitia o isolamento dos "ares" liberados durante uma operação química (HOLMES, 1971). A multiplicação de "corpos simples" (termo empregado por Macquer desde os anos 1750) e de novos materiais acentuava, no entanto, um problema de comunicação não apenas entre os próprios químicos, mas também na institucionalização do ensino de química. Como demonstrou Maurice Crosland em seu livro clássico sobre a história da linguagem da química, os químicos do século das Luzes eram frequentemente críticos em relação à linguagem e à escrita que eles utilizavam. Além da dificuldade de nomear os novos corpos isolados e analisados, muitas substâncias com as mesmas propriedades eram conhecidas por diferentes nomes, enquanto outras tinham o mesmo nome, mas propriedades diferentes (cf. CROSLAND, 1978).

A sistematização racional dessa linguagem se tornava, portanto, cada vez mais urgente. Em 1767, motivado por Macquer, o químico sueco Torben Olof Bergman (1735-1784) iniciou um trabalho sistemático sobre a nomenclatura dos sais (CARLID; NORDSDTRÖM, 1965, p. 100-137; BERETTA, 1988). Segundo ele, os sais deveriam ser enquadrados em um sistema uniforme, no qual o nome revelaria a composição. Ele começou, então, a reformar a nomenclatura e a remover os nomes herdados da tradição química, e para o estabelecimento de uma nova nomenclatura química, Bergman inspirava-se no modelo botânico criado por seu antigo professor, Carl von Linné (1707-1778). Como mostrou Crosland, a reforma da nomenclatura botânica influenciou consideravelmente a atitude de Bergman em relação a uma reforma da terminologia química. No sistema proposto por Lineu, cada planta deveria ser nomeada por um binômio latino, com um substantivo para designar o gênero ao qual pertencia e um adjetivo que o especificava, mais um sufixo indicando o pertencimento a uma família.

Bergman tentou, então, adaptar em química o princípio de uma nomenclatura latina baseada nesse método analítico, sem considerações de caráter acidental. Foi graças à nomenclatura química que uma amizade epistolar começou entre o químico sueco e Guyton de Morveau, químico da Academia de Ciência de Dijon e discípulo de Macquer (BRET *et al.*, 2016).

Em 1779, Bergman publicou o primeiro volume de *Opuscula physica et chemica*, obra que representa a melhor síntese de seu pensamento químico. No ano seguinte, Guyton de Morveau o traduziu para o francês (cf. BERGMAN, 1780). Ele achava que o sistema binomial de Bergman era o melhor, mas considerava que regras mais rigorosas seriam necessárias para que a química tivesse uma nomenclatura exata. Se Guyton de Morveau teve esse sentimento ao traduzir o livro de Bergman, ele foi reforçado em seu trabalho para o primeiro volume da *Encyclopédie méthodique*. De fato, para os químicos do início dos anos 1780 a nomenclatura química tinha se tornado um assunto de grande importância tanto para a atividade docente quanto para o trabalho de tradução e divulgação da química em periódicos científicos.

Guyton de Morveau publicou em 1782 uma dissertação em que procurava convencer os químicos de que a perfeição de sua ciência estava ligada à excelência de sua linguagem. Essa dissertação foi, de fato, o primeiro trabalho dedicado exclusivamente à nomenclatura química. Embora tenha recebido a influência de Macquer e de Bergman, Guyton de Morveau adotava um ponto de vista original, proclamando que a reforma da linguagem de uma ciência deveria ser considerada como uma reforma da própria ciência. Portanto, os químicos deveriam se livrar das analogias enganosas usadas na identificação de substâncias químicas, uma vez que eram derivadas de aparências grosseiras e circunstâncias acidentais, como a cor, a textura, suas propriedades medicinais ou o nome de seu "descobridor". O entendimento de tal nomenclatura custava mais do que a compreensão da própria ciência, por isso era absolutamente necessário estabelecer novos princípios que devessem determinar a escolha do nome em todas as circunstâncias (cf. MORVEAU, 1782).

Seu projeto repousava em cinco princípios: (1) uma frase não é um nome; (2) as denominações devem ser convencionais e específicas; (3) é preferível um nome sem significado do que uma denominação ligada a ideias falsas; (4) na introdução de um novo nome, este deve ter sua raiz em uma língua morta (latim e grego); (5) as denominações devem seguir as regras das línguas nacionais. Esses princípios, associados à regra binomial de Lineu, permitiram a Guyton nomear e organizar em uma tabela os 18 ácidos e as 24 "bases" então conhecidas (4 terras, 15 metais, 3 álcalis, flogístico e álcool), bem como prever o nome de suas combinações, o que elevava para 500 as substâncias cujas denominações poderiam ser facilmente conhecidas (cf. MORVEAU, 1782, p. 382).

Apesar de suas limitações, o sistema proposto pelo químico francês foi muito bem recebido pela "República dos químicos". A avaliação feita por ele mesmo, quatro anos após a publicação de sua dissertação, mostra que seu objetivo fora alcançado: na "Advertência" do primeiro volume da *Enciclopédia metódica*, ele afirma que seu sistema de nomenclatura era adotado tanto por seus compatriotas Macquer, Buffon e Fourcroy, como por químicos estrangeiros como Fontana, Kirwan, Landriani, Crell e Bergman. Além disso, essa nomenclatura também era usada nas traduções francesas de vários trabalhos, tais como, por exemplo, o *Manuel du minéralogiste*, de Bergman (1735-1784) e os *Mémoires de chymie* de Scheele (1742-1786), e nas dissertações publicadas no *Observations sur la physique* e no *Journal de Sçavans* (cf. MORVEAU, 1786, vi; SMEATON, 1954).

2.4 O sistema químico de Lavoisier e uma "nova" química

Nas três últimas décadas do século XVIII, a química foi palco de controvérsias teóricas, de inovações experimentais e do estabelecimento de alguns consensos de longa duração. Uma dessas controvérsias diz respeito ao papel do ar na combustão, que engendrava também a questão da composição dos metais (eram *mixtos* ou corpos simples/elementos?), e um dos consensos refere-se ao estabelecimento de uma técnica de nomenclatura. A história desse período tem produzido uma variedade de narrativas, oriundas de diferentes historiografias, bem como diversas interpretações ontológicas, epistemológicas e metodológicas. Nesse momento histórico, Lavoisier foi o nome que mais ocupou a memória coletiva quando se tratava da química praticada no período.

Nas histórias clássicas dessa ciência, o *mito* de um fundador ajudava sobremaneira na demarcação de um período pré-científico e de outro no qual, enfim, a química tornava-se uma ciência autônoma. A química lavoisieriana também serviu como ponto de apoio para vários modelos epistemológicos, particularmente para aqueles que incorporavam a história da ciência em suas argumentações. A gênese e a trajetória do pensamento químico de Lavoisier, por exemplo, foram referências constantes nas explicações de Thomas Kuhn de seu modelo histórico-epistemológico para o desenvolvimento científico. Além de ser o único processo revolucionário que possuía um registro de nascimento, uma promessa revolucionária, as teorias e experimentos de Lavoisier esclareceriam de modo bastante verossímil noções como a de *ciência normal, ciência revolucionária, anomalias, crise, exemplar, nova linguagem* e *resistência comunitária, incomensurabilidade entre paradigmas* (cf. KUHN, 1975, p. 82s). Por isso, para filósofos como Hoyningen-Huene, um importante comentador da obra de Kuhn, as noções empregadas no hoje clássico *A Estrutura das Revoluções Científicas* adequam-se à revolução química liderada por Lavoisier como a nenhum outro episódio revolucionário da história da ciência (cf. HOYNINGEN-HUENE, 2008).

Contudo, não deixa de ser curioso notar que o lugar de Lavoisier na história da química permanece inalterado, pois se na historiografia tradicional a *nova* química representava o momento de *fundação* de uma disciplina científica, na interpretação histórico-epistemológica de Kuhn ela exemplificava uma revolução paradigmática. A moderna historiografia da química tem demonstrado que, embora Lavoisier seja um personagem fundamental dessa ciência na segunda metade do século XVIII, a prática da ciência química abrangia muitos outros químicos e temas de investigação. As mais recentes investigações históricas acerca da química praticada naquele período mostram, por exemplo, que a "revolução química" não foi uma "revolução postergada" em relação às revoluções na física e na astronomia do século anterior, tal como descrita por H. Butterfield (1962). Além disso, as investigações também apontam que as transformações teóricas e experimentais ocorridas na química no final do século XVIII não foram obra exclusiva de Lavoisier e tampouco abrangeram toda a química. A originalidade das ideias e a grande capacidade experimental de Lavoisier continuam a ser reconhecidas, mas os seus trabalhos passaram a ser contextualizados na continuidade da química praticada na França e na Europa na segunda metade do século (cf. MOCELLIN, 2011).

Além disso, em sua reconstrução do contexto histórico e da historiografia do conceito de "revolução química", Bensaude-Vincent aponta para os limites de interpretações epistemológicas como as de Kuhn. Certamente, diz ela, com seu *método* (experimental, quantitativo, de precisão instrumental), seu *estilo* (de escrita, de vida social e acadêmica), sua *escola* e os meios institucionais de que dispunha, Lavoisier realizou uma "revolução". Porém, essa revolução não marca a origem da química moderna, nem cumpre os quesitos demandados pela *estrutura* proposta por Kuhn. Na verdade, a revolução realizada por Lavoisier dá sentido ao conceito de revolução como ruptura, mas não exemplifica nenhuma teoria epistemológica particular (cf. BENSAUDE-VINCENT, 1993, p. 423).

Seguindo essa renovação historiográfica, interessa-nos neste trabalho apenas apontar as linhas gerais do "sistema químico" proposto por Lavoisier, que estava ligado a um ponto de vista filosófico mais amplo, que concebia toda a organização social como parte de um *sistema* a ser construído a partir de bases bem testadas pela experimentação. É bem conhecida a filiação filosófica que Lavoisier, por ele mesmo, reivindicou, fato incomum na história da ciência. Trata-se da filosofia empírico-experimental, desenvolvida por Condillac, um discípulo parcial de Locke, pois, se por um lado se filia à vertente experimental empírica do filósofo inglês, por outro se distancia de sua teoria da linguagem. Essa influência foi reconhecida por Lavoisier na dissertação que introduzia a obra coletiva *Méthode de nomenclature chimique* (1787), sendo mais explícita no seu *Traité élémentaire de chimie* (1789). O químico francês começou o *Tratado*, no "Discurso preliminar", dizendo que seu texto evidenciava os princípios estabelecidos por Condillac em sua *Lógica* (1780) e concordava com Condillac quando este dizia que "só pensamos com o auxílio das palavras; que as línguas são métodos analíticos; sendo a álgebra a mais simples, a mais exata e a melhor adaptada ao seu objeto e às maneiras de o enunciar; enfim, que a arte de raciocinar se reduz a uma língua bem feita" (LAVOISIER, 1965 [1789], p. I). Lavoisier ainda acrescentava que "enquanto eu pensava em me ocupar somente da nomenclatura, enquanto não tinha outro objetivo que o de aperfeiçoar a linguagem da química, minha obra transformou-se entre as minhas mãos, sem que fosse possível evitá-lo, em um *Tratado elementar de química*" (cf. LAVOISIER, 1965 [1789], p. II). Sabendo disso, historiadores como Albury (1986), Roberts (1991), Beretta (1993, p. 187s) e Bensaude-Vincent (2008c, p. 127s) têm demonstrado que a influência de Condillac não se deu somente na construção de uma nova nomenclatura, mas na própria estruturação de seu pensamento científico, político e filosófico. Nesse sentido, a amplitude dos interesses e os protocolos experimentais que ele pôs em prática na execução de diferentes atividades fez de Lavoisier um exemplar do que seria um bom filósofo experimental.

Mas quais seriam as características de um bom *sistema*? O verbete "Sistema" da grande *Enciclopédia*, escrito por Jean le Rond d'Alembert (1717-1783), resumia a detalhada investigação feita por Condillac em seu *Traité des systèmes* (cf. CONDILLAC, 1991 [1749]; DIDEROT; D'ALEMBERT, 1765), e apresenta, primeiramente, aquilo que seria a característica comum a todos os *sistemas*. Raciocinar sistematicamente, portanto, consistiria em dispor as diferentes partes de uma ciência ou de uma arte em uma ordem na qual elas se sustentassem mutuamente e na qual as últimas se explicassem pelas primeiras. Aquelas que davam razão às outras eram chamadas de *princípios*, e quanto menor fosse o número destes, mais perfeito seria o sistema. Embora houvesse uma grande variedade de sistemas, todos poderiam ser classificados de acordo com a natureza dos *princípios* que regulavam sua estruturação. Usando esse critério, enumeravam-se três tipos de sistemas: o primeiro teria por origem máximas gerais, verdades evidentes ou tão bem demonstradas que não poderiam ser colocadas em dúvida; o segundo teria como origem suposições imaginadas para dar razão às coisas, de modo que a explicação de um fenômeno provaria a verdade de uma suposição; por fim, no terceiro os sistemas teriam como origem fatos bem constatados pela experiência e pela observação, tal como era o *princípio* da gravidade. Somente este último tipo de sistema era estabelecido a partir de um grande número de observações e de experiências, permitindo-nos perceber claramente o encadeamento dos fenômenos. Não existiria ciência ou arte (metalurgia, vidraria, tinturaria, agricultura etc.) que não fosse capaz de construir esse tipo de sistema, com a particularidade de que alguns teriam por objetivo dar razão aos efeitos, como no caso da física; de prepará-los e fazê-los nascer, como no caso da política; e outros, ainda, de combinar essas duas características, como no caso da química e da medicina. Portanto, as ciências e as artes seguiriam um caminho seguro, que as conduziriam a novas descobertas, mas somente se elas fossem construídas de modo a formarem *verdadeiros sistemas*, cujo modelo era o sistema newtoniano.

O sistema químico de Lavoisier começou a ser construído a partir do estudo da química dos "ares", que logo passariam a ser chamados de "gases". Desse novo domínio da química nasceu sua convicção de que essa ciência deveria ser revolucionada e reconstruída sobre fundamentos que traduzissem fielmente os dados experimentais, se possível, expressos em uma linguagem semelhante à da álgebra. Essa química foi muito discutida a partir da publicação do *Vegetable staticks* de Hales, que continha uma descrição de métodos de obtenção de diversos "ares" a partir da destilação de materiais de origem vegetal e animal, putrefação, fermentação e armazenamento. A obra ganhou rapidamente uma tradução para o francês, feita por Buffon e publicada em 1735.

O primeiro a decretar ter isolado e caracterizado um "ar" diferente do ar comum foi Joseph Black (1728-1799), que apresentou, em 1755, uma dissertação sobre a *Magnesia alba*, o nosso carbonato de magnésio ($MgCO_3$), na qual reconhecia o papel de um ar como um reagente químico, equivalente ao nosso dióxido de carbono (CO_2). Esse trabalho foi um bom exemplo de como organizar sistematicamente uma sequência experimental. Além disso, Black determinou as propriedades desse "ar fixo", demonstrando que ele era diferente do ar comum e que, ao contrário deste, era letal à vida e não sustentava a chama. Assim, os químicos se depararam com um novo agente químico, o que gerou um grande interesse pelo estudo dos fluidos aéreos liberados por diversas substâncias. Seriam todos iguais? Um enfático "não" veio dos experimentos de Joseph Priestley (1733-1804), Henri Cavendish (1731-1810) e Carl Scheele (1742-1786).

No caso do que seria futuramente chamado de "gás oxigênio", o sueco Scheele estava convencido da importância que o ar da atmosfera tinha na combustão e na calcinação, e de que ele não era homogêneo, pois tanto na combustão quanto na calcinação uma parte da atmosfera absorvia melhor o flogístico. O químico chamou essa parte de "ar de fogo" e mostrou que o mesmo ar poderia ser obtido a partir do aquecimento do *mercurius precipitatus per se* (HgO). Assim como Scheele, Priestley isolou a parte do ar atmosférico que absorvia o flogístico durante uma combustão, chamando-a de "ar deflogisticado", e percebeu as diferenças entre essa parte e a que restava após a combustão, que por estar saturada de flogístico foi chamada de "ar flogisticado". A partir de 1774, Lavoisier iniciou suas experiências com o *mercurius precipitatus per se*, disposto a investigar a origem daquilo que provocaria a calcinação e a combustão. A conclusão do francês foi que o *princípio* que se combinava com os metais durante a sua calcinação, que aumentava seu peso e a causa das combustões em geral, não era outra coisa senão o próprio ar, aquele que respiramos.[5]

Apesar dessa identidade, Lavoisier atribuía ao "ar eminentemente respirável" propriedades que transcendiam aquelas que eram normalmente atribuídas aos ares. Para o químico francês, esse ar não só provocava o aumento no peso dos metais calcinados, como também conferia propriedades ácidas aos corpos que o absorviam. Por isso, Lavoisier decidiu chamar o "ar mais puro" de *princípio acidificante*, ou *princípio oxigênio* (do grego *oxys* ou *oksys*, "ácido", e *geínomai*, "gerador"), o *princípio* portador de acidez. O *princípio oxigênio* tinha o papel inverso do *princípio flogístico*, pois enquanto a teoria do flogístico considerava a redução como uma absorção do *princípio flogístico* e a oxidação como uma liberação desse *princípio*, a teoria do oxigênio considerava, ao contrário, que na redução ocorria uma liberação do *princípio oxigênio* e que na oxidação ocorria uma absorção desse *princípio*.

Na combustão, o princípio do *calórico* era liberado porque sua base (o princípio oxigênio) era atraída com maior intensidade pelos corpos combustíveis, manifestando-se na forma de luz e calor. O calor, para Lavoisier, tinha um caráter repulsivo, ao contrário do que acreditavam os químicos sthalianos franceses, que consideravam que o calor (flogístico), ao fixar-se, provocava uma combinação. Lavoisier, seguindo Black, considerava que o calor (calórico) provocava uma expansão e até mesmo uma desagregação.

---

[5] Essa conclusão foi publicada em 1775 no periódico *Observations sur la Physique*, e nota-se que nessa data Lavoisier ainda concebia o ar atmosférico como sendo de natureza elementar. Há uma diferença entre essa conclusão e a que apareceu publicada em 1778 nos resumos da Academia: nessa publicação, Lavoisier substitui a expressão "ar comum", aquele que respiramos, pela parte mais pura da atmosfera, a mais respirável, ou melhor, a "parte eminentemente respirável" (cf. POIRIER, 1993, p. 111s).

Na verdade, o *princípio oxigênio* é a pedra angular, o princípio de base do sistema químico de Lavoisier: ele permite organizar os processos de oxidação e redução dos metais, explicar a composição do ar comum, a formação dos ácidos, as combustões em geral e a respiração animal. Ele é a expressão da filosofia da linguagem condillaquiana adotada por Lavoisier, segundo a qual um *método* de nomear deve escolher termos que expressem fielmente uma propriedade material característica e exclusiva.

Nesse *sistema*, os metais deixavam de ser corpos *mixtos*, embora já fossem considerados como "corpos simples" pelos químicos da época. Macquer, por exemplo, considerava que as substâncias representadas na *Tabela* de Geoffroy eram corpos simples, pois eram o termo de processos analíticos, mas também *mixtos*, pois eram formados por diferentes proporções dos quatro *princípios elementares* (cf. MACQUER, 1749). Ao tornar os metais corpos simples, Lavoisier multiplicava as elementaridades químicas e tornava suas composições com o princípio oxigênio a chave para o conhecimento de suas propriedades e de seus compostos. Os metais, assim como algumas outras substâncias, deixavam de ser *mixtos* e passavam a ser "elementos químicos". No "Discurso preliminar" do *Tratado*, o francês oferece uma definição de "corpos simples", empregando como sinônimos outros termos, como "elemento" ou "princípio". Segundo ele, os químicos deveriam

> [...] associar ao nome de elemento ou de princípio dos corpos a ideia de último termo ao qual chega à análise química. Assim, todas as substâncias que ainda não puderam ser decompostas por nenhum meio são para nós elementos. Não que possamos assegurar que esses corpos que consideramos como simples não sejam eles mesmos compostos de dois ou de um maior número de princípios, mas porque esses princípios não se separam, ou melhor, porque ainda não temos nenhum meio de os separar (LAVOISIER, 1965 [1789], p. xvii).

O laboratório privado de Lavoisier foi essencial na justificação experimental de seu sistema químico tanto pela qualidade de seus instrumentos quanto pelo papel que teve como local de circulação de ideias, pois era frequentado por químicos franceses e estrangeiros de passagem por Paris.[6] Além disso, um instrumento em particular teve papel-chave para a justificação: a balança, pois atestava o rigor experimental e também funcionava como um operador conceitual que articulava as hipóteses de Lavoisier sobre a química com os demais assuntos de seu interesse. As análises gravimétricas realizadas com balanças e aerômetros (densímetros) já eram utilizadas pelos químicos anteriormente, porém, as balanças do químico francês alcançavam um elevado grau de precisão. Elas eram construídas pelos mais competentes fabricantes de instrumentos do reino francês (como Fortin e Megnié) a um preço acessível somente à fortuna de Lavoisier. Também em seu esforço de instrumentalizar e quantificar seu sistema químico e a ciência em geral, o químico seguia de perto a filosofia experimental de Condillac (ROBERTS, 1992).

A balança, para Lavoisier, era mais que um aparelho científico engenhoso e caro: ela era um elemento poderoso de prova e de persuasão. A associação de diversas técnicas gravimétricas criava também uma nova ordem de discurso, uma vez que, equilibradas sobre um prato de balança, as substâncias não eram mais "coisas da natureza", mas "coisas manipuláveis". A balança e o aerômetro desproviam as substâncias de sua *história natural*, pois pouco importava sua origem geográfica, geológica ou as condições de sua produção, já que sua identidade estava associada a uma análise instrumental. Mesmo a quantidade de calor poderia ser medida por uma "máquina a gelo", inventada juntamente com o matemático Pierre-Simon de Laplace (1749-1827) em 1782, renomeada posteriormente de calorímetro. A balança, contudo,

---

6 Em 1775, Lavoisier foi nomeado como diretor da *Régie des poudres et salpêtres* e a partir de 1776 passou a residir no Hotel des Régisseurs, no chamado pequeno Arsenal, onde instalou seu laboratório (cf. VIEL, 1995).

ultrapassa os domínios da química, pois o gesto de pesar, de medir o antes e o depois, ressoa em toda a obra de Lavoisier. A mensuração e o controle da natureza, isto é, sua quantificação, passavam por todos os domínios, incluindo a organização social: tudo estava associado a um equilíbrio entre entradas e saídas de materiais, mesmo que fosse na economia, na agricultura ou no urbanismo, admitindo um *a priori* bem conhecido do materialismo antigo (no qual havia nomes conhecidos, como o de Demócrito, Epicuro e Lucrécio), em que na natureza nada se cria, nada se perde e tudo se transforma (cf. BENSAUDE-VINCENT, 1993a, cap. 8).

Certamente, o laboratório de Lavoisier não era o único equipado com instrumentos sofisticados e precisos, porém ele exemplifica a consolidação de um tipo de laboratório voltado exclusivamente para a pesquisa científica e organizado de maneira metódica. Exceto pela presença dos instrumentos corriqueiros de trabalho em um laboratório químico, o do químico francês e de seus colegas do final do século XVIII era completamente distinto daquele dos alquimistas com seus oratórios. O famoso quadro do casal Lavoisier, pintado em 1788 por Jacques-Louis David (1748-1825), fornece-nos indícios importantes do lugar social ocupado pelo laboratório do Arsenal (figura 8). O aposento em que se encontram é bem iluminado, destinado a receber os convidados para demonstrações experimentais, indicando que o laboratório constituía um "espaço público" que tinha a função de convencer as opiniões a partir de fatos verificados por instrumentos confiáveis. Temos novamente aquilo que Schapin e Shaffer chamaram de *locus* do testemunho no caso da bomba a vácuo de Boyle. Os três instrumentos químicos sobre a mesa (barômetro, gasômetro e cuba de Hales), além de um balão em vidro com torneira que servia para a coleta de gás, representavam o domínio do sistema químico de Lavoisier.

Figura 8 – Retrato de Lavoisier e sua mulher, por Jacques-Louis David (1788).[7]

Óleo sobre tela (260x195cm) atualmente em exposição no Metropolitan Museum of Arts, em Nova Iorque. Embora o casal seja representado no centro do mesmo espaço, David conservou uma certa divisão dos papéis. Assim, no lado esquerdo da tela, Madame Lavoisier parece corresponder à esfera privada, no centro do qual observamos um portfólio de desenho, enquanto o lado direito, composto de instrumentos de laboratório, que inclui dois relacionados com as suas frequentes experiências com pólvora e oxigênio, parece

---

[7] No ano de 2021 foi publicado um artigo bastante interessante que discute, a partir da análise de técnicas de raios X, o processo de construção e composição do quadro de Jacques-Louis David. As técnicas revelaram que talvez David tenha pintado uma versão bastante diferente da que observamos atualmente, em especial o quadro original, que não contava com os instrumentos científicos que fornecem para nós tanto significado à pintura. Cf. CENTENO, S. *et al.* "Discovering the evolution of Jacques-Louis David's portrait of Antoine-Laurent and Marie-Anne Pierrette Paulze Lavoisier". *Heritage Science*, 9 (1): 1-13, 2021 (Estados Unidos).

indicar a esfera pública e os atributos científicos e administrativos do Sr. Lavoisier. O manuscrito que escreve pode ser o seu *Tratado elementar de química*, que foi publicado em 1789, no ano seguinte ao da conclusão dessa pintura (cf. ROCHE, 2011).

Nessa perspectiva, é importante destacar o papel de Marie-Anne Pierrette (1758-1836), madame Lavoisier, e, no quadro, a presença do seu portfólio de desenho sobre a cadeira (à esquerda da pintura). Caso exemplar da participação feminina na atividade científica do século das Luzes, madame Lavoisier foi uma colaboradora ativa dos trabalhos de seu esposo, tendo sido responsável por traduções de obras do inglês e do italiano. Além disso, eram dela os desenhos que ilustravam as experiências de Lavoisier e seus colaboradores; daí a referência a seu portfólio por David, que também era seu professor de desenho (cf. POIRIER, 2004). Dois outros casos exemplares da participação feminina na química das Luzes são os de Marie-Geneviève Thiroux d'Arconville (1720-1805) e de Claudine Picardet (1735-1820) (cf. BRET, 2008; BRET; TIGGELEN, 2011).

Contudo, uma vez demonstrado o aumento da massa e a absorção de "ar vital", por que proeminentes químicos não abandonavam a hipótese do *flogístico*? Simplesmente porque as razões experimentais para abandonar o "fogo fixado" na explicação de alguns fenômenos eram inexistentes. Por exemplo, como explicar a origem do "ar inflamável" liberado quando um metal era dissolvido por um ácido? Lavoisier não tinha nenhuma resposta convincente até mesmo sobre a decomposição da água. Ao contrário, esse "ar inflamável" foi considerado por muitos químicos o próprio flogístico em sua forma mais pura. Esse foi o caso de Richard Kirwan (1733-1812), um dos últimos grandes defensores do sistema flogístico, que propôs, em 1782, uma sólida teoria sobre as afinidades envolvendo o flogístico, ou "ar inflamável". Assim, longe de ser um programa moribundo, as investigações sobre o flogístico estavam no seu auge nos anos 1780 (cf. MAUSKOPF, 2002; TAYLOR, 2008).

O espetáculo montado por Lavoisier na experiência de análise e de síntese da água feita por ele e Jean-Baptiste Meusnier (1754-1793) em 1785 foi decisivo no convencimento público do quão bem fundamentado era o seu sistema químico. Denominamos de "espetáculo", pois foi preparado nos moldes das experiências, cujo resultado seria atestado por uma plateia contando com personalidades ilustres tanto do campo científico quanto da sociedade (POIRIER, 1993, p. 162). Os experimentos de Lavoisier reforçam, portanto, a perspectiva moderna do que era um fato (*matter of fact*), um conhecimento especializado, autônomo e indiferente às opiniões individuais e de senso comum. Trata-se, na verdade, da consolidação daquilo que Habermas chamaria de "esfera pública", só que no campo das ciências (cf. HABERMAS, 2003). Porém, a partir do século XIX essa "esfera pública" científica deixou de ser formada por "personalidades" alheias à pesquisa e passou a ser exercida em congressos científicos. Foram os químicos os primeiros a realizar esse tipo de encontro no Congresso de Karlsruhe, em 1860.

De qualquer maneira, essa experiência era importante, sobretudo do ponto de vista teórico, pois colocava aos defensores do sistema flogístico o desafio de explicar a origem do "ar inflamável" (considerado como o próprio *flogístico*) na dissolução dos metais em ácidos. Lavoisier explicava, erroneamente, que sua origem era a água; no entanto, Kirwan escreveu a seu amigo Guyton de Morveau chamando sua atenção para o fato de que, se ele admitisse a decomposição da água, não havia mais muitos obstáculos para descartar o *flogístico* (cf. KIRWAN, 1994 [1787]). A composição da água foi, de fato, o primeiro ponto de acordo entre Guyton de Morveau e o grupo de Lavoisier. O importante a destacar nesse acordo não é, contudo, uma suposta conversão paradigmática, mas a concordância de Guyton de Morveau com a teoria de Lavoisier sobre a composição resultante da adoção dos *princípios* do sistema de Lavoisier. Porém, Guyton de Morveau somente se pôs de acordo na medida em que o *princípio oxigênio* foi assimilado à teoria das afinidades químicas, o que Lavoisier vinha buscando fazer desde 1782 com sua dissertação *Sur l'affinité du principe oxygine*, na qual se propunha a responder quais eram os graus de afinidade desse *princípio* com diferentes substâncias. Nessa dissertação, o químico também apontava para os limites das tabelas de afinidade, devido a dificuldades em associar cada operação a uma dada concentração e temperatura (LAVOISIER, 1862 [1782]; DUNCAN, 1971).

Temos, então, uma diferença considerável entre os objetivos de Lavoisier e de Guyton de Morveau no plano teórico. Se no *sistema* de Lavoisier o essencial era demonstrar as consequências de uma "Química do oxigênio", para Guyton de Morveau o importante era integrar esse *princípio* ao quadro das afinidades. Essa diferença ganha contornos precisos ao avaliarmos os propósitos de ambos os químicos em seus textos posteriores: enquanto o *Tratado elementar* de Lavoisier será uma obra centrada nos conceitos de análise química e de *corpo simples*, deixando de lado o complexo assunto das afinidades, os artigos de Guyton de Morveau para o segundo volume da *Enciclopédia Metódica* tratarão das composições, partindo, justamente, desse quadro conceitual. O ponto em comum é que ambos abandonam o termo "mixto" e o substituem pelo termo "composição" ou "combinação". Em 1787, Morveau foi a Paris para discutir com Lavoisier e a equipe de químicos que o rodeavam no laboratório do Arsenal sobre suas diferenças de opinião acerca da composição dos combustíveis e sobre seu método de nomenclatura. Desse encontro resultou a obra coletiva *Méthode de nomenclature chimique*, que contava com dissertações de Guyton de Morveau, de Lavoisier e de Fourcroy, além de uma explicação dos símbolos empregados, feita por Auguste Adet (1763-1834) e Jean Henri Hassenfratz (1755-1827).[8]

Estamos de acordo com aqueles historiadores que veem uma continuidade entre os programas de 1782 e 1787 (cf. SMEATON, 1954;

---

[8] Embora não tenha apresentado nenhuma dissertação, o nome de Claude Louis Berthollet (1748-1822) aparece na página de rosto, provavelmente porque sua fama acrescentava autoridade à empreitada, reforçando a impressão de um consenso entre os grandes nomes da química francesa (cf. MORVEAU; LAVOISIER; BERTHOLLET, 1994 [1787]).

CROSLAND, 1978; HOLMES, 1995; BENSAUDE-VINCENT, 1993), todavia, parece-nos haver uma profunda diferença entre as intenções filosóficas de Lavoisier e as de Guyton de Morveau. Seguindo os objetivos traçados em 1782, Morveau trabalhava com uma nomenclatura por consenso que não fosse específica a uma teoria, enquanto Lavoisier considerava que a nomenclatura era o *reflexo* de uma teoria química verdadeira, isto é, a sua própria. Existe, de fato, uma profunda clivagem filosófica entre os projetos linguísticos de ambos os químicos. Lavoisier defendia que a linguagem química devia seguir a "filosofia da linguagem" desenvolvida por Condillac, segundo a qual toda língua era um "método analítico", de modo que linguagem e conhecimento seriam indissociáveis (LAMBERT, 1982). Foi por essa razão que Lavoisier denominou o "ar vital" de *oxigênio*, pois considerava que a parte mais pura do ar era também um *princípio de acidez*. Guyton de Morveau, ao contrário, discordava dessa "metafísica de línguas" adotada por Lavoisier. Encarregado de apresentar os aspectos técnicos na segunda dissertação do *Método de nomenclatura química*, ele procurou separar a nova nomenclatura de uma teoria química particular. Seguindo a "filosofia da linguagem" de Locke, Guyton de Morveau pensava as palavras como convencionais e acreditava que o seu significado resultava mais de um acordo coletivo do que de uma essência qualquer (cf. OTT, 2004).

É importante notar que a difusão da nova nomenclatura química para além das fronteiras francesas demonstra que os químicos estrangeiros tenderam a adotar essa nomenclatura, mas não os fundamentos filosóficos defendidos por Lavoisier (a tradução para o português, feita por Vicente Seabra Teles (1764-1804), é uma das poucas a adotar integralmente o princípio linguístico lavoisieriano) (cf. BENSAUDE-VINCENT; ABBRI, 1995; FILGUEIRAS, 2015, cap. 3; MOCELLIN, 2019). O sucesso da nova nomenclatura química se deveu, sem dúvida, por fundar-se em uma sólida teoria sobre as composições químicas, mas ela somente conquistou a *"República dos químicos"* graças à técnica binomial, ao convencionalismo linguístico e ao espírito *enciclopédico* de Guyton de Morveau. Assim, uma abordagem da reforma da nomenclatura, levando em consideração apenas o programa teórico de Lavoisier, além de ocultar outras ramificações epistêmicas, deixa de lado um aspecto importante na difusão da nova linguagem. Para o grande público, ao menos na França, as transformações científicas eram percebidas e assimiladas na medida em que entravam em um discurso didático, de formação e divulgação. Os dois projetos enciclopédicos atestaram esse processo de assimilação das transformações revolucionárias ocorridas na química na segunda metade do século XVIII. Será, sobretudo, por meio da *Enciclopédia metódica* que a nova nomenclatura ganhará a publicidade e o caráter de universalidade sugerido pelo discurso *enciclopédico-disciplinar* estabelecido por Morveau.

A nova nomenclatura marca um consenso de longa duração entre os químicos. Nos parágrafos acima, ao nos referirmos a uma determinada substância, indicamos qual seria o seu correspondente moderno. Essa correspondência moderna nos remete a essa nomenclatura, que passará a ser utilizada nos livros, dissertações e dicionários e que caracteriza a longa duração de um consenso linguístico. Contudo, o sistema químico de Lavoisier, ele mesmo, logo será posto em questão: ao longo do século XIX, não apenas sua teoria da composição/combinação centrada no oxigênio será questionada, como também a sinonímia estabelecida por ele entre "corpo simples" e "elemento químico". Esse colapso será consumado, respectivamente, com a *teoria dos tipos* de Fréderic Charles Gerhardt (1816-1856) e Auguste Laurent (1807-1853) e com a nova definição de "elemento químico" estabelecida por Dmitri Mendeleev, que serviu de base para a construção da Tabela periódica, a qual, ao contrário da Tabela de afinidades, estava organizada a partir de uma hipótese em relação aos "elementos químicos" e não mais na disposição de corpos simples.

Outro consenso importante com relação à química no final do século foi o de deixar de lado durante a formação de futuros químicos aquilo que era uma parte importante da história natural das artes: a própria história de seus autores e das origens do conhecimento químico. Na *Advertência ao leitor*, no primeiro volume da *Enciclopédia metódica*, Guyton considerava que a história da química deveria compor uma obra à parte, pois "não está ligada à parte *dogmática* e assim podemos estudá-la separadamente" (cf. MORVEAU, 1786, p. i). Da mesma maneira, Lavoisier, além de excluir a história da química de seu *Tratado elementar*, também apresentava o conhecimento químico em uma ordem *dogmática*, ou seja, como um encadeamento lógico de proposições racionalmente justificadas (cf. BENSAUDE-VINCENT; BELMAR; BERTOMEU-SÁNCHEZ, 2003).

Os químicos do final do século XVIII sepultaram de fato a ligação entre a química e a história natural, o que não é, em si, uma exclusividade da química, pois outros domínios do conhecimento, como o da biologia, geologia ou mineralogia, também se constituirão como disciplinas autônomas ao longo do século XIX. Uma vez que os corpos materiais teriam sua identificação química caracterizada por sua composição e seriam nomeados de acordo com um método linguístico preciso, a história natural desses corpos deixa de ser importante na compreensão dos processos e práticas do laboratório. Todavia, a filosofia experimental, associada a essa história natural originada com Bacon, permaneceu presente na reflexão sobre esses processos e práticas efetuadas em laboratórios cada vez mais bem equipados. Cremos ter explicitado a conexão da química, sobretudo a francesa, com as filosofias experimentais da segunda metade do século XVIII, particularmente aquela de Diderot, e da química com filósofos experimentais como Locke e Condillac, no caso de Lavoisier e Guyton de Morveau.

Isso, todavia, não significou o fim do interesse dos químicos pela história de sua disciplina. Ao longo do século XIX, como sugeriu Morveau, a história da química passou a ser cultivada em obras separadas, normalmente escritas por químicos ilustres, como, por exemplo, Dumas, Kopp, Wurtz e Berthelot, a fim de justificar suas próprias concepções filosóficas e epistemológicas. Um modelo para essas "novas" histórias pode ser encontrado no longo verbete "Química", que apareceu no terceiro volume da *Enciclopédia metódica*, com mais de quinhentas páginas, e foi escrito por Fourcroy (cf. 1795 [ano IV], p. 262-781). Há nele o reconhecimento do árduo trabalho dos alquimistas na evolução da experimentação e no refinamento das hipóteses teóricas. Essas histórias eram escritas por químicos-historiadores que, por vezes, diferiam no tocante ao ponto de chegada, na passagem de uma química arcaica para uma científica, pois isso dependia muito da nacionalidade do autor, mas se assemelhavam no uso da história como justificação de suas trajetórias de pesquisa.

Assim, os químicos continuaram a lidar com a "natureza das coisas", como era o objetivo do programa baconiano, mas simplificaram consideravelmente as informações requeridas a fim de identificá-las. Se na genealogia proposta por Bacon a narrativa histórica (nomes, localidades, características qualitativas, descobertas etc.) importava tanto quanto a narrativa experimental, na química do final do século XVIII estabeleceu-se uma clara distinção entre essas narrativas. O fundamento histórico da filosofia experimental não faria mais sentido aos futuros químicos, afinal, a partir daquele momento histórico, só passaria a interessar o âmbito dogmático, quantitativo e protocolar dessa ciência. Como desdobramento importante dessa nova postura epistêmica, notamos que a disseminação da química e, portanto, do seu ensino ocorreriam por meio de uma narrativa teórico-experimental, deixando as narrativas históricas para químicos em final de carreira ou, como será o caso no século XX, para historiadores profissionais da química.

Capítulo 3
Química e medicina: sangue, longevidade e controle dos corpos

A relação entre os saberes químicos e médicos é antiga, mas a partir do século XVII ela se tornou cada vez mais institucionalizada, de forma que os próprios químicos principais do período eram também médicos ou apoticários. Ao longo do século XVIII ampliaram-se os domínios já explorados pelos iatroquímicos paracelsistas e a química passou a ocupar um papel fundamental na medicalização das sociedades urbanas europeias. Deu-se, nas últimas décadas do século, o nascimento de um novo tipo de medicina, que Michel Foucault chamou de "medicina social". Essa nova prática médica fazia da química uma aliada essencial na concepção e na realização de um programa científico, político e social, no qual o corpo dos indivíduos e os espaços sociais também se tornavam objetos de experimentação. O corpo e a sociedade constituíam, assim, uma realidade biopolítica, submetidos a decisões de médicos, de químicos e do Estado (cf. FOUCAULT, 1998 [1974]).

Os efeitos mais evidentes dessa conexão entre a química e a "medicina social" estão no recrutamento do trabalho dos químicos na racionalização dos fluxos de materiais que circulavam pela cidade (água, ar, esgotos, mercadorias), além de na escolha do melhor lugar para instalar os abatedouros, os cemitérios e as manufaturas, de modo que os químicos passaram a ocupar importantes cargos na administração pública. Os hospitais começavam a dispor de laboratórios químicos anexos a fim de produzir e controlar a qualidade dos medicamentos, mas também de analisar os fluidos corpóreos. Novos meios de enfrentar epidemias mortíferas também começaram a ser inventados pelos químicos: a técnica de fumigações ácidas, por exemplo, foi proposta por Morveau com o propósito de evitar a proliferação de miasmas provenientes de cadáveres insepultos agrupados em uma igreja de sua cidade (Dijon). Os princípios químicos e a aparelhagem necessária foram descritos brevemente em um artigo de 1773, mas suas ideias sobre as fumigações foram desenvolvidas de maneira detalhada em seu *Traité des moyens de désinfecter l'air*, publicado em Paris somente em 1801, obra que teve um grande sucesso editorial e foi traduzida para várias línguas. As fumigações foram um importante dispositivo para a desinfecção de hospitais, prisões, navios e acampamentos militares, de modo que foram largamente utilizadas durante as guerras napoleônicas (cf. MORVEAU, 1801; MOCELLIN, 2011).

Já em meados do século XIX, encontramos várias hipóteses sobre, por exemplo, a causa da febre puerperal: o acúmulo de leite no interior do corpo da mulher, desequilíbrio de humores, influências atmosféricas, hemorragia pós-parto etc. Lembremos que na época a teoria microbiana das moléstias infecciosas não havia sido desenvolvida, por isso a existência de várias possibilidades para explicar a causa dessa doença, que matou milhares de mulheres depois dos partos. Após os trabalhos do médico húngaro Ignaz Philipp Semmelweis (1818-1865), as causas da doença começaram a ser desveladas, em especial a forma de contágio ou transmissão da enfermidade, e, para isso, a química teve um lugar importante. O Hospital de Viena, onde o médico húngaro trabalhava, possuía duas alas: na primeira, médicos e estudantes de medicina faziam os partos, na segunda, somente parteiras. Os médicos em geral, antes dos partos, poderiam fazer outras cirurgias, bem como autópsias em cadáveres, o que não ocorria com as parteiras. Assim, depois de pesquisas meticulosas, Semmelweis considerou alguns meios químicos, em especial cloro ou cloreto de cálcio, para destruir e eliminar as "partículas cadavéricas" das mãos dos médicos, e, então, solicitou que antes de efetuarem os partos desinfetassem as mãos com essa solução e depois as lavassem normalmente com água e sabão. O resultado, embora bastante promissor, já que as mortes caíram consideravelmente após a assepsia com cal clorada, teve que esperar décadas para ser consolidado, pois sofreu fortes resistências por causa, inclusive, do contexto da situação política do Império Austro--húngaro (cf. OLIVEIRA; FERNANDEZ, 2007).

De qualquer maneira, as descobertas na utilização de determinados produtos químicos auxiliaram a ciência a minimizar, mesmo que posteriormente, alguns dos males que a própria ciência criou. O *locus* da química, na sua interface com a medicina, será, nesse sentido, fundamental para as pesquisas posteriores sobre como lidar com processos infecciosos. Por volta de 1860, por exemplo, Joseph Lister (1827-1912), médico inglês e seguidor de Louis Pasteur (1822-1895), criou um método importante de desinfecção ao propor a utilização de vapores de ácido fênico no local da cirurgia, o que diminuiu as mortes por infecção. Em 1928, depois de várias pesquisas realizadas pelo médico escocês Alexander Fleming (1881-1955), o fungo isolado do *Penicilium*, que impedia o crescimento de micróbios causadores de determinadas doenças, foi finalmente descoberto, e com ele abriram-se as portas para a descoberta de antibióticos cada vez mais eficazes.

Todavia, além desses efeitos mais perceptíveis da interação entre a química e a medicina, que se expressaram tanto em seus efeitos diretos sobre o corpo do indivíduo (medicamentos) quanto na esfera coletiva, houve outros efeitos menos evidentes, mas que também despertam interesse histórico e epistemológico. Neste capítulo, pretendemos abordar um eixo de investigação e de intervenção técnica sobre o corpo que surgiu no final do século XVII, mas que não teve um desenvolvimento linear, pois o dispositivo inventado não foi integrado à prática médica e só chegou a fazer parte da "medicina social" no século XX. Trata-se dos experimentos e discussões em torno das técnicas e dos usos das transfusões de sangue, particularmente no combate ao envelhecimento e à perda de vitalidade. Além dos aspectos técnicos, interessa-nos descrever e analisar os discursos produzidos para justificar ou criticar o emprego desse método de intervenção sobre os corpos.

Com esse pano de fundo em mente, iniciaremos o capítulo analisando as fontes médicas do empirismo moderno, ou melhor, da filosofia experimental seiscentista inglesa. Veremos que, ao elaborar tal filosofia, médicos, filósofos naturais e homens de ciência utilizaram-se de perspectivas aparentemente antagônicas, quais sejam, a dos dogmáticos e a dos empíricos. A partir dessa análise, poderemos compreender a motivação que conduziu ao início dos estudos modernos sobre o sangue e sua transfusão, isto é, consideraremos o corpo humano como uma máquina, um objeto técnico. Em seguida, discutiremos as razões que rapidamente levaram ao abandono de tais procedimentos. De fato, após uma forte controvérsia ocorrida na segunda metade do século XVII entre médicos franceses, as transfusões foram abandonadas, uma vez que tanto questões de cunho teológico como técnico-experimental fizeram com que a euforia inicial gerada pelo programa da Royal Society se revertesse, levando ao abandono e mesmo à proibição das transfusões de sangue.

O segundo caso histórico que estudaremos dará continuidade à ênfase nos aspectos experimentais e operativos da transfusão sanguínea, mas agora salientando o seu processo de institucionalização. Nesse caso, destacaremos algumas ideias e práticas realizadas pelo médico e filósofo russo Aleksandr Bogdanov, que foi o diretor da primeira instituição mundial consagrada exclusivamente ao estudo do sangue e de sua transfusão, o Instituto de Transfusão de Sangue (Instituta Perelivanya Krovi), criado em Moscou em 1926. Pretendemos, a partir disso, enfatizar alguns elementos conceituais que fizeram das transfusões de sangue um domínio para reflexões filosóficas e políticas, e, sobretudo, apontar a criação do modelo de um sistema técnico que efetivamente integrou o sangue e seus produtos à "medicina social", referida por Foucault. Algo ainda mais profundo, porém, ocorre, pois nesse momento não são apenas os corpos dos indivíduos que farão parte de um sistema de controle por instituições de poder, mas também o seu sangue, sua parte mais íntima e essencial.

Enfim, nosso terceiro caso histórico trata da problemática do sangue, da longevidade e do controle dos corpos na contemporaneidade, em especial no âmbito do movimento filosófico conhecido como transumanismo. Esse movimento incentiva a utilização da ciência e da tecnologia para superar as limitações humanas e, portanto, enfatiza o uso da tecnologia para alterar a condição humana sempre para melhor. Abordaremos alguns aspectos da química desse movimento, tais como a controversa técnica da parabiose (experimento em que cientistas unem cirurgicamente animais para criar um sistema de circulação compartilhada), experimentos com criogenia e o *locus* do sangue nesse debate. Veremos que tal estudo levanta questões inusitadas, principalmente no que se refere à comercialização do sangue, tratando-o como mais uma mercadoria entre outras.

3.1 Medicina e química no início da Modernidade: as primeiras transfusões de sangue

Ao nos voltarmos para os textos de Plínio (23-79 d. C.), Celso (25 a. C.- -50 d. C.) e Galeno (130-210 d. C.), por exemplo, conseguimos identificar alguns elementos-chave que diferenciam as duas escolas médicas da Antiguidade: a empírica e a dogmática. A primeira enfatizava aspectos relacionados à exploração dos fatos por meio de observações; assim, foi caracterizada "pela rejeição da busca pelas causas, dando prioridade ao tratamento das doenças com base na observação dos sintomas" (cf. CRIGNON, 2014, p. 1). Em outras palavras, nomes importantes dessa escola, tais como Filino de Cos e seu sucessor, Serapião de Alexandria, ambos do século III a. C., acreditavam que a arte médica deveria se preocupar com as observações das doenças e não se debruçar sobre as causas ocultas dos fenômenos. Um desdobramento importante dessa perspectiva foi a rejeição dos procedimentos de anatomia, que estariam mais próximos da busca pelas causas últimas. Um dos argumentos mobilizados para essa rejeição diz respeito às mudanças que poderiam ocorrer com os órgãos depois da morte e mesmo com dores intensas, que poderiam distorcer a forma e a aparência dos órgãos, segundo

Celso (*De medicina*, proêmio, tradução de W. G. Spencer, p. 23). Ao rejeitar teorias *a priori*, essa perspectiva médica utilizava a observação, a história natural e o julgamento por analogias como elementos de seu método.

Já a escola dogmática, ou racionalista, ao seguir os preceitos do grego Hipócrates (460-370 a. C.), tinha como fio condutor a busca pelas causas ocultas envolvidas em uma dada enfermidade, e somente em seguida se voltavam para as causas mais evidentes e ações naturais. Celso, o enciclopedista romano, enfatizava que os médicos pertencentes a essa escola não negavam a necessidade da experiência para as suas investigações, porém "afirmam que é impossível chegar ao que deve ser feito a não ser por algum raciocínio [...] pois dizem que ele será o único a combater a doença, pois assim a origem não é ignorada" (*De medicina*, proêmio, tradução de W. G. Spencer, p. 13-6). Interessa observarmos que essa escola de cunho mais "racionalista" era a favor de estudos anatômicos, pois "quando o paciente sentia uma forte dor em alguma parte interna do corpo, não era possível curá-lo a não ser que o médico se familiarizasse com a posição de cada órgão no corpo, e soubesse, portanto, descrever esse órgão" (cf. ZATERKA, 2018, p. 5). Assim, por exemplo, os médicos escreviam sobre a importância das incisões em cadáveres.

Quando manuais de filosofia e história da ciência descrevem a gênese do empirismo moderno, eles cometem um erro importante, qual seja, negligenciam elementos das duas escolas médicas. Por um lado, os membros da Royal Society criaram uma nova prática experimental de pesquisa empírica para além das observações aristotélicas e da experimentação alquímica (WOLFE; GAL, 2010, p. 1); por outro, utilizaram experimentos de anatomia em suas investigações. E é exatamente a partir dessa nova configuração que eles criaram algo próprio que não se resumia à escola empírica antiga. Nesse sentido,

> [...] a necessidade de re-corporificar a nossa compreensão do empirismo é imposta, para começar, pela dívida patente do empirismo frente às ciências do corpo – medicina, fisiologia, história natural e química. É entre essas tradições que os sábios do início da Modernidade

poderiam encontrar paradigmas de investigação empírica que não sofriam com a baixa estima concedida aos artesãos (WOLFE; GAL, 2010, p. 2).

Essa reconfiguração do empirismo antigo, que leva em consideração a história natural, a química, a biologia e a medicina e enfatiza, sobretudo, a operacionalidade sobre a natureza e o corpo humano, pode ser elucidada pelos estudos iniciais a respeito do sangue e de sua transfusão. A primeira transfusão de sangue conhecida, publicada pela recém-fundada *Philosophical Transactions*, ocorreu em 1666 na Inglaterra entre dois cachorros que foram amarrados e tiveram as artérias e veias de seus pescoços abertas e o sangue transferido por meio de "agulhas" feitas de penas de ganso, inseridas nos respectivos vasos sanguíneos (cf. LOWER, 1666). Talvez essa tenha sido uma das primeiras transfusões de sangue manifesta e publicizada, porém os ideais subjacentes ao conceito de transfusão já tinham sido explorados e discutidos pelo mentor da Royal Society. De fato, em obras importantes como *De vijs mortis* (1616), *Historia vitae et mortis* (1623) e *New Atlantis* (1627), Francis Bacon afirmou algumas ideias fundamentais sobre essa temática. Uma delas diz respeito à possibilidade, inimaginada até então, de o homem reverter o curso da natureza inserindo espíritos jovens em corpos envelhecidos por meio de uma "transfusão" dos espíritos, corpos materiais, extremamente sutis, responsáveis pelas atividades da matéria. Em outras palavras, Bacon acreditava que, se conseguíssemos manusear com propriedade os espíritos que compunham os corpos humanos, poderíamos retardar sua senescência e atingir uma vida mais longa. Ao acreditar na possibilidade de uma intervenção humana, material e operacional sobre os corpos, Bacon abriu as portas para uma concepção ontológica que apontava para o corpo humano como um objeto técnico (MOCELLIN; ZATERKA, 2020). O fio condutor desse novo método era o controle dos corpos naturais, e o espaço próprio era o laboratório, pois ali se podia efetivar um experimento confinado, testemunhado e, por fim, replicado. A partir desse momento, forneceu-se uma neutralidade axiológica aos objetos da natureza.

Como consequência direta dessa postura epistêmica, apresentou-se uma concepção de ciência na qual a natureza e os objetos são passíveis de serem controlados e dominados, expurgando qualquer finalidade no âmbito da natureza. Se a natureza não possui finalidade alguma, se há uma distinção clara entre fato e valor, o sujeito estaria livre para executar os seus objetivos e finalidades, controlando, manipulando e dominando a natureza a seu bel prazer. A partir desse momento, o valor de controle foi instaurado na ciência (cf. LACEY, 2008, cap. 5). É nesse novo espaço epistêmico, o laboratório, que o estudo biológico, químico e médico do sangue começou a ganhar contornos irreversíveis.

Após a recente descoberta da circulação sanguínea, feita por Harvey e publicada no seu importante *Exercitatio anatomica de motu cordis et sanguinis in animalibus* (1628), inúmeros filósofos experimentais da Royal Society, tais como Robert Hooke, John Ray, Joseph Glanvill e Robert Boyle, colocaram uma série de questões sobre a natureza do sangue. Boyle, autor do *Químico cético*, por exemplo, introduziu questões relevantes sobre a natureza do sangue em um texto de 1666 publicado na *Philosophical Transactions*. Nesse texto, ele apresenta dezesseis perguntas para o seu leitor, dentre elas: "uma determinada transfusão pode alterar a raça de um cachorro em outro? Ela pode alterar o comportamento do animal? Os comportamentos apreendidos serão esquecidos após a transfusão?". O filósofo e químico irlândes claramente parte de um pressuposto no qual a transfusão poderá induzir mudanças corpóreas e/ou psicológicas no animal receptor. Em outras palavras, na esteira baconiana, Boyle parte da hipótese de que o sangue tinha o poder de transformar o âmbito biológico dos seres receptores. Assim, em 23 de novembro de 1667, em Londres, aconteceu o primeiro experimento feito com um ser humano: Artur Coga, um homem conhecido da época por ser mentalmente instável (figura 9). Objetivou-se, então, por meio do sangue, "restaurar" a sua mente. O que podemos observar nas dezenas de experimentos efetuados na década de 1660 na Royal Society por muitos dos adeptos da filosofia experimental é a crença que se tinha no potencial de rejuvenescimento dos produtos sanguíneos.

Figura 9 – Ilustração do livro do cirurgião alemão Matthias Gottfied Purmann, de 1705, intitulado *Grosser und gantz neugewundener Lorbeer-Krantz, oder Wund Artzney* (*Grande e inteiramente admirável coroa do louro, ou Cirurgia*), divido em três partes e composto por 127 capítulos.

A imagem acima retrataria Richard Lower e o médico Edmund King, que, em 1667, realizaram uma das primeiras transfusões de sangue conhecidas. Teriam feito o procedimento por meio de penas de ganso e tubos de prata, retirando dez onças de sangue arterial (295 ml) da ovelha e passando para o corpo de Artur Coga, que teria recebido, pelo procedimento, por volta de vinte xelins da Royal Society (disponível em: https://wellcomecollection.org/works/e6ds4hp5).

A partir da publicação no *Philosophical Transactions* das descrições feitas por Boyle das transfusões praticadas por Richard Lower (1631-1691), experimentos semelhantes começaram a ser praticados em Paris. Em março de 1667, Jean-Baptiste Denis (1643-1704) relata em uma carta a transfusão sanguínea entre dois cachorros, com a importante vantagem em relação à experiência inglesa de não ter sacrificado a vida do animal doador (cf. DENIS, 1667). Em junho do mesmo ano, com a ajuda do cirurgião Paul Emmerez (?-1690), Denis realizou a primeira transfusão em um homem, injetando-lhe nove onças (266 ml) de sangue arterial de um carneiro, sem maiores consequências para o receptor. Depois de realizar algumas transfusões com sucesso, nas quais se preservava a vida tanto do doador quanto do receptor, Denis submeteu um homem que sofria de distúrbios mentais a três transfusões. O homem reagiu bem às duas primeiras, apresentando melhoras, mas veio a falecer logo após a última operação, o que fez com que a viúva do homem acusasse Denis pela morte de seu marido, fazendo com que o caso fosse levado a julgamento no Parlamento de Paris (cf. MOORE, 2003). O caso, de fato, marcou o auge de uma grande controvérsia entre os defensores e os detratores das práticas de transfusão sanguínea. Na França, essa controvérsia pode ser vista por meio de uma série de resumos de experiências que eram a favor e contra a transfusão que foram publicados no periódico científico *Journal des sçavans*, em 1668 (cf. MOCELLIN; ZATERKA, 2020; DENIS, 1667, 1668).

Em geral, transfusores e antitransfusores estavam de acordo em relação à circulação do sangue e da sua importância para a manutenção da saúde. Além disso, a composição do sangue também não era objeto de disputa, tampouco os fundamentos teóricos dos defensores de uma ou outra posição que alimentavam a querela. O ponto central da discórdia era de ordem técnica, ou seja, de provar diante do público a utilidade e os benefícios das transfusões ou de refutá-la, demonstrando não apenas sua inutilidade, como também seus perigos para a saúde. Os defensores das transfusões não pretendiam sustentar uma teoria sobre o sangue, mas defender, sobretudo, o direito à experimentação. Seguindo Boyle, o seu principal objetivo era o progresso técnico na investigação do corpo humano, defendendo ser necessário multiplicar as experiências a fim de avaliar seus benefícios. Seus partidários consideravam-nas como um meio de introduzir um remédio mais eficazmente, pois um sangue fresco vindo de um animal saudável era o melhor recurso para a recuperação da vitalidade. Os detratores, ao contrário, estimavam que a introdução de um sangue estranho na rede sanguínea, além de adulterar o sangue do indivíduo, introduzia nele características próprias do doador. Para eles, o sangue era uma produção original do indivíduo e não poderia ser universalmente partilhado. Essas eram algumas objeções lançadas por um dos principais detratores da transfusão, o médico e filósofo Guillaume Lamy (1644-1683). Segundo ele, o sangue não era apenas uma particularidade da espécie, mas também uma singularidade individual produzida pela digestão dos alimentos, não podendo o sangue de um doador adquirir as mesmas características fisiológicas daquelas do sangue do receptor (ANDRAULT, 2014).

Depois dos estudos iniciais e da falta de resultados concretos, as transfusões foram praticamente abandonadas, sobretudo na França, onde o Parlamento de Paris decretou sua proibição definitiva em 1670, assim como na Inglaterra, onde a prática passou a ser interpretada como ato criminoso. Quase um século mais tarde, o médico Jean-Joseph Menuret de Chambeaud (1739-1815) analisou detalhadamente a controvérsia no verbete "Transfusão" ("*Transfusion*") da *Enciclopédia* de Diderot e d'Alembert (cf. DUFLO, 2003). Por fim, além do fracasso terapêutico, o abandono das transfusões também foi motivado por uma mudança gradual na explicação acerca da origem da vida e dos princípios que regem sua manutenção. No projeto baconiano, a longevidade baseava-se em um pressuposto teológico que buscava nas ciências e nas técnicas um retorno ou, ao menos, uma aproximação com o momento da Criação. Assim, as experimentações com transfusões de sangue cumpriam ambos os objetivos, pois dependiam do avanço técnico e ajudavam na extensão do período vital. Todavia, ao longo do século XVIII, ao menos na França dos enciclopedistas, a busca pela longevidade deixou de atrair o interesse tanto experimental quanto filosófico.

O retorno do interesse médico pelas transfusões se deu apenas no início do século XIX. O pano de fundo para a reabilitação dessa prática terapêutica não era mais metafísico-teológico, nem baseado em algum princípio filosófico, mas se limitou à prática médica, particularmente na obstetrícia. Foi justamente o médico obstetra James Blundell (1790-1878) que, em 1818, começou a realizar transfusões diretas com a ajuda de uma nova aparelhagem técnica. Na França, somente na segunda metade do século XIX foi publicada uma tese acadêmica sobre a transfusão, escrita pelo médico Charles Marmonier (1869). Com a descoberta dos grupos sanguíneos ABO pelo médico austríaco Karl Landsteiner (1868-1943), em 1901, além das melhorias técnicas de preservação do sangue, as transfusões passaram a ganhar um lugar definitivo nas práticas médicas. Seus defensores deixaram por um momento de reivindicá-la como fonte de longevidade, ideia que alimentou o projeto original da Royal Society.

3.2 Coletivação dos corpos pela socialização do sangue

No início do século XX, Aleksandr Bogdanov desenvolveu uma reflexão filosófica e uma prática experimental que tinham por objetivo reconectar as diversas dimensões do mundo natural, humano e técnico-científico. Bogdanov propunha um modelo de filosofia experimental que se distanciava do programa moderno, que, segundo ele, preocupava-se exclusivamente com a individualidade fisiológica dos corpos isolados, defendendo a necessidade de um holismo fisiológico para combater o envelhecimento. Sua reflexão filosófica se baseava em uma teoria denominada por ele de *empiriomonismo*, e sua prática experimental se fundamentava em uma nova ciência, a *tectologia*, ou a *ciência universal da organização* (cf. WHITE, 2018).

Na Universidade de Moscou, onde estudou ciências naturais, e na Universidade de Kharkov, onde se formou em medicina em 1899, Bogdanov teve contato com o "evolucionismo mutualista" russo, um evolucionismo que mesclava as teorias de Charles Darwin (1809-1882) com a hipótese dos caracteres adquiridos de Jean-Baptiste de Lamarck (1744-1829) (TODES, 1989; VUCINICH, 1989; GRIMOULT, 2008). Em relação à senescência, Bogdanov retomava a hipótese lançada por Bacon e seus seguidores de que a longevidade estava relacionada com a qualidade de nosso sangue. Ademais, ele também considerava que a filosofia experimental proposta por Bacon oferecia o melhor método para se estudar a origem e o desenvolvimento dos organismos vivos, desde que mudasse seu foco do indivíduo para o coletivo (cf. JENSEN, 1978, p. 61). Suas ideias médico-fisiológicas, todavia, faziam parte de uma concepção filosófica mais ampla e militante: Bogdanov defendia o materialismo histórico de Karl Marx (1818-1883), que ele propunha complementar com uma filosofia científica que estava sendo desenvolvida por Ernst Mach (1838-1916), Richard Avenarius (1843-1896) e Wilhelm Ostwald (1853-1932) (cf. SOCHOR, 1988).

As referências científicas dessa nova filosofia estavam ligadas à emergência de um novo domínio da física: a termodinâmica. Todavia, as leis da termodinâmica não se limitavam aos domínios tradicionais da física, uma vez que tinham raízes e consequências que ultrapassavam em muito o domínio da física dedicado às investigações sobre a natureza e o movimento do calor. Os conceitos de *energia* e de *entropia* foram os primeiros articulados claramente no contexto da termodinâmica e permitiam aos físicos dar boas explicações aos fenômenos sem recorrer ao apelo de hipóteses especulativas, como era a suposição de entidades invisíveis, tais como os átomos. Além de Ostwald, outro grande defensor do *energetismo* decorrente da Primeira lei (da conservação da energia) da termodinâmica foi Pierre Duhem (1861--1916), que também recusava a hipótese atomista, pois considerava que caberia à ciência a descrição dos fatos que eram sensorialmente observados. Entretanto, a termodinâmica clássica também teve sua versão atomista, representada principalmente pelos físicos Ludwig Boltzmann (1844-1906) e

Jean Perrin (1870-1942), que tinham por objetivo principal ultrapassar a aparência e provar a realidade física dos átomos (CHANG, 2013).

O objetivo de Bogdanov era conciliar a filosofia de Marx com os resultados experimentais das ciências naturais do início do século, encontrando na filosofia antimecanicista da natureza de Mach, denominada de *empiriocriticismo* por seus seguidores,[1] e no *monismo energetista* de Ostwald os argumentos para essa renovação.[2] Com isso, Bogdanov propôs uma reflexão filosófica original que denominou de *empiriomonismo*. Para ele, uma das principais contribuições de Mach para a filosofia era sua refutação, a partir de uma análise das sensações, da clássica distinção ontológica entre "corpo/matéria" e "espírito/mente", embora Bogdanov discordasse do resultado solipsista da experiência física e psíquica que resultava da análise do físico-filósofo austríaco. Para fundamentar sua discordância, ele recorreu à hipótese monista de que tudo na natureza era resultado da emergência de níveis de materialidade a partir do rearranjo energético de níveis de organização material inferiores (cf. LECOURT, 2006).

Para o médico e filósofo russo, as transfusões sanguíneas constituíam uma experiência tanto biológica quanto social, e uma reflexão sobre elas oferecia a possibilidade de descrever os fundamentos filosóficos de sua hipótese de um *coletivismo* fisiológico. Ele sustentava que as técnicas de rejuvenescimento então empregadas tinham poucas chances de obter sucesso, pois se baseavam em uma concepção fisiológica equivocada, centrada no indivíduo, enquanto o mais adequado seria desenvolver uma concepção sistemática e coletivista acerca do envelhecimento. As transfusões sanguíneas constituíam, assim, o meio mais adequado para um programa fisiológico coletivo de prolongamento da vida, pois empregavam o sangue como

---

1 Expressão empregada para denotar uma filosofia crítica da experiência destinada a suplantar hipóteses metafísicas e a oposição secular entre idealismo e materialismo.

2 Trata-se da substituição da ideia metafísica de matéria pela de energia como conceito fundamental não apenas nas ciências físico-químicas, mas também nas biológicas e sociológicas.

veículo de um processo de *imunização* universal (cf. KREMENTSOV, 2011, 2014; TARTARIN, 1994).

Além disso, o objetivo dos métodos tradicionais de combate à senescência era parcial, pois pretendia apenas prolongar o tempo de vida natural dos organismos, enquanto o verdadeiro objetivo seria o de ampliar os limites considerados como naturais, fazendo com que os seres humanos vivessem centenas de anos. Já se tratava, portanto, de um projeto "transumanista" que pretendia postergar a existência e a vitalidade de homens e mulheres. Ele apresentou suas ideias sobre a importância coletiva das transfusões para o rejuvenescimento primeiramente em suas obras de ficção científica *A estrela vermelha: Uma utopia* (1908) e *Engenheiro Menni* (1912) (cf. BOGDANOV, 1984; ADAMS, 1989).

Em *A estrela vermelha*, Bogdanov trata da viagem de um terráqueo, Leonid, a Marte. Ele foi conduzido por habitantes do planeta vermelho que vieram à Terra em busca de alguém com *espírito revolucionário* para conhecer um mundo em que o processo histórico tinha conduzido ao socialismo coletivista. Não se tratava, por isso, de um mundo idílico e estático, mas de um lugar onde a coletivização dos meios de produção e de todas as relações sociais, chegando até o "coletivismo fisiológico", tinha levado a um avançado estágio civilizatório. Porém, para chegar a esse estágio civilizacional e continuar seu progresso, era sempre necessário combater o ressurgimento do individualismo, inclusive fisiológico, que caracterizava o "capitalismo burguês" em vigor em Marte antes da revolução ocorrida duzentos anos antes. O coletivismo possibilitava a todos uma vida agradável e ativa, na qual se mesclavam atividades intelectuais e laborais. Se na sequência dos capítulos o autor russo descreve, compara e reflete acerca do estado civilizacional de Marte e o da Terra, interessa-nos destacar, nesta seção, apenas a visita que Leonid faz a um hospital marciano. Lá os marcianos que queriam antecipar o fim de seus dias poderiam encontrar meios para um término de vida de acordo com sua vontade, e a sua morte era assistida por uma junta médica.

Embora o planeta tivesse alcançado um elevado estágio de bem-estar coletivo, isso não significava que faltassem motivos para abreviar um sofrimento. Apesar disso, os marcianos viviam por um longo tempo, e o médico que acompanhava o terráqueo lhe explicou o motivo: a "troca camarada de vida" por meio de transfusões coletivas de sangue (cf. BOGDANOV, 1984, II, § V).

Nessas ficções fantásticas,[3] Bogdanov não estava propriamente interessado no problema biológico das incompatibilidades das trocas sanguíneas, explicitadas pelo sistema ABO de Landsteiner. Seu objetivo era defender uma mudança radical na abordagem tanto da senescência quanto da organização sistemática das transfusões de sangue. O sangue e sua circulação no corpo dos animais eram o resultado do transformismo biológico, de modo que uma intervenção técnica no processo de envelhecimento baseava-se na tese de que o sangue transplantado transmitiria certos caracteres do doador ao receptor. O envelhecimento seria, portanto, uma questão de organização (convergência) ou de desorganização (divergência) das partes que compunham o "sistema corpo". Por isso, a circulação do sangue por todas as partes desse sistema era a melhor técnica para se transmitir a *imunidade* e preservar as células complexas da degenerescência. Em 1913, Bogdanov publicou o primeiro volume de uma obra na qual ele expunha o que considerava serem as bases de uma nova ciência: o seu *Tectologia: A ciência universal da organização* (no original, *Tektologia: Vseobshchaya Organizatsionnay Nauka*).[4]

O médico russo apresentou a tectologia como um estudo geral das formas e leis da organização de todos os elementos da natureza, das práticas e do pensamento. Segundo ele, nós, pessoas, somos organizadores da natureza, de nós próprios e da nossa experiência, e seu propósito era examinar a nossa prática, cognição e criatividade do ponto de vista organizacional.

---

3 Sobre o conceito de "ficção científica" na União Soviética, cf. Lajoye; Lajoye, 2017.

4 O segundo volume foi publicado em 1917 e o terceiro entre 1919 e 1921 na forma de fascículos no periódico *Proletkult* (*Proletarskaia Kultura*). O termo "tectologia" deriva do grego *tekton*, que significa "construtor".

Além disso, Bogdanov acreditava que a nossa experiência organizacional poderia ser usada como uma substituta para a compreensão do resto da natureza e argumentou que isso forneceria a base para uma visão monista do mundo, permitindo que fôssemos vistos como partes auto-organizadoras de uma natureza que também é auto-organizadora. Nesse sentido, não somos apenas nós que nos organizamos: a própria natureza é a primeira grande organizadora, e os humanos são apenas um dos seus produtos organizados. A natureza inorgânica é altamente organizada e a "matéria" deve ser considerada como um complexo de energia. O foco básico da tectologia está na necessidade de se estudar qualquer fenômeno do ponto de vista da sua atividade organizacional, uma vez que todas as atividades dos seres humanos e do resto da natureza são, principalmente, organização e desorganização dos elementos que formam seus sistemas. Com seu *Tectologia*, Bogdanov foi considerado como o pioneiro da teoria dos sistemas, tendo influenciado o biólogo austríaco Ludwig von Bertalanffy (1901-1972) na elaboração da sua *Teoria geral dos sistemas* (cf. GARE, 2000, p. 312; WHITE, 2018, cap. 10).

A tectologia poderia, então, empregar os meios técnicos e científicos disponíveis para conectar os sistemas individuais (fisiologia de um organismo isolado), criando um sistema fisiológico coletivista. Segundo Bogdanov (1980, p. 152),

> O envelhecimento, em sua natureza, não é um dano parcial do organismo, ainda que possa haver um grande número deles, ele é uma doença tectológica, por assim dizer, que abrange toda a estrutura do organismo. Métodos parciais contra ele, em termos médicos, são apenas paliativos, ou seja, não são os meios de lutar contra a doença como um todo, mas apenas contra seus sintomas separados e suas manifestações particulares. [...] Do ponto de vista tectológico, trata-se da solução para as contradições das divergências sistêmicas, de modo que o método não é parcial, mas holístico.

Assim, para combater a perda de energia e vitalidade dos indivíduos, a medicina, em uma sociedade organizada coletivamente, deveria colocar em prática o princípio de partilha da vida, e isso deveria ocorrer por meio de uma transformação profunda na organização da fisiologia desses indivíduos. Por isso, no primeiro volume de seu livro, Bogdanov utilizou o sangue e as transfusões sanguíneas como exemplos dos métodos necessários para a construção de uma nova visão de mundo, centrada em uma "organização universal da ciência". Além de institucional, essa nova organização deveria articular as diferentes ciências de modo que suas linguagens e métodos fossem partilhados a fim de produzir resultados científicos necessários à coletividade. No caso das transfusões, o diálogo entre os métodos químicos e a medicina era essencial nessa passagem do individual ao coletivo. Entretanto, não bastavam ficções literárias ou conceitos filosóficos para se pôr em prática tal programa, pois sua realização dependia de uma realidade material, institucional e cultural. É curioso como esses elementos convergiram no contexto social russo do início do século XX.

Do ponto de vista cultural, é importante notar que na Rússia desse período o interesse pela longevidade e manutenção da vida transcendia as investigações puramente científicas, sendo também objeto de reflexão de teólogos e filósofos ligados à Igreja Ortodoxa. O tema central era a interpretação dada pelo cristianismo ortodoxo para o fenômeno da ressurreição. Esse foi o caso do filósofo Nikolai F. Fedorov (1828-1903), que propunha uma interpretação teleológica da evolução de Darwin, tendo o homem como o projeto final da criação, embora ele restasse uma criatura imperfeita e sujeita à evolução natural. Essa imperfeição natural não apenas poderia, mas deveria ser corrigida pela ciência, que, aliada à moralidade cristã, era a chave para se alcançar a ressurreição e a eternidade. Para Fedorov, a tarefa dos homens era, por meio do conhecimento e da moral religiosa, construir uma sociedade cooperativa e universal, próspera e capaz de controlar as forças da natureza. Seus textos foram reunidos e publicados postumamente, e suas ideias tiveram grande influência no meio intelectual russo (FEDOROV, 1990 [1906]). Talvez não tenha sido mero acaso o fato de que vários cientistas que se destacaram nesse domínio de investigação eram de origem russa, uma vez que a própria cultura desse país deu grande destaque ao tema.[5]

A química, uma das disciplinas científicas mais desenvolvidas na Rússia antes da Primeira Guerra Mundial, também foi fundamental para levar a termo o projeto ainda utópico. Muitas pesquisas de químicos russos tinham alcançado o reconhecimento internacional durante a segunda metade do século XIX, sobretudo as contribuições sobre a estrutura molecular e as ligações covalentes de Aleksandr M. Butlerov (1828-1886), a lei periódica de Dmitri I. Mendeleev e as investigações em sínteses orgânicas de Vladimir V. Markovnikov (1838-1904). Porém, a excelência e a novidade dessas investigações acadêmicas não tinham correspondência com o desenvolvimento da química industrial na Rússia. Com a guerra, o Estado imperial começou a se reestruturar tanto no ensino quanto na criação de infraestruturas para a produção de medicamentos e de materiais para o exército (como explosivos e gases tóxicos). Além das universidades e da Academia de Ciências, concebeu-se a criação de institutos independentes destinados exclusivamente à pesquisa, vista mais notadamente após a Revolução de 1917 com a criação, por exemplo, do Instituto de Investigação Físico-Química dos Sólidos (1918), do Instituto de Química Aplicada (1919), do Instituto do Rádio (1922), do Instituto de Altas Pressões (1929) e, ainda, do Instituto dos Plásticos (1930). De fato, a química passou a ocupar um lugar central não só na economia do país, mas também no desenvolvimento da bioquímica e da medicina. Exemplo disso encontra-se expresso no primeiro dos chamados "planos quinquenais", editado em 1927, no qual se defendia uma "quimicalização" não só da nova economia socialista, mas também da vida e da fisiologia do novo homem soviético (cf. GRAHAM, 1993). A origem e a manutenção

---

[5] Ivan P. Pavlov (1849-1936) também foi premiado com o Nobel de Fisiologia/Medicina em 1904.

da vida eram temas de investigação dos biólogos, mas atraíam a atenção dos químicos: o químico Vladimir I. Vernadsky (1863-1945), por exemplo, foi quem desenvolveu o conceito de "biosfera", criado no século anterior pelo geólogo Eduard Suess (1831-1914), ao descrever e analisar seus aspectos biogeológicos e ecológicos, o que será fundamental na definição do que virá a ser um "ecossistema" (cf. VERNADSKY, 1928; TOLZ, 1997, cap. 8).

A partir de 1922, depois de entrar em contato com as recentes pesquisas americanas e inglesas sobre as transfusões sanguíneas, em especial sobre as inovações instrumentais, Bogdanov iniciou um programa de transfusão com o objetivo de aumentar a vitalidade física, no qual ele próprio, sua esposa e alguns amigos tornaram-se cobaias. Os primeiros resultados foram modestos, embora suficientes para animar Bogdanov e seus apoiadores a propor a criação de uma instituição pública consagrada exclusivamente ao estudo do sangue e das transfusões. Isso foi alcançado com a criação, em 1926, em Moscou, do Instituto da Transfusão do Sangue, tendo Bogdanov como seu primeiro diretor. Em seu *A luta pela viabilidade*, o filósofo russo sumarizou sua visão geral para se alcançar o prolongamento da vida, reafirmando que a deterioração da vitalidade se devia a um comprometimento da "relação organizacional" das células e do seu "meio interno" (cf. BOGDANOV, 2002; KREMENTSOV, 2011, p. 69-70).

Em 1928, após uma "troca camarada de vitalidade" com um estudante sofrendo de tuberculose, doença contra a qual se considerava imune, Bogdanov veio a falecer. Todavia, seu Instituto continuou a funcionar, sendo o primeiro no mundo a organizar uma rede nacional de coleta e estocagem de sangue. A motivação para a institucionalização das manipulações técnicas do sangue foi de cunho teórico e experimental, mas a nova elite burocrática estava também seriamente preocupada com a morte prematura de líderes revolucionários. O principal exemplo foi, sem dúvida, a morte de Lênin com apenas 54 anos. Como resguardar a saúde e prolongar a vida dos condutores do novo Estado soviético? Foi Leonid B.

Krasin (1870-1926), engenheiro e embaixador soviético na Inglaterra, um discípulo e amigo de Bogdanov, quem propôs o embalsamento do corpo de Lênin. O projeto do engenheiro fazia convergir as aspirações técnico-teológicas de Fedorov, que representavam uma importante característica do cristianismo ortodoxo russo com as promessas do progresso de uma nova "ciência proletária". Portanto, não seriam apenas por questões políticas que o corpo de Lênin é mantido em seu Mausoléu, mas também por aspirações científicas e teológicas arraigadas na cultura russa (cf. CHURILOV; STOEV, 2013).[6]

Embora possa haver essa convergência de tradições na cultura russa, o que desejamos enfatizar foi a interconexão levada a termo por médicos, biólogos, químicos e intelectuais russos entre um "evolucionismo mutualista", a senescência e processos fisiológicos do sangue. No caso de Bogdanov, sua grande contribuição foi ter oferecido uma fundamentação metafísico-filosófica para as transfusões sanguíneas e tê-las conectado, como fizera Bacon, com o prolongamento da vida. Com seu Instituto, as transfusões de sangue deixaram de ser uma utopia e passaram a ocupar um lugar central no sistema de saúde soviético, assim como nos demais países.

3.3 Sangue e transumanismos

Ainda no século XIX, em 1863, o fisiologista francês Paul Bert (1833-1886) fez um experimento inovador utilizando ratos, a chamada parabiose (do grego *para*, "ao lado", e *bios*, "vida"). Tal experimento, em que dois animais se uniam cirurgicamente para criar um sistema de circulação

---

6 Foi amplamente empregada pela propaganda soviética a "profecia" expressa por V. Mayakovsky em seu poema "Komsomolkaya" logo após a morte de Lênin, em 1924: "Lenin vive, Lenin viveu, Lenin viverá" ("Ленин жил, Ленин жив, Ленин будет жить"/ "Lenin zhil, Lenin zhiv, Lenin budet zhit"). Talvez o *slogan* do poeta russo não seja apenas de cunho publicitário, mas uma real esperança em uma futura "ressurreição" tornada possível pela ciência socialista.

compartilhada, foi publicado no seu *Expériences et considérations sur la greffe animale* e lhe rendeu o prêmio de ciências da Academia Francesa de Medicina (cf. BERT, 1863). O principal objetivo de Bert era demonstrar que as veias que uniam os dois ratos deixavam passar o fluido injetado que, então, ia da veia de um animal para a veia do outro (cf. JEBELLI, 2017).

Clive McCay (1898-1967), bioquímico e gerontologista americano, que pesquisou entre os anos de 1930 e 1960 na Universidade de Cornell, foi o primeiro a aplicar esse modelo experimental ao estudo da senescência, e objetivava, acima de tudo, desvendar os mecanismos biológicos do envelhecimento. Na esteira baconiana, ele acreditava que se alterasse o sangue de ratos velhos pelo de ratos novos talvez conseguisse retardar o envelhecimento dos primeiros, pois acreditava que havia alguma substância no sangue que poderia rejuvenescer as células mais velhas. Seu alvo, então, era compreender como se dava esse mecanismo e quais substâncias estariam envolvidas nessa "reação". Essa técnica, porém, caiu em desuso após a década de 1970, provavelmente porque muitos ratos morreram de uma doença parabiótica, que ocorria aproximadamente uma a duas semanas após os parceiros serem unidos e que poderia, segundo alguns pesquisadores, ser uma forma de rejeição de certos tecidos. Assim, apenas no início do século XXI, Irving Weissman e Thomas A. Rando, ambos da Universidade de Stanford, trouxeram a parabiose de volta à prática científica com a finalidade de estudar as células-tronco do sangue.

Ao unir o sistema circulatório de um rato antigo ao de um rato jovem, os cientistas produziram alguns resultados no mínimo surpreendentes. No coração, cérebro e músculos, por exemplo, o sangue de ratos jovens parecia trazer nova vida aos órgãos envelhecidos, tornando os ratos velhos mais fortes e mais saudáveis. Assim, cientistas de Stanford investigaram a possibilidade da regeneração muscular e proliferação de células hepáticas no cenário de parabiose. Após uma determinada lesão, a regeneração muscular foi analisada pela formação de miotubos, células ou fibras musculares em desenvolvimento com um núcleo localizado no centro, que expressaram miosina embrionária em cadeia pesada, um marcador específico de miotubos em regeneração em animais adultos. Cinco dias após a lesão, os músculos em animais jovens em parabiose tinham regenerado de forma considerável. A técnica efetuada com ratos jovens de fato aumentou significativamente a regeneração do músculo em parceiros mais velhos. Os pesquisadores concluíram que a regeneração do músculo envelhecido se deu quase exclusivamente devido à ativação de células progenitoras envelhecidas residentes, e não ao enxerto de células progenitoras circulantes de jovens parceiros (cf. CONESE; CARBONE; BECCIA; ANGIOLILLO, 2017).

A polêmica em torno da parabiose, no entanto, é grande. Os laboratórios, no momento, objetivam a identificação dos componentes do sangue jovem que são responsáveis por essas mudanças. Recentemente, um ensaio clínico na Califórnia começou a testar os benefícios do sangue jovem em pessoas idosas com a doença de Alzheimer. Alguns cientistas mais otimistas, como Tony Wyss-Coray, neurologista da Universidade de Stanford, acreditam na sua eficácia de rejuvenescimento; outros, mais cautelosos, como Amy Wagers, pesquisadora de células tronco da Universidade de Harvard, afirmam que essa técnica não tem o caráter próprio de rejuvenescer os tecidos ou músculos, mas apenas de repará-los (cf. SCUDELLARI, 2015, p. 427).

De qualquer maneira, o sonho humano de alcançar a longevidade, agora por meio de técnicas cada vez mais sofisticadas, parece estar mais próximo do que nunca. Em setembro de 2017, a revista *Nature* publicou um artigo sobre o "poder do plasma", em que explica porque a doença de Alzheimer e o envelhecimento do cérebro poderiam se beneficiar de terapias baseadas nesse importante componente líquido do sangue:

> A albumina responde por mais da metade do total da proteína do plasma e tem uma importância crucial no equilíbrio do teor de água no sangue. Mas também é uma proteína transportadora esponjosa, compreendida para ligar e inativar muitas das proteínas e metabólitos

que se transportam no plasma. Em 1996, pesquisadores da Escola Médica de Harvard descobriram que o β-amilóide era um desses compostos. Agregações de β-amilóide constituem a profusão de placas que se formam em torno dos neurônios em cérebros afetados pela doença de Alzheimer. Embora as consequências exatas da formação da placa estejam em debate, a maioria dos pesquisadores acredita que o processamento anômalo de β-amilóide é fundamental para o desenvolvimento da doença – e que os peptídeos podem até danificar os neurônios diretamente. Uma hipótese amplamente proposta é que os níveis de corte de β-amilóide no cérebro diminuiria, ou até mesmo cessaria, a progressão da doença de Alzheimer (DREW, 2017, p. 26).

Com isso, as transfusões de plasmas de pessoas jovens, que podem melhorar doenças como Alzheimer e câncer, começam a ser comercializadas por preços exorbitantes. Segundo a revista *New Scientist*, a *start-up* Ambrosia, de Jesse Karmazin, tem fornecido para pessoas entre 35 e 92 anos transfusões de plasma sanguíneo de jovens com idade entre 16 e 25 anos. Até agora, cerca de cem pessoas foram tratadas pelo preço de US$ 8.000 (cf. ADEE, 2017). O aspecto financeiro que emergiu das investigações sobre a relação entre o sangue, a ciência e o controle dos corpos apresenta, hoje em dia, questões inéditas frente aos casos históricos anteriormente analisados. O sangue é um bem de uso público e pode ser comercializado como qualquer outro produto médico-hospitalar? Haveria algum problema ético em alguém vender o seu sangue ou em comprá-lo de outrem segundo suas necessidades? Seria permitido ao comprador escolher a proveniência do sangue adquirido?

O contexto norte-americano exemplifica o desdobramento dessas e de várias outras questões relacionadas à coleta e ao gerenciamento do sangue e das transfusões. Nesse contexto, deu-se o embate entre os defensores de um sistema público de transfusão e estocagem de sangue e aqueles que defendiam um liberalismo econômico, propondo e criando os chamados "bancos de sangue". Os promotores desses bancos privados de sangue reivindicavam seguir o mesmo modelo empregado pelos bancos que atuavam no sistema financeiro, acusando de "socialista" toda tentativa da Cruz Vermelha de criar bancos públicos de coleta e estocagem de material sanguíneo (cf. SWANSON, 2014, p. 84-119). Em outros contextos, a remuneração por doação de sangue é proibida por lei, optando-se por campanhas para sensibilizar o público para a necessidade da doação voluntária de sangue e de seus produtos. Esse é o procedimento, por exemplo, dos "bancos" de sangue brasileiros gerenciados pelo Sistema Único de Saúde (SUS), órgão ligado ao Ministério da Saúde do Brasil.[7]

Com efeito, a questão do prolongamento da vida e, no limite, da obtenção de um tipo de "imortalidade temporária" ou prolongamento indefinido por meios científicos e tecnológicos tornou-se novamente um assunto da atualidade. Os adeptos do transumanismo, um movimento filosófico que incentiva a utilização da ciência e da tecnologia para superar as limitações humanas, são os mais entusiasmados, defendendo que devemos implementar o uso da tecnologia para alterar nossa condição física e cognitiva sempre "para melhor". Entre os principais representantes do movimento encontramos David Pearce (Grã-Bretanha), Julian Savulesco (Austrália), Laurent Alexandre (França), Max More (Grã-Bretanha), Natasha Vita-More (Estados Unidos), Nick Bostrom (Suécia) e Richard Dawkins (Estados Unidos). Tal movimento recebe apoio de várias associações internacionais, como, por exemplo, o Extropy Institute e a World Transhumanist Association. Nick Bostrom, um dos fundadores e entusiastas desse movimento, declara que "os transumanistas enfatizam que, a fim de prolongar seriamente o tempo de vida saudável, também precisamos desenvolver maneiras de retardar o envelhecimento ou substituir células e tecidos senescentes" (BOSTROM, 2005, p. 8). Nesse sentido, uma das principais motivações desse movimento continua a ser o prolongamento da vida por meio de uma intervenção

---

[7] A portaria do MS n° 1.353 determina que "a doação de sangue deve ser voluntária, anônima, altruísta, não devendo o doador receber qualquer remuneração ou benefício, direta ou indiretamente" (2011 *apud* RODRIGUES, 2013, p. 13).

técnica para alterar os resultados indesejados de nossa *evolução* biológica. Em outras palavras, há uma crença de que, por meio das técnicas mais recentes, tais como a engenharia genética, biologia molecular, robótica, neurociências cognitivas, biotecnologia, neurofarmacologia, nanotecnologia, entre outras, conseguiremos nos livrar do âmbito da contingência, ou seja, da condição a que estamos submetidos desde o advento da descrição do processo evolutivo por Darwin, e tomaremos, em breve, as rédeas de nossa própria evolução.

Analisemos mais de perto dois exemplos que ilustram de maneira manifesta o "estado da arte" de tal movimento científico-filosófico. O pesquisador e doutor Michael D. West, fundador da empresa Agex Therapeutics, que trabalha na área de rejuvenescimento e prolongamento da vida, objetiva descobrir os processos que podem conduzir à imortalidade celular, estudando, para isso, os telômeros, porções do DNA que se localizam na extremidade dos cromossomos. *Grosso modo*, sua principal função é proteger o material genético de degradação. Ora, a cada replicação essas partes do DNA diminuem, pois o processo de replicação não consegue copiar as extremidades dos cromossomos. Com a idade, os corpos acabam acumulando telômeros curtos e, como consequência, essas estruturas encurtadas trazem o envelhecimento e os males da velhice. Assim, nossa "data de validade biológica" está ligada ao comprimento dos telômeros. As pesquisas do Dr. West focam na telomerase, na proteína que tem a capacidade de regenerar os telômeros. A expressão da telomerase ocorre nas células de linhagem germinativa, nas células-tronco e nas células neoplásicas, havendo nessas células uma regeneração dos telômeros e uma prevenção da senescência replicativa. No entanto, a maioria das células humanas somáticas normais apresenta pouca ou nenhuma atividade de telomerase. Dessa forma, West declara ter começado a trabalhar em uma importante pesquisa sobre linhas germinativas, uma "verdadeira fonte de imortalidade". Esse trabalho opera com a distinção clássica entre linha germinativa e soma: as linhas germinativas compreendem espermatozoides e óvulos e as células da quais elas derivam, isto é, espermatócitos e espermatogônias, bem como as células de "fundo" da linha germinativa, isto é, gametócitos e gametogonias; pela sua natureza, elas possuem a capacidade de existir para sempre. O soma, por sua vez, é o conjunto de todas as outras células que compõem o corpo humano e, ao contrário das primeiras, adoece, envelhece e morre. Os cientistas que trabalham com West objetivam aproximar o soma da linha germinativa, como explica Roberto Manzocco:

> De um ponto de vista prático, isso significa trabalhar numa expressão importante da linha germinativa, as células tronco, células que podem se transformar em qualquer tipo de tecido. Se conseguirmos dominar esse processo, poderemos curar um enorme número de diferentes patologias degenerativas, da doença de Alzheimer à distrofia muscular. E, como essas células ainda não decidiram se serão células germinativas ou somáticas, elas ainda não são prisioneiras da mortalidade do soma e realmente desfrutam da imortalidade da linha germinativa, o que significa que eles podem proliferar indefinidamente (MANZOCCO, 2019, p. 96-7).

Uma outra proposta que trabalha na linha dos estudos sobre a imortalidade humana é a chamada criogenia (do grego *kryos*, que significa "frio", "gelo", e *génos*, que significa "criação", "produção"), ou a preservação de algo em temperaturas abaixo de -150 °C. Os avanços com relação aos procedimentos criogênicos saíram do papel nas últimas décadas: considerando o constante e acelerado progresso da ciência, em 1962, Robert Ettinger (1918-2011) publicou o livro *O prospecto da imortalidade*, que lançou a ideia da suspensão criônica. Ettinger argumentou que, considerando que a atividade química fica completamente parada em temperaturas suficientemente baixas, era possível congelar uma pessoa em nitrogênio líquido (-196°C) e, assim, preservar seu corpo até uma época em que a ciência fosse capaz de reverter os danos do congelamento e a causa original da desanimação (morte). Lembremos que a criopreservação, técnica que preserva células, tecidos, embriões em estado congelado, já é bastante conhecida e utilizada pela ciência. No caso da utilização de células-tronco do sangue do cordão umbilical, por exemplo, é possível efetuar tratamentos para leucemias, aplasia de medula e linfomas. Com relação à vida humana, com o objetivo de solucionar o problema do dano celular maciço que ocorre quando cristais de gelo se formam no corpo, protocolos de suspensão foram aperfeiçoados e passou-se a adotar a infusão de crioprotetores – substâncias à base de glicerol e sulfóxido de dimetilo usadas para proteger tecidos biológicos de danos causados pelo congelamento – antes do congelamento para suprimir a formação de cristais de gelo (cf. BOSTROM, 2018). Atualmente, algumas organizações já realizam suspensão criônica e serviços completos, dentre elas as norte-americanas American Cryonics Society (desde 1969), Alcor Life Extension Foundation (desde 1972), presidida pelo filósofo Max More desde 2011, Trans Time (1972) e Cryonics Institute (desde 1976), além da russa Kriorus (desde 2003). A primeira pessoa a ser preservada pela criogenia foi o americano James Bedford, professor emérito de psicologia da Universidade da Califórnia, nos Estados Unidos. Ele morreu em 1967, aos 73 anos, vítima de um câncer de fígado. Desde então, outros nomes notáveis passaram a integrar o time dos congelados, como o lendário jogador de beisebol Ted Williams (1918-2002), o pai da criogenia Robert Ettinger (1918-2011), o ator Dick Clair (1931-1988) e o programador pioneiro dos *bitcoins* Hal Finney (1956-2014). Lembrando que os custos de um processo de criogenia são elevados; a Alcor, por exemplo, cobra cerca de US$ 200 mil para congelar o corpo inteiro e US$ 80 mil para o congelamento da cabeça.

As esperanças desse movimento no progresso científico-tecnológico são as mesmas do programa baconiano que destacamos acima, embora consideremos que suas aspirações filosóficas sejam diferentes tanto das motivações teológico-metafísicas de Bacon e Boyle quanto daquelas do projeto coletivista de Bogdanov. Trata-se, atualmente, de uma aspiração individualista em relação aos limites naturais da condição humana. Nos casos anteriores, a solução para esses limites e a busca por meios de retardar o envelhecimento eram para todos, seja para os membros da comunidade cristã ou para todos os cidadãos que faziam parte do Estado socialista. Isso não significa que os promotores do transumanismo defendam uma exclusão de classes quanto ao acesso às conquistas tecnológicas, porém apostam principalmente nos valores liberais como guias para o bom funcionamento do sistema. Um dos pilares desses valores é justamente o individualismo, com o acréscimo da crença de que a automelhoria dos indivíduos não pode ser alcançada apenas pela cultura e pela educação, mas também por meio da tecnologia. Nesse sentido, transumanistas enfatizam a autonomia e a capacidade de liberdade e de escolha dos indivíduos. Em seu *Transhumanist Values*, por exemplo, Bostrom (2005, p. 13) elabora uma tabela com o que seriam esses valores:

> Nada há de errado em 'modificar a natureza'; a ideia de *hýbris* foi rejeitada;
> Escolha individual na utilização de tecnologias de aprimoramento;
> Paz, cooperação internacional, anti-proliferação de armas de destruição em massa;
> Melhorar a compreensão (encorajando a pesquisa e o debate público; pensamento crítico; mente aberta);
> Ficar mais inteligente (individualmente, coletivamente, e desenvolver a inteligência de máquina);
> Falibilismo filosófico, disposição de reexaminar os pressupostos à medida que avançamos;
> Pragmatismo, espírito engenheiro e empreendedor, ciência;
> Diversidade (espécies, raças, credos religiosos, orientações sexuais, estilos de vida etc.);
> Salvando vidas (prolongamento da vida, antienvelhecimento, pesquisa e preservação criogênica).

A partir da década de 1990, observamos um movimento crescente a favor de tais ideais, culminando na chamada declaração transumanista. Esta elenca sete pontos principais: (1) a humanidade será radicalmente modificada pela tecnologia no futuro, e, portanto, prevê-se a viabilidade de redesenhar a condição humana, incluindo tantos parâmetros quanto a inevitabilidade da evolução, limitações em intelectos artificiais e humanos, psicologia não escolhida, sofrimento e nosso confinamento no planeta Terra; (2) a pesquisa sistemática deve ser empregada no entendimento desses vindouros desenvolvimentos e suas consequências a longo prazo; (3) transumanistas pensam que, abraçando e estando nós abertos a novas tecnologias, teremos uma melhor chance de convertê-las em nossa vantagem do que tentando bani-las ou proibi-las; (4) transumanistas advogam o direito moral para aqueles que, então, desejam usar a tecnologia para estender as suas capacidades físicas e mentais e aprimorar o seu controle sobre a natureza. Procura-se, com isso, crescimento pessoal além de nossas atuais limitações biológicas; (5) no planejamento do futuro, é mandatório levar em conta o prospecto do dramático progresso tecnológico. Seria trágico se benefícios potenciais falhassem na sua materialização por causa da tecnofobia doentia e das proibições desnecessárias. Por outro lado, também seria trágico se a vida inteligente se extinguisse por causa de alguns desastres e da guerra envolvendo tecnologias avançadas; (6) deve-se criar fóruns em que as pessoas possam racionalmente debater o que precisa ser feito e uma ordem social em que as decisões responsáveis possam ser implementadas; (7) o transumanismo advoga o bem-estar de todos os seres (em intelectos artificiais, humanos, não humanos, animais ou possíveis espécies extraterrestres) e se aproxima de muitos princípios do moderno humanismo secular. Apesar de muitos transumanistas favorecerem a liberdade individual e o livre mercado, o transumanismo por si mesmo não se engaja em qualquer partido político, candidato ou posição política (cf. *Transhumanist Declaration*, 1998).

Observamos nessa declaração alguns dos pontos fundamentais e constitutivos do movimento transumanista: a superação dos limites do humano pelo uso da razão, da ciência e da lógica, tendo como bases a expansão ilimitada, a tecnologia inteligente, a liberdade, o prazer e a longevidade, e, enfim, o uso das biotecnologias para abolir o sofrimento de todo ser vivente. Tal movimento leva em consideração o dualismo cartesiano, afinal, o princípio desse movimento é a crença de que o homem está fora da natureza e de que assim sua sobrevivência pode ser entendida sem levar em consideração o ambiente. Além disso, a concepção é determinista e desconsidera o acidental, o acaso e a fortuna.

Nesse sentido, a nossa "condição humana", para lembrar das palavras de Hannah Arendt, seria profundamente alterada:

> O mundo – artifício humano – separa a existência do homem de todo ambiente meramente animal; mas a vida, em si, permanece fora desse mundo artificial, e através da vida o homem permanece ligado a todos os outros organismos vivos. Recentemente a ciência vem se esforçando por tornar 'artificial' a própria vida, por cortar o último laço que faz do próprio homem um filho da natureza [...]. Esse homem futuro, que, segundo os cientistas, será produzido em menos de um século, parece motivado por uma rebelião contra a existência humana tal como nos foi dada – um dom gratuito vindo do nada (secularmente falando), que ele deseja trocar, por assim dizer, por algo produzido por ele mesmo (ARENDT, 2005, p. 10).

A partir da contemporaneidade nos distanciamos gradativamente da perspectiva do humanismo clássico, na qual prevalecia o âmbito prometeico da técnica, de forma que, atualmente, observamos com clareza a ênfase em seu lado fáustico. Lembremos que se a primeira tradição pretende dominar tecnicamente a natureza, há uma ressalva importante que a distingue da fáustica, qual seja, ela visa o bem comum da humanidade e a emancipação da espécie, incluindo, portanto, todas as classes sociais, inclusive as menos favorecidas. Por isso, a tecnologia é vista, dessa perspectiva, como um instrumento de auxílio para a melhoria das condições de vida. Influenciada pelo Racionalismo dos séculos XVI e XVII e pelo Iluminismo e Positivismo, por exemplo, a tradição prometeica acredita no progresso material e na perfectibilidade da técnica, porém apontando limites em relação ao que pode ser conhecido, feito e criado. Todavia, essa vertente formula questões que talvez excedam a racionalidade científica. Já a tradição fáustica enfatiza não a verdade ou o conhecimento dos fenômenos da natureza, mas somente a respectiva compreensão daquilo que estiver relacionado à previsão e ao controle (cf. MARTINS, 2012).

A perspectiva fáustica não está preocupada com a melhoria das condições materiais da humanidade, como a prometeica, mas parte de um impulso infinito e insaciável em direção ao domínio e à apropriação total da natureza, tanto exterior quanto interior ao corpo humano. O orgânico, então, perde lugar para o tecnológico e toda e qualquer matéria-prima se torna manipulável e de caráter puramente instrumental. Perde-se, assim, qualquer tipo de fundamento ético ou metafísico-teológico, presente nos empreendimentos filosóficos dos grandes expoentes do humanismo clássico da Modernidade, como em Bacon ou Descartes. Como afirma Hermínio Martins (2012, p. 27):

> As biotecnologias não buscam meramente facultar melhoramentos cosméticos e mais próteses para organismos humanos e não-humanos, mas criar novas formas de vida. De todas as tecnologias contemporâneas é talvez a biotecnologia a que tem uma vocação mais decisivamente ontológica. O seu horizonte inclui a criação de novas formas de vida orgânica como resultado de modificações genéticas [...]. Formas de vida artificiais, seres biomecânicos, computadores com aparência de vida: estas criações ônticas mostram que as implicações ontológicas das biotecnologias e das novas tecnologias

da informação são consideráveis e desafiam a metafísica descritiva recebida, bem como as cosmologias comuns.

Ao unir técnicas de clonagem, cultivo de células-tronco e avanços na nanotecnologia, engenharia genética e de materiais, o objetivo da biotecnologia é claro: fabricar tecidos, DNAs e órgãos diversos, tais como fígado, coração, pulmões, além de filtrar, separar o sangue e seus constituintes, células, cordões e colocá-las para comercialização. A decodificação do genoma pode transformar o DNA em uma central de possibilidades e abrir caminho para inúmeras transformações e atualizações. O corpo, assim, está também sujeito a essas inovações, basta pensarmos nas suas várias conotações, tais como o corpo pós-humano, obsoleto, *cyborg*, virtual ou prótese. Ele pode ser substituído em pedaços, transformado, radiografado, enxertado, inoculado. O controle que estava nos corpos em geral passa para os dispositivos mais diminutos, como os *biochips*, incrustados em nossos organismos (talvez como técnica de vigilância e monitoramento dos corpos?).

Uma possível e, talvez, inevitável consequência desse individualismo seria a diferenciação técnica dos indivíduos mesmo antes de nascerem, de acordo com os desejos e a situação econômica de seus genitores. Hoje em dia é bastante comum falarmos em melhoramento genético de nossa espécie, mas isso levanta a questão de saber se tal melhoramento se estenderá a todas as pessoas ou apenas à parcela mais privilegiada economicamente. Nesse caso, a visão utópica de uma humanidade livre de doenças genéticas se transformaria em uma distopia na qual a desigualdade social se inscreveria por meio da aplicação de tecnologias avançadas nos próprios corpos dos indivíduos. Uma crítica construtiva do pensamento utópico, com efeito, não pode prescindir de uma análise pormenorizada de possíveis consequências imprevistas da tecnologia científica contemporânea. É nesse sentido que críticos do transumanismo, como Francis Fukuyama, Leon Kass e Jürgen Habermas, levantaram questões importantes ao apontar para as desigualdades que podem se aprofundar por meio do aumento da cisão entre favorecidos e não favorecidos social e economicamente.

Enfim, na atualidade tratamos os componentes dos corpos, entre eles o sangue e seus produtos, como mercadorias, trocando unidades quando nos parece assim necessário. Com isso, a biologia e a medicina enfrentam problemas de cunho ético e epistêmico, pois as mesmas técnicas que salvam vidas e, portanto, podem propiciar bem-estar à humanidade – como transfusão de órgãos de pessoas mortas, transfusão de sangue de familiares, técnicas de fertilização etc. –, podem também fragmentar o corpo humano e vendê-lo como mais uma mercadoria, ou melhor, como qualquer outra mercadoria. Tudo isso é amparado pela concepção de que devemos suplantar as nossas fraquezas, inquietudes, doenças e fragilidades para nos tornarmos *human plus* e *human enhacement*, ou seja, humanos mais positivados e aperfeiçoados. Nesse caso, seria mais interessante ficarmos ao lado de Friedrich Nietzsche (1844-1900) quando este diz que

> A engenhosidade com que o prisioneiro busca meios para a sua libertação, utilizando fria e pacientemente cada ínfima vantagem, pode mostrar de que procedimento a natureza às vezes se serve para produzir o gênio – palavra que, espero, será entendida sem nenhum ressaibo mitológico ou religioso –: ela o prende num cárcere e estimula ao máximo o seu desejo de se libertar. – Ou, para recorrer a outra imagem: alguém que se perdeu completamente ao caminhar pela floresta, mas que, com energia invulgar, se esforça por achar uma saída, descobre às vezes um caminho que ninguém conhece: assim se formam os gênios, dos quais se louva a originalidade. – Já foi mencionado que uma mutilação, um aleijamento, a falta relevante de um órgão, com frequência dá ocasião a que outro órgão se desenvolva anormalmente bem, porque tem de exercer sua própria função e ainda uma outra. Com base nisso pode-se imaginar a origem de muitos talentos brilhantes (NIETZSCHE, 2005, p. 231).

3.4 Breves considerações sobre o ideal da longevidade humana

Viver de maneira saudável e alcançar a longevidade são aspirações presentes em várias culturas, tendo sido o tema de um dos primeiros textos literários conhecidos: a *Epopeia de Gilgamés*. Os alquimistas foram os primeiros a trabalhar efetivamente na busca de elixires para prolongar e melhorar a vida humana, mas foi somente a partir do final do século XVII que o corpo humano se tornou objeto de investigação experimental, passível, portanto, de ser submetido a operações técnicas. A filosofia experimental do século XVII concebia o conhecimento científico como o resultado da organização racional das informações coletadas a partir de um método de investigação operatório, que deveria ser aplicado tanto ao estudo da natureza quanto ao do corpo humano. A anatomia, a química e a história natural forneceram, assim, os alicerces conceituais e os primeiros protocolos experimentais que tornavam o corpo humano um objeto técnico, que poderia ser investigado em um laboratório.

As transfusões de sangue exemplificam uma dessas formas de intervenção experimental, que já em sua origem moderna tinham por objetivo não apenas recuperar a saúde, mas também retardar o envelhecimento. Vimos que resultados controversos e uma utilidade clínica questionável levaram os médicos a abandonar esse tipo de intervenção ao menos até meados do século XIX, o que explica a ausência dessa prática na emergência da "medicina social" apontada por Foucault. Porém, a partir dos anos 1930, as transfusões sanguíneas passaram a ocupar uma posição central nessa "medicina social", sendo parte dos *dispositivos* tecnológicos de controle do corpo de que fala Foucault. Como *dispositivos*, as transfusões, bem como os produtos do sangue, passaram a ocupar contextos sociais de relação de forças, de jogos de poder, pois passaram a fazer parte do que o filósofo francês denominou "de um conjunto decididamente heterogêneo que engloba discursos, instituições, organizações arquitetônicas, decisões regulares, leis, medidas administrativas, enunciados científicos, proposições filosóficas, morais, filantrópicas" (FOUCAULT, 1998, p. 244).

A medicina, a biologia e a química tornaram o corpo humano tão familiar à investigação científica quanto a natureza (mineral, vegetal e animal), de modo que tanto a natureza externa como os nossos corpos deveriam ser controlados para que pudessem ser conhecidos. Nos contextos históricos estudados neste trabalho, tentamos explicitar como o desconforto e a insatisfação cultural dos seres humanos com sua finitude se manifestaram em ações plausíveis para, se não evitar, ao menos adiar a morte para um futuro o mais distante possível. Vimos também que, embora não haja uma linearidade espaço-temporal no desenvolvimento técnico das transfusões e de seu uso no retardamento do envelhecimento, podemos identificar um programa baconiano que promoveu uma concepção epistemológica que aponta para o corpo humano como um objeto técnico. De acordo com esse programa, o objetivo desse controle sobre os corpos era não somente combater as doenças, mas também reverter os efeitos biológicos provocados pelo tempo por meio da ciência e da técnica.

No caso de Bacon e de seus seguidores da Royal Society, esse controle técnico dos corpos seria o caminho para um *retorno* do homem ao momento anterior à expulsão do Paraíso. Era, portanto, acompanhado de um conjunto de valores metafísicos e teológicos que iam além dos resultados empíricos das investigações experimentais. Para Bogdanov, o objetivo era coletivizar os corpos para enfrentar os efeitos não desejados da evolução biológica, mas isso deveria ser realizado no contexto de um processo revolucionário que transformaria radicalmente o modo de existência biológico e social dos seres humanos. O objetivo utópico do coletivismo socialista não era um retorno ao Paraíso perdido, mas um projeto de construção de um novo Paraíso no futuro. No caso do transumanismo, pelo menos na forma como alguns de seus defensores o promovem, o objetivo deixa de ser uma utopia ética e política e centra-se mais na busca de um aumento real das capacidades humanas e mesmo em uma superação física e cognitiva dos humanos, como no caso das aspirações pós-humanas decorrentes de alguns transumanismos.

Se a eternidade pode ser apontada como uma aspiração humana diante da fragilidade da vida e sua finitude, sendo um valor espiritual e religioso para todas as culturas, nas abordagens sobre a senescência após Darwin é a imortalidade que se torna o grande objetivo. Diferente de uma eternidade espiritual alcançada após a vida biológica, a imortalidade seria a preservação dos metabolismos orgânicos que sustentam essa vida. O descontentamento humano com a evolução natural o levará a sonhar com a correção e mesmo com a aceleração dos processos evolutivos, pilotados não mais pelas forças cegas da natureza, mas por aquelas dominadas pelo homem. Nessa perspectiva, tanto o futurismo revolucionário russo quanto o individualismo transumano liberal objetivam um controle tecnológico da evolução biológica dos seres humanos. Nesse sentido, ambos se assemelham a uma concepção filosófica materialista e monista, em que somos máquinas orgânicas que podem ser reparadas e na qual nosso pensamento não existe separado de nosso corpo ou acoplado a uma máquina resultante de Inteligência Artificial (IA). Todavia, uma importante diferença dessa pilotagem evolutiva é que no programa imaginado por Bogdanov isso deveria partir de uma abordagem coletivista de sociedade, na qual o homem era essencialmente um ser social, enquanto no transumanismo contemporâneo o foco fundamental era o indivíduo, que deveria ser preservado e reparado, ou melhor, alterado a fim de tornar-se transumano, um *cyborg* imortal.

Embora algumas medidas que poderíamos chamar de coletivistas relativas ao sangue e seus produtos sejam adotadas mesmo em modelos políticos e econômicos distintos daquele preconizado por Bogdanov, nas últimas décadas os discursos e as práticas voltadas às especificidades dos indivíduos, tal como sustentado pelos diversos transumanismos, tornaram-se predominantes no debate público. Não discutimos nestes ensaios as implicações éticas, sociais e econômicas decorrentes desses projetos transumanistas, que por ora consistem mais em uma nova ideologia do progresso do que em uma nova ciência propriamente dita, mas apenas apontamos como as transfusões de sangue e de seus produtos ainda ocupam um lugar central na busca do rejuvenescimento e da melhoria das funções corporais. Apontamos, ainda, que uma das possíveis consequências desse uso por projetos, que têm por objetivo prolongar a vida de alguns indivíduos (especificamente os mais abastados), é o desencadeamento do aparecimento de dois tipos de seres humanos, os melhorados e aqueles que devem se contentar com a imprevisibilidade da evolução biológica, sujeitos, portanto, aos ditames de uma nova "raça" eleita em função de sua superioridade física e cognitiva obtida artificialmente. Em outras palavras, a dúvida que surge inevitavelmente é como fica a situação da grande maioria da humanidade, que, com certeza, não terá acesso a essas tecnologias.

Enfim, nos dias atuais, o sangue e seus usos são parte da chamada "revolução biológico-molecular", cujas inovações biotecnológicas e antropotecnológicas terão consequências científicas, tecnológicas e societárias tão importantes quanto aquelas provocadas pela emergência da filosofia experimental nos séculos XVII e XVIII. Com a nossa reflexão histórico-epistemológica pretendemos, então, lançar luz sobre um tema contemporâneo que, se visto apenas como uma novidade do presente, nos torna alienados quanto à sua complexidade, o que acreditamos comprometer as decisões de sociedades que se pretendem democráticas e equânimes em relação à vida (dos seres vivos em geral) e à sua evolução biológica e tecnológica. Entretanto, temos que ter cautela, cuidado e muita precaução com a mera possibilidade do retorno de práticas eugênicas.

Capítulo 4
A química e a biografia de seus materiais

A química tem uma natureza dual, pois é concomitantemente uma ciência e uma tecnologia de produção industrial. Ao contrário da maioria das ciências da natureza, a química também "cria" seus objetos de estudo, e muitos passam a ter uma existência para além de seus laboratórios. Mesmo quando os químicos investigam substâncias que já existem no ambiente natural, eles o fazem em condições controladas por protocolos estritos. Além disso, nos laboratórios químicos também são produzidos materiais completamente novos, que passam a compor e se integrar aos meios naturais e sociais. A depender do interesse societário, algumas dessas substâncias podem ganhar aplicações variadas, demandando, com isso, a produção em uma escala superior àquela de um laboratório. Se nos séculos XVII e XVIII essa produção ocorria em manufaturas arcaicas, ao longo do século XIX a química passará a ditar as linhas do progresso industrial, seja pela disposição de novos materiais, seja pela substituição de produtos naturais por materiais artificiais. Neste capítulo, propomos um estudo de caso acerca de dois desses materiais criados no laboratório e que ganharam uma posição determinante nas sociedades contemporâneas. Nosso interesse consiste em analisar alguns "modos de existência" desses objetos químicos a fim de termos elementos suficientes para compor ao menos as linhas gerais do que seriam suas "biografias".

Ao nos aproximarmos do conhecimento do mundo dos materiais, não basta analisarmos a sua origem técnica, nem mesmo as suas propriedades químicas ou as suas propriedades físicas, pois a sua existência não deve ser definida somente por meio dessas características. Quando unimos perspectivas complementares, como as da sociologia, história, filosofia e tecnologia das ciências, notamos que compreender a "biografia" de um material significa, sobretudo, conhecê-lo no seu vir-a-ser. Em outras palavras, devemos nos aproximar dos seus "modos de existência", isto é, observar tanto a sua origem como os diversos espaços e lugares por onde ele se move, pois, como bem sabemos, muitos desses materiais, no limite, não perecem em uma escala temporal como a humana.

A expressão "modos de existência" já foi empregada como um operador conceitual por filósofos como Étienne Souriau (2009), Gilbert Simondon (1989) e, mais recentemente, por Bruno Latour (2019). Ela foi, ainda, adotada pela filósofa Bernadette Bensaude-Vincent para se referir aos objetos químicos com o objetivo de tentar compreender o gênero de ontologia que engaja as práticas dos químicos em função de suas próprias exigências. Para compreendermos os "modos de existência dos objetos químicos", o debate não deveria ser apenas em torno da questão "o que posso conhecer?", mas também de "o que posso fazer?". Assim, seria em relação à ação que a ontologia da química deveria ser pensada, e para conhecer os objetos químicos seria necessário investigar o que eles fazem, e não buscar uma essência ontológica a partir da qual todo o seu comportamento poderia ser explicado. Retomando a distinção feita por Ian Hacking entre "realismo de entidades" e "realismo de teorias", Bensaude-Vincent argumenta, de maneira convincente, que os químicos praticam um "realismo operatório", que somente admite a realidade das entidades na medida em que elas funcionam como dispositivos experimentais que agem como *causa*, produzindo fenômenos. Portanto, não devemos nos perguntar "o que é" um objeto químico, mas "de quais maneiras ele é", o que constiui seus modos de existência no mundo natural e social (cf. BENSAUDE-VINCENT, 2005, p. 215s; HACKING, 2012).

Quando e como um determinado objeto químico passa a *existir*? Poderíamos nos contentar com respostas que nos remetem ao nome de seu descobridor e à descrição das técnicas por ele empregadas, mas talvez isso signifique nos contentar com pouco. A existência de tal objeto significa mais do que sua descoberta ou sua invenção: significa que o objeto em questão passa a fazer parte de um conjunto de entidades, com propriedades materiais que lhes são próprias, e que deve ser nomeado e classificado entre os já conhecidos. Investigá-lo, então, como um objeto químico que passa a existir nos remete a uma descrição das condições materiais, cognitivas, institucionais, sociais e ambientais que o levaram a essa *existência*. Porém, vindo a *existir*, esse objeto passa a ser um material que pode apresentar diversos comportamentos. Assim, a identidade propriamente química é uma entre outros modos de existência de um átomo, de uma molécula ou de um composto. Ademais, a esse modo de existir deve-se adicionar outros, que podem abordar, por exemplo, seu comportamento biológico, geológico, cultural, tecnológico, econômico ou geopolítico. Essa variedade de narrativas, que descrevem essas diferentes manifestações, constitui sua biografia, não no sentido cronológico, mas no sentido da busca por descrever a história de sua presença no mundo natural e social (cf. BENSAUDE-VINCENT; LOEVE, 2018).

A ocupação do mundo por produtos industriais se multiplicou ao longo dos séculos XIX e XX com demandas crescentes tanto da sociedade civil quanto dos aparatos militares. De fato, após a revolução industrial observamos um crescente movimento de industrialização com um *locus* cada vez maior para as indústrias química e farmacêutica, bem como a criação de grandes laboratórios privados industriais. Se o carvão, a madeira, o ferro fundido ou o aço continuaram a ser os materiais mais postos à disposição para uso social, novos materiais entraram em cena. Neste capítulo propomos, então, descrever e analisar alguns modos de existência de dois desses novos materiais: o alumínio e os plásticos.

Atualmente observamos críticas contundentes relacionadas a uma perspectiva reducionista, que aborda os vários resíduos e lixos humanos, baseada em um modelo linear de desenvolvimento, com início, meio e fim, e operante a partir da concepção de que a natureza seria uma fonte inesgotável de recursos materiais. Felizmente, essa perspectiva está sendo substituída gradativamente por um modelo mais complexo e plural baseado em ciclos de vida e integração da gestão de resíduos (cf. ZANIN, 2015, p. 15). Por meio dessa importante mudança de perspectiva, surge uma nova concepção de sustentabilidade que demanda comportamentos diferenciados em vários setores, como o público, produtivo, de consumo e científico. De um lado, devemos refletir sobre a coleta e sua reciclagem, mas, por outro, focar na redução dos resíduos em sua fonte. Segundo Zanin (2015, p. 16), "Isto implica em mudanças nas formas gerenciais, com novas prioridades, passando do modelo unidirecional e mecanicista para um sistema holístico e ecológico que garanta em longo prazo a estabilização da demanda dos recursos naturais e do volume final de resíduos a serem dispostos, minimizando o processo de degradação ambiental". Esse novo ponto de vista parte da concepção de que os materiais não são construídos somente nas indústrias ou nos laboratórios, e que sua finalização ocorre na natureza, mas que tudo começa e termina no meio ambiente (ACV)[1] e, como consequência, no meio social. Do nosso ponto de vista, é fundamental, nos dias de hoje, compreender não apenas a questão da capilarização social, mas também da econômica, científica e política desses artefatos.

---

[1] A análise do ciclo de vida (ACV) é uma ferramenta de avaliação dos impactos ao meio ambiente e à saúde humana associados a um produto, serviço, processo ou material ao longo de todo o seu ciclo de vida (do berço ao túmulo), desde a extração e processamento da matéria-prima até o descarte final, passando pelas fases de transformação e beneficiamento, transporte, distribuição, uso, reuso, manutenção e reciclagem (cf. FINNVEDEN, 2009). O importante dessa proposta metodológica é que ela leva em consideração o ciclo de vida desse material e, assim, enfatiza a relação do produto com o meio ambiente e quais possíveis efeitos podem ser evitados ou, ao menos, minimizados.

4.1 O alumínio

No livro *Da Terra à Lua*, obra considerada como modelo do gênero "ficção" ou "prospecção" científica, um dos personagens criados por Jules Verne (1828-1905) apresenta a solução para o problema da escolha do melhor material para construir o projétil que levaria os astronautas ao espaço: o alumínio. Escrito em 1865, a narrativa imaginada pelo autor francês anunciava a grande descoberta feita 35 anos antes (1827) pelo químico alemão Friedrich Wöhler (1800-1882) desse material, que começara a ser produzido industrialmente:

> — Saibam que um ilustre químico francês, Henri Sainte-Claire Deville, conseguiu, em 1854, obter alumínio em massa concreta. Ora, esse precioso metal tem a brancura da prata, a inalterabilidade do ouro, a tenacidade do ferro, a fusibilidade do cobre, a leveza do vidro; trabalha-se facilmente e está muito disseminado na natureza, visto que forma a base da maior parte das rochas. É três vezes mais leve que o ferro, e parece ter sido criado expressamente para nos fornecer o material para o nosso projetil.
> — Viva o alumínio! (VERNE, 1865, p. 43).

Passado um século e meio desde sua "criação", e com o sonho de viagens espaciais de Jules Verne tendo sido realizado muito graças a ele, o alumínio continua a ser considerado um material novo e com um futuro promissor, sinônimo de modernidade, de inovação e de performance mecânica. Todavia, os aspectos destacados pelos promotores desse "novo material" representam apenas alguns de seus modos de existência, deixando de lado outros que podem não ser tão alvissareiros para a sua biografia. Na verdade, a existência do alumínio no mundo social e natural se assemelha um pouco à "Coisa" criada pelo fictício doutor Victor Frankenstein, da obra de Mary Shelley (1797-1851). A criatura, apesar de ser resultado de uma proeza técnica, fugiu do controle de seu criador (cf. SHELLEY, 2016 [1818]).

4.1.1 A criação do alumínio

Mesmo sendo o metal mais abundante da natureza, o alumínio não existia até a metade do século XIX.[2] O sal de alume era conhecido desde a Antiguidade, sendo empregado com objetivos variados, abrangendo desde os usos médicos até o tingimento de tecidos. No século XVIII, Andreas Marggraf (1709-1782) isolou dessa substância salina uma nova *terra*, que mais tarde Guyton de Morveau (1786) denominou de *alumina* (do latim *alumen*).[3] A existência de um metal ainda desconhecido e que estaria presente na alumina foi prevista em 1807 por Humphry Davy (1778-1829), que o batizou de *alumínio*. Davy tentou, sem sucesso, isolá-lo da composição por meio de uma eletrólise que empregava a eletricidade produzida por uma pilha, tal como a projetada e construída por Alessandro Volta (1745-1827) em 1800. Foi somente em 1825 que o dinamarquês Hans Christian Orsted (1777-1851) obteve uma liga desse ainda hipotético metal com o ferro a partir da redução eletrolítica de uma amostra de seu cloreto ($AlCl_3$) (cf. BENSAUDE-VINCENT; STENGERS, 1993, p. 242s).

Apesar da eletricidade ser fundamental para o seu futuro, a obtenção do alumínio metálico não se deu por eletrólise, mas sim por meio de um procedimento químico, inventado por Wöhler, que consistia no tratamento do cloreto de alumínio com potássio metálico. A quantidade de alumínio obtida era pequena, além de seu processo de obtenção ser despendioso, sendo realizável apenas em escala de laboratório. O aumento da produção

---

2 O alumínio é o terceiro elemento químico mais abundante da crosta terrestre, equivalendo a cerca de 8% desta, porém quase não existe naturalmente na forma metálica, e seus compostos estão majoritariamente presentes na litosfera.

3 Os *alumes* são um tipo de sal que possui em sua composição dois sulfatos que contêm cátions de cargas diferentes e 24 moléculas de água: $X_2SO_4Y_2(SO_4)_3 \cdot 24H_2O$. A *alumina* consiste no nosso óxido de alumínio (Al_2O_3), porém o termo continua sendo usado na linguagem corrente na indústria do alumínio.

para uma escala comercial foi possível, como celebrava Jules Verne, graças ao procedimento inventado por Sainte-Claire Deville (1818-1881), que substituía o potássio por sódio metálico e o cloreto de alumínio por um mineral que se revelava rico em alumina: a *bauxita*, que foi descoberta em 1821 pelo químico Pierre Berthier (1782-1861) na comuna francesa de Baux-de-Provence, de onde derivou seu nome usual. Deville descreveu as propriedades químicas e físicas do metal isolado e também destacou que ele era um excelente condutor de eletricidade (cf. DEVILLE, 1859).

Portanto, até a metade do século XIX o alumínio se limitava a uma existência mineral e geológica, e seu contato com os seres vivos se dava apenas por meio de suas formas salinas. A origem de um modo químico de existência do novo metal foi sacramentada quando se determinou seu "peso atômico" específico, na ordem de 27 vezes maior do que o do hidrogênio, tomado como referência. Essa identidade numérica também o fazia passar da categoria empírica de "corpo simples" para a categoria conceitual de "elemento químico" nas tabelas de classificação das propriedades periódicas que alguns químicos tentavam construir na segunda metade do século XIX. A mais famosa entre elas, proposta em 1869 por Mendeleev, alocava o novo elemento na família do boro, um elemento semimetálico, mas que tinha algumas propriedades semelhantes como, por exemplo, a trivalência (cf. MENDELEEV, 1890, II, p. 467).

Assim que veio a existir quimicamente, o alumínio foi elevado à categoria de metal nobre. Além de raro, tinha propriedades parecidas e mesmo mais interessantes do ponto de vista técnico do que as da prata e do ouro, passando a ser utilizado na confecção de joias. Nobre também era seu principal promotor, o imperador francês Napoleão III, que elegeu o metal como símbolo da Modernidade e do gênio francês na Exposição Universal de Paris de 1855. Esse apoio de Napoleão foi importante para a criação, a partir de 1860, de uma indústria de produtos químicos por Henri Merle (1825--1877), que passou a produzir alumínio por meio do método de Deville.

Essa iniciativa marca a origem da Companhia Pechiney, uma das indústrias que irá dominar o mercado do alumínio durante o século XX (cf. MARTY, 2006).

4.1.2 Inseparáveis criaturas

Se o alumínio se limitasse a esses modos de existência como mineral, corpo simples (metal nobre) e elemento químico (conceito operatório), as grandes aspirações que Jules Verne devotava a ele provavelmente restariam no campo da imaginação literária. Precisavam, por isso, entrar em cena dois componentes indissociáveis da diversificação existencial do alumínio: a eletricidade e a eletrificação. Sem a eletricidade e sua produção em grande quantidade por meio das primeiras usinas hidroelétricas, o alumínio seria um metal sem futuro. Da mesma forma, a história da eletrificação e do uso da eletricidade em múltiplos setores da sociedade também é indissociável da história industrial desse metal. Essa conexão foi estabelecida por um novo processo técnico para obtenção do alumínio por meio da eletrólise de uma mistura de bauxita e criolita[4] fundida, patenteado em 1886, de forma independente, por dois engenheiros, o francês Paul Héroult (1863-1914) e o norte-americano Charles Hall (1863-1914) (cf. LAPARRA, 2012).

Em linhas gerais, o processo consiste na redução da alumina calcinada em alumínio, o que ocorre em células ou cubas eletrolíticas por onde passa uma corrente elétrica contínua. O metal se deposita no cátodo (polo negativo) e o oxigênio no ânodo (polo positivo), que é feito de grafite e se combina com o oxigênio produzindo o gás carbônico (CO_2). O procedimento, inventado em 1887 pelo químico austríaco Karl Joseph Bayer (1847-1904),

---

[4] A criolita é um mineral que foi descoberto em 1800 pelo mineralogista brasileiro José Bonifácio de Andrada e Silva (1763-1838) e conhecido, na nomenclatura química moderna, como hexafluoraluminato de sódio, de fórmula Na3AlF6 (cf. MAAR, 2011, p. 532). Por tratar-se de um mineral relativamente escasso no ambiente natural, é produzido em larga escala de forma artificial,

contribuiu muito para o aumento da quantidade de alumínio produzido, pois possibilitava extrair a alumina da bauxita por meio de sua dissolução a quente em soda cáustica (NaOH) e sob alta pressão (cf. KAI *et al.*, 1982). Mas, ao contrário de Hall e Héroult, Bayer não manteve o controle comercial do uso de seu procedimento e obteve um reconhecimento tardio por sua invenção (cf. BAYER, 2012).

Esses protocolos de produção da alumina e do alumínio "eletrolítico" continuam sendo utilizados até os dias atuais. Além disso, Héroult e Hall também estão na origem de importantes indústrias do alumínio: Héroult contribuiu na implantação de seu método na Schweizerische Metallurgische Gesellschaft, criada em 1887 na Suíça e predecessora da Alusuisse, e no mesmo ano na França, com a criação da Société Electrométallurgique de Froges (SEMF). Hall, por sua vez, foi um dos fundadores da Pittsburgh Reduction Company, criada em 1888 e que, a partir de 1907, foi renomeada como Aluminum Company of America (Alcoa). Entretanto, o aumento na produção provocou uma brutal queda no preço, fazendo com que o alumínio deixasse de ser considerado um metal nobre (cf. PETERSON; MILLER, 1986).

A enorme diferença de preço e de simbolismo entre o alumínio "químico" e o "eletrolítico" tem colocado uma questão importante para curadores de museus, colecionadores e historiadores da arte. Como diferenciar um objeto concebido para ser valioso, presente em medalhas, joias e peças de decoração, de outro feito do mesmo material, mas fabricado quando seu valor comercial era muito mais modesto e sem conotação simbólica de poder? Nesse caso, o alumínio tem uma dupla identidade, e adquire significados sociais, políticos, econômicos e estéticos completamente diferentes se considerado como "químico" ou como "eletrolítico". Uma das técnicas adotadas para resolver o problema consiste na medição do teor de impurezas causadas pela presença de metais como ferro, manganês ou chumbo, bem superiores quando o procedimento químico era ainda utilizado. Isso permite aos interessados decidir com maior segurança qual é a identidade do alumínio presente no objeto analisado (cf. BOURGARIT; PLATEAU, 2005).

Além da diferenciação das faces do alumínio, o processo Hall-Héroult necessita de uma grande quantidade de eletricidade. A produção de eletricidade abundante foi possível graças a convergências de várias tecnologias, como o aperfeiçoamento do dínamo (gerador elétrico de corrente contínua) por Zénobe Gramme (1826-1901) e o uso de barragens como fonte de energia mecânica a ser convertida em energia elétrica por Aristide Bergès (1833-1904). Por exemplo, as primeiras células comerciais de alumínio instaladas em Neuhausen requeriam mais de 40 kWh por quilo de alumínio produzido e tinham uma eficiência entre 75% e 78%. Nos anos 1930, no entanto, a evolução tecnológica permitiu diminuir esse uso para 30 kWh, diminuindo ainda mais, nos anos 1990, para 16 kWh por quilo de alumínio produzido e com uma eficácia acima de 90%. Todavia, a participação da eletricidade no custo de produção é alta e se manteve relativamente constante ao longo do tempo, girando em torno de 30% do custo total (cf. HAUPIN, 1986, p. 106; NAPPI, 1994, p. 13).

Na Suíça, a instalação da primeira indústria de alumínio eletrolítico não foi um acaso. Era um país que dispunha de condições geográficas favoráveis e também de capital financeiro para investir em setores inovadores, como a iluminação, necessária para o turismo comercial que começava a se instalar nos Alpes, e a fabricação de equipamentos industriais. As hidroelétricas instaladas em barragens alpinas tinham por função disponibilizar eletricidade de modo a permitir o uso das lâmpadas incandescentes inventadas por Thomas Edison (1847-1931) em 1879, o que fez da Suíça um país pioneiro na substituição do gás e do óleo pela eletricidade na iluminação pública e privada. A produção de alumínio, por isso, era uma fonte de consumo importante para assegurar a viabilidade econômica da construção dessas hidroelétricas. Posteriormente, a combinação de eletricidade com produção eletroquímica de metais será identificada como uma *Segunda Revolução Industrial*, pois fornecia uma alternativa às fontes de energia tradicionais, como a madeira, o carvão ou a força dos ventos e da água (cf. HUMAIR, 2005). Portanto, o alumínio também tem um modo de existência "elétrico", que se concretiza na disponibilidade de eletricidade por meio de usinas hidroelétricas, térmicas ou nucleares, o que o leva a se manifestar social e ambientalmente de maneiras variadas (cf. BRAULT-VATTIER, 2015).

4.1.3 Novo material: substituição, progresso e propaganda

A redução do custo de produção, porém, não era suficiente para popularizar o uso do novo metal, pois também era necessário criar uma demanda comercial. Foi somente com a instabilidade na produção de cobre nos anos 1890 que surgiu a oportunidade de o alumínio se transformar em um material de substituição. Seus atributos eram consideráveis, pois tinha baixa densidade volumétrica (2,7 g/cm^3),[5] alta condutividade elétrica (próxima do cobre), alta condutividade térmica (semelhante à prata, ao ouro e ao cobre), boa resistência à corrosão atmosférica (formava uma fina película de alumina que era insolúvel em água), alto poder de refletir luz e calor, um ponto de fusão relativamente baixo (660°C), que facilitava a obtenção de ligas com outros metais (cobre, manganês, ferro, zinco etc.), além de uma grande plasticidade mecânica, que permitia transformá-lo em lâminas, fios, chapas ou blocos. Assim, a queda nos custos de produção precisou ser aliada a uma promoção dessas características físico-químicas para convencer paulatinamente os industriais de diversos setores produtivos a substituir materiais tradicionais pelo novo material (cf. HACHEZ-LEROY, 1999; 2007).[6]

---

5 Bem abaixo da do cobre (8,9 g/cm^3), da prata (10,5 g/cm^3), do ouro (19,3 g/cm^3) ou do aço (7,8 g/cm^3, em média).

6 De 30 francos/kg no início da produção eletrolítica o preço caiu para 5 francos/kg em 1894 e 2,5 francos/kg no final do século. A produção total passou de 11 toneladas, em 1889, para 1000 toneladas em 1898, e era superior a 4000 toneladas em 1899 (BERTI-LORENZI, 2014, p. 7).

A substituição de materiais antigos como ferro, cobre e madeira constitui, então, um outro modo de existência do alumínio, sendo o principal responsável por sua capilarização social, pois, seja em estado puro ou na forma de ligas metálicas, ele passou a ser utilizado na fabricação desde utensílios domésticos até equipamentos para a incipiente indústria automotiva e aeronáutica. O alumínio se tornou um símbolo de modernidade, leveza e velocidade, qualidades que até hoje são apontadas como sua marca registrada, e como o metal modelo do século que se iniciava, ele também foi um material revolucionário para a arquitetura e para as artes decorativas. A partir da década de 1920, os principais produtores, como a Alcoa e a Aluminium Français (esta criada em 1911 e parte da associação na qual a Pechiney era a empresa mais importante), dedicaram-se a oferecer artefatos de mobiliário e de decoração, o que também fazia parte de um *marketing* para a promoção do metal. Exemplo disso foi a mobilização de arquitetos, artistas, decoradores e artesãos para a Exposição Internacional das Artes e das Técnicas na Vida Moderna, realizada em Paris em 1937 (cf. LEYMONERIE, 2011).

Com a conquista social de férias remuneradas, sobretudo na França a partir de 1936, teve início o turismo de massa e de práticas esportivas amadoras. Dois objetos representativos desse movimento, a bicicleta e o esqui, também passaram a ser de interesse tanto metalúrgico quanto de propaganda para as indústrias do alumínio (cf. TÉTART, 2007; COCHOY, 2017). O objetivo era ampliar os mercados, prometendo novas propriedades mecânicas a esses objetos que se popularizavam rapidamente. O alumínio metálico, que deve sua existência à eletricidade, também foi associado a ela na concepção de uma inovação tecnológica, a dos carros elétricos, tal como o modelo projetado durante a Segunda Guerra Mundial pelo engenheiro francês Jean-Albert Grégoire (1899-1992) (cf. PEHLIVANIAN, 2009; PÉREZ, 2012).

4.1.4 O primeiro cartel

A disponibilidade do alumínio como material de substituição e de inovação dependia, além de um procedimento industrial e de uma campanha de *marketing*, de uma organização das indústrias que se dedicavam à sua produção e de suas relações políticas, econômicas e sociais tanto com governos nacionais quanto com os mercados internacionais. A complexa estrutura financeira de todo o ciclo produtivo caracterizou um modo de existência econômico do alumínio, que tinha um comportamento singular na história do mercado dos metais. Desde o início, a produção de alumínio se organizava de forma verticalizada, demandando do produtor o controle de jazidas de bauxita e a disponibilidade de uma grande quantidade de eletricidade para transformá-la em alumina e na forma primária do metal. Isso também implicava na criação de novas rotas de transporte, como a construção de estradas, ferrovias e portos em regiões até então inexploradas pela economia capitalista. Dada a distribuição desigual desses fatores, a indústria do alumínio já nascia com o propósito de formar multinacionais, concentrando capitais e remodelando ou mesmo destruindo paisagens naturais e contextos sociais (cf. SHELLER, 2014).

Trata-se do primeiro setor industrial a formar um *cartel*, estabelecido não apenas para controlar os preços, pois o valor de produção não era o único fator a ser levado em consideração na disponibilização do novo metal, mas também para permitir que o preço do alumínio não fosse estipulado pelos *traders* do mercado dos metais, mas determinado pelas indústrias em função da demanda de outras cadeias produtivas. Esse instrumento econômico-produtivo fez com que o preço do alumínio se mantivesse estável por quase um século e o crescimento da produção acima de 10% ao ano. O *cartel* era controlado pelas grandes companhias da época, como Alcoa, Alcan, Pechiney, Bayer, Reynolds e Alusuisse, sendo as menores, como a Companhia Brasileira de Alumínio (CBA), fundada em 1955 pela Companhia

Votorantim, submetidas a essas regras sob pena de serem absorvidas por uma das gigantes (cf. HOLLOWAY, 1988; BERTILORENZI, 2015).

Porém, em 1978 ocorreu uma profunda transformação no mercado do alumínio. A partir de então, o metal passou a ser cotado na *London Metal Exchange*, o mercado mais importante para metais não ferrosos do mundo, que equivaliam a cerca de 95% das transações. Tratava-se da financeirização do comércio e da produção do metal, pois a LME transformava produtos físicos em ativos financeiros de longo prazo (mercado a termo e futuro). Essa ruptura no mercado do alumínio teve diversas causas, como a crise do petróleo dos anos 1970, acompanhada da entrada de novos atores no mercado, como a China, a Austrália e o Brasil, mas também devido a uma tendência de financeirização do sistema capitalista que irá se acentuar nas décadas seguintes. Historicamente vertical, a indústria do alumínio passou por profundas mudanças a partir dos anos 1980, com sucessivos rearranjos corporativos e mudanças de acionistas majoritários, o que fez com que a maioria das antigas marcas, que eram quase sinônimas de produção de alumínio, desaparecessem (cf. MOUAK, 2010). Portanto, a partir desse momento, o modo de existência econômico-financeiro do alumínio se divide em dois períodos, um caracterizado pela estabilidade dos preços e outro que insere a indústria do alumínio nas transformações da economia capitalista, cujas palavras de ordem a partir dos anos 1980 passaram a ser liberalismo e privatização de companhias estatais. No Brasil, por exemplo, lembremos do caso da privatização em 1997 de uma das maiores mineradoras do mundo: a Companhia Vale do Rio Doce, estatal criada em 1942.

O alumínio continua a ser promovido como o metal símbolo do progresso e da Modernidade. A substituição e a inovação tecnológica do material permitiram a engenheiros, arquitetos e artistas darem forma a seus conceitos e criações artísticas. Já nos *sites* das corporações e associações industriais, o metal é ainda louvado por suas qualidades ecológicas por ser totalmente reciclável, consumindo na produção desse alumínio secundário apenas 5% da energia gasta na produção da forma primária, e potencial redutor do efeito estufa: "Mais alumínio. Menos carbono", é o tema do manifesto publicado no *site* da European Aluminium (cf. EUROPEAN ALUMINIUM, 2020). O *curriculum vitae* oficial do alumínio é, de fato, bastante prestigioso, porém nem todos os seus modos de existência são destacados em suas biografias autorizadas.

4.1.5 O alumínio e suas presenças no mundo humano e natural

De 1888 até 2015 foram trazidas à vida social e ambiental cerca de 1.200 milhões de toneladas de alumínio. Trata-se de uma verdadeira ocupação do mundo por esse metal, cuja produção mobiliza muitos outros materiais: para se produzir, por exemplo, uma tonelada de alumínio, são necessárias, em média, 4 t de bauxita, 100 kg de hidróxido de sódio, 80 kg de cal, 2 t de alumina, 440 kg de grafite (ânodo), 16 kg de criolita e 15.000 kWh de energia elétrica, além de o processo liberar mais de uma tonelada de gás carbônico na atmosfera.[7] As cifras envolvidas na produção desse "metal do progresso" nos ajudam, portanto, a ter uma noção dos materiais e da energia envolvidos e que foram extraídos dos ambientes naturais durante mais de 150 anos. Todavia, eles dizem pouco acerca do custo ambiental, social e humano envolvidos ao longo da cadeia produtiva do alumínio, tampouco revelam as possíveis consequências que os seres vivos podem ter ao entrar em contato com um metal que a evolução do planeta armazenou em suas entranhas. Ao dar vida ao "metal da Modernidade", os criadores procuraram frequentemente camuflar outros modos de existência de sua "criatura", já que podem manchar sua biografia triunfalista.

---

7 Atualmente, a produção anual do metal primário é da ordem de 60 milhões de toneladas por ano, sendo a China responsável por mais de 50% desse montante, o que alterou profundamente a geografia dos fluxos de capital, de matérias-primas e de pessoas (cf. INTERNATIONAL ALUMINIUM INSTITUTE, 2021).

Alguns dos modos de existência pouco honoráveis da admirável "criatura" são os impactos ecológicos e humanos nas regiões mobilizadas para sua produção. O deslocamento de grande quantidade de materiais e a enorme quantidade de eletricidade necessária deixam traços profundos tanto nos biomas quanto nas comunidades humanas que neles habitam. Como a verticalização produtiva demandava o controle de todos os estágios de produção, a diminuição das reservas de bauxita da Europa e dos Estados Unidos fez com que as multinacionais se instalassem em regiões ricas desse minério e, de preferência, com eletricidade nas proximidades. Foi esse modelo, por exemplo, que levou algumas delas a desenvolver projetos de exploração das reservas de bauxita localizadas na Amazônia brasileira, principalmente nas jazidas do Estado do Pará (Trombetas, Paragominas e Juriti). Em 1979, o Estado brasileiro decretou que durante vinte anos o preço da eletricidade estaria atrelado ao preço internacional do alumínio e não poderia ser superior a 20% do seu custo de produção. Para tornar ainda mais atrativa a exploração dessa riqueza pelas multinacionais, foi inaugurada em 1984 a usina hidroelétrica de Tucuruí, localizada no rio Tocantins, a maior construída no território nacional, que destina desde então cerca de 65% de sua produção à cadeia bauxita-alumina-alumínio (cf. FEARNSIDE, 2015).

Essas condições favoráveis atraíram as multinacionais, mas as populações locais pouco se beneficiaram. Na verdade, elas foram profundamente afetadas com a chegada desses criadores do "metal do futuro": as regiões alagadas provocaram o deslocamento das populações ribeirinhas e inundação de parte das terras de povos indígenas (Parakanã, Pucuruí e Montanha), a mudança das rotas de navegação, principal meio de transporte da região, a erosão e o acúmulo de sedimentos, a produção de grande quantidade de gás metano (CH_4), gerado pela decomposição da vegetação submersa e também responsável pelo efeito estufa, e a proliferação de doenças como a malária. Além disso, como a quantidade de produtos da cadeia é superior às necessidades do Brasil, grande parte desse material é destinado à exportação, fato destacado pelas autoridades e industriais por ajudar na balança comercial do país, embora o modelo mantenha semelhanças com o colonialismo de outras épocas.

As lições dos impactos ambientais e humanos da implantação da usina de Tucuruí e da produção de alumínio amazônico parecem ainda não ter sido aprendidas por aqueles que tomam decisões no Estado brasileiro, e isso tanto na exploração do potencial hídrico da Amazônia quanto na construção de outra hidroelétrica gigantesca também voltada para dar vida a mais alumínio: a usina de Belo Monte, também localizada no Pará (cf. VAL *et al.*, 2010; PINTO, 2012). Assim, no coração da Amazônia, um dos biomas mais importantes e frágeis do planeta, o alumínio revela um de seus modos nefastos de existência, que provoca destruição ambiental e está longe de garantir a prosperidade e o progresso prometidos. Pelo contrário: o IDH (Índice de Desenvolvimento Humano) dos municípios da região está abaixo da média nacional (cf. IDH, 2010).

Outro modo de existência do alumínio a suscitar controvérsias é o seu comportamento quando em contato com organismos vivos, particularmente seu caráter tóxico para a saúde humana. Antes, sua produção em massa e sua presença nos alimentos, na água e no ar se limitavam a doses mínimas, que dependiam da região e da acidez do solo. Deville, um de seus criadores, foi o primeiro a estabelecer sua inocuidade, confirmada por Justus von Liebig, o grande especialista da época em química dos alimentos. Entretanto, logo uma controvérsia eclodiu nos Estados Unidos entre fabricantes de leveduras químicas (fermentos), opondo, de um lado, aqueles que utilizavam o bicarbonato de sódio e potássio [$NaHCO_3/KHCO_3$] e, de outro, os que empregavam o sulfato de alumínio e seus derivados [$Al_2(SO_4)_3$]. A comunidade científica, porém, foi mobilizada e não chegou a resultados conclusivos, embora a levedura à base de alumínio tenha sido considerada tóxica por Harvey Willey (1844-1930), um dos químicos membros-fundadores da Food and Drug Administration (1910). Após a Segunda Guerra houve uma explosão no consumo de aditivos alimentares à base de compostos de alumínio (sulfatos, fosfatos, silicatos), usados também na fabricação de cosméticos e antitranspirantes (óxido, cloridratos), no tratamento de água (sulfato e hidróxido) e em muitas outras aplicações. Esse consumo massivo recolocou o alumínio no território das controvérsias, embora o poderoso *lobby* de sua indústria, a ambiguidade das legislações e a escassez de pesquisas financiadas com recursos públicos ainda mantenham no mercado produtos que são, no mínimo, de inocuidade questionável (cf. HACHEZ-LEROY, 2017).

Em suma, o alumínio não tem nenhuma função benéfica ao organismo. Quando o ingerimos, eliminamos 95% dele nas fezes sem que passe pela parede intestinal, e 83% do que ultrapassa essa barreira (sobretudo na sua forma iônica Al^{+3}) é eliminado pela urina. O alumínio não eliminado acumula-se no organismo, majoritariamente nos ossos, no fígado, nos pulmões e, em pessoas com função renal comprometida, no sistema neurológico. Ademais, a partir dos anos 1980, estudos têm apontado uma conexão entre a concentração de alumínio nas células do sistema nervoso e a doença de Alzheimer (cf. EXLEY, 2001). Outra controvérsia relativa à saúde pública é o uso do alumínio (hidróxido e fosfatos) como adjuvantes nas vacinas (difteria, tétano, hepatites A e B), substâncias que têm por função ajudar o antígeno a desencadear uma resposta imune rápida. Segundo os seus críticos, os compostos de alumínio presentes nesses adjuvantes não são eliminados pelo sistema imunitário, o que pode causar sérios distúrbios neurológicos. A controvérsia também se dá pelo fato de o uso desses adjuvantes não ser uma escolha pautada unicamente por questões fisiológicas e técnicas, mas por escolhas econômicas por parte dos laboratórios produtores (cf. GHÉRARDI, 2016; LAUTRE, 2021).

4.1.6 Pluralismo existencial

Enfim centenário, o alumínio também passou a ter uma existência historiográfica, na qual, nas últimas três décadas, trabalhos universitários permitiram desenhar os contornos de sua história. Essa existência historiográfica se deve a dois movimentos: a disponibilização dos arquivos dos principais protagonistas da indústria do alumínio no século XX (Alcoa, Alcan e Pechiney, por exemplo) e o interesse pela história dos materiais. Esse tema de investigação é uma novidade historiográfica, pois até os anos 1980 os historiadores e filósofos da técnica não tinham dado grande importância à existência concreta das coisas denotadas pelos conceitos da ciência e da tecnologia. Isso, no entanto, começou a mudar com os chamados *Sciences studies*, que desenvolveram um novo modelo teórico de interpretação da inovação tecnológica, mais particularmente a partir dos trabalhos de Robert Friedel sobre a celuloide (1983) e de Wiebe Bijker sobre a história social da bicicleta, da baquelite e das lâmpadas (1995). Todavia, a existência histórica do alumínio permite englobar ainda mais elementos, pois narra a trajetória de um material desde sua origem física até a patrimonialização de objetos com ele fabricados, passando por suas implicações sociais, econômicas, políticas, sanitárias e ambientais (cf. HACHEZ-LEROY; MIOCHE, 2012).

Então, o que é o alumínio? É certamente o elemento da família XIII da Tabela Periódica, com treze prótons e quatorze nêutrons em seu núcleo atômico, e com três elétrons de valência, o que lhe confere interessantes propriedades anfóteras.[8] Entretanto, além dessa existência química, o alumínio tem vários outros modos de existência: geológico/mineral, metal nobre e de símbolo de poder, de modernidade e de inovação tecnológica, metal de substituição, material estético e cotidiano, produto industrial e econômico, geográfico e geopolítico, multinacional e imperialista, deletério para o ambiente natural, para as comunidades humanas envolvidas na sua cadeia de produção, nocivo à saúde, embora usado em alimentos e vacinas, dentre muitas outras formas. Em outras palavras, o alumínio consiste em uma

---

[8] Moléculas, íons ou compostos que reagem tanto com bases quanto com ácidos. Metais como o zinco, o crômio, o manganês e o alumínio podem gerar óxidos anfóteros.

variedade de modos de existência que têm suas próprias temporalidades, que se entrecruzam e se manifestam de maneiras diferentes.

Falar do alumínio como um elemento químico da família do boro, como metal nobre e de substituição ou como metal deletério ao ambiente natural são modos distintos de dar-lhe um significado existencial. A relação ética e ecologicamente responsável das sociedades com esse material depende de escolhas políticas, econômicas, sociais e, sobretudo, da criação de consensos comunitários que ultrapassem os interesses circunscritos aos Estados e às indústrias produtoras. Enfim, assim como a "Coisa" criada pelo doutor Frankenstein não era essencialmente um assassino quando foi trazido à vida, caracterizando-se de tal maneira somente ao longo de sua existência pela falta de amor de seu criador, o alumínio não é originalmente nem bom nem ruim: é sua produção em larga escala que pode claramente tomar modos de existência bastante destrutivos, se o material não for tratado adequadamente por seus produtores, criadores e consumidores, afinal, não é possível produzir esse metal leve, resistente e que não enferruja sem o garimpo de bauxita. É a partir desse momento, porém, que surgem inúmeros problemas incontroláveis de contaminação ambiental e impactos na saúde humana e não humana. Assim, pensamos que produzir narrativas acerca desses diversos modos de existência seja uma contribuição pertinente de historiadores e filósofos ao debate público sobre os produtos industriais originados pelas ciências.

4.2 Plásticos: química, poder e meio ambiente

Os polímeros sintéticos derivados do petróleo são certamente alguns dos materiais que mais contribuem para a "presença" humana na biosfera (cf. RASMUSSEN, 2018). Criados nos laboratórios dos químicos e produzidos pela indústria química, eles estão presentes na grande maioria dos objetos utilizados em nosso cotidiano. Leves, baratos e resistentes, esses materiais sintéticos substituíram progressivamente materiais tradicionais como o algodão, a seda, a madeira, o ferro, o aço e o concreto e tornaram-se os materiais que simbolizam as últimas décadas. Além disso, são, ao mesmo tempo, fundamentais para o modo de vida contemporâneo, uma genial criação dos químicos e prova da inventividade de engenheiros, *designers* industriais, metalurgistas-arquitetos e fotógrafos, além de uma real ameaça ao ambiente natural. Uma banal embalagem produzida com material plástico constitui, na verdade, um condensado de temporalidades variadas, que vai de sua quase instantaneidade de produção até os longos períodos geológicos, biológicos e históricos que estão ligados à sua principal matéria-prima, o petróleo, e à longa duração de sua existência.

A maioria dos manuais e livros técnicos que descreve a história dos plásticos inicia seu percurso pela descoberta da baquelite pelo químico Leo Henricus Arthur Baekeland (1863-1944) em 1907. Se fizéssemos um percurso semelhante, perderíamos a questão que mais nos interessa, isto é, a biografia e os modos de existência dos plásticos, afinal, a baquelite, o PVC (policloreto de vinila), o PET (tereftalato de polietileno) e o PP (polipropileno) vieram à existência por razões bastante precisas. Os plásticos sintéticos não possuíam desde sempre as propriedades impressionantes e admiráveis pelas quais são caracterizados. Assim, um relato histórico fundado no sucesso retrospectivo da baquelite e dos plásticos sintéticos em geral deixa de contar muitas coisas, inclusive, mais especificamente, sobre como esses materiais se tornaram materiais de moldagem práticos. Aliás, inicialmente, os plásticos, exatamente pela sua flexibilidade e mobilidade, não eram vistos com bons olhos pela nossa sociedade, já que durante muito tempo, sabemos, o *leitmotiv* aristotélico da superioridade dos produtos – únicos e singulares – da natureza frente aos artefatos humanos prevaleceu na história. Somente depois da Segunda Grande Guerra, talvez conduzidos pelo *american way of life*, adjetivos como adaptável, moldável e ajustável passaram a ser usados de maneira positiva pelas pessoas, também maleáveis e, portanto, mais fáceis de lidar (cf. MEIKLE, 1995). É irônico pensar que esse material que é, do ponto de vista prático, louvável pela sua versatilidade, leveza, baixo custo e impermanência tenha se tornado o material ícone do acúmulo humano, com reflexos incontornáveis tanto no âmbito da degradação ambiental quanto na saúde pública.

4.2.1 Uma breve genealogia: os plásticos naturais

Antes da existência dos plásticos sintéticos, encontramos os plásticos naturais, e somente pelo estudo de suas características, propriedades, interações com o meio ambiente, limites e insatisfações humanas, bem como seus usos por determinadas classes sociais, é que poderemos compreender melhor a necessidade do surgimento dos plásticos sintéticos. Iniciemos, então, o nosso percurso por uma breve genealogia dos plásticos naturais e sua importância para a sociedade em geral.

A história dos plásticos se confunde, em certa medida, com a história humana. Se os egípcios, por exemplo, já utilizavam resinas para envernizar os seus sarcófagos, gregos produziam joias a partir do âmbar, uma resina fóssil de cor amarelada.[9] Botões, colheres, pentes e lamparinas eram materiais que desde tempos muito antigos eram produzidos a partir de materiais córneos, ou seja, feitos de carapaças de tartarugas, chifres e cascos. Os polímeros naturais, como vieram a ser conhecidos, eram extraídos desses materiais e possuíam propriedades únicas: eram fortes, flexíveis, brilhantes e sem cheiro. Assim, colheres feitas de chifres eram resistentes, leves e, principalmente, não oxidáveis; pentes de chifres eram maleáveis, lisos e brilhantes; lamparinas eram translúcidas, visto ser essa propriedade característica desses materiais. O processo usual era o aquecimento dessas substâncias para que ficassem com a forma e a espessura desejadas. Já em meados do século XVIII, por exemplo, na Inglaterra, vários materiais córneos foram usados

---

9 Resinas são substâncias químicas produzidas nas árvores, relacionadas aos terpenos, compostos produzidos pelo metabolismo secundário das plantas que têm a função de defesa. Possuem cadeias de átomos de carbono e hidrogênio.

nas indústrias de pentes e botões, porém começaram a se mostrar insatisfatórios e limitantes – não eram planos, uniformes ou estáveis – para a exigente perspectiva humana.[10] Produtores começaram a procurar, a partir do considerável desperdício na produção desses materias, substitutos mais viáveis. A fabricação dos botões, por exemplo, exigia um material mais frágil para se fazer gravações e motivos em relevo, pois o material utilizado era espesso e bastante rígido. Além disso, o trabalho para a retirada da massa de tecido e a limpeza da membrana viscosa do interior do chifre era sujo e acompanhado por cheiros fortes (cf. LOKENSGARD, 2014, p. 2-3).

Com isso, a goma-laca, embora conhecida desde a Antiguidade, surge com força na Europa dos séculos XVIII e XIX. Ela era extraída da secreção resinosa produzida em determinadas árvores na Índia e na Tailândia por um pequeno inseto chamado *Laccifer lacca*. Ou seja, é um subproduto dos insetos, uma vez que a seiva é transformada em uma resina de poliéster natural que é posteriormente secretada pelo animal através de seu corpo. São necessários 300 mil insetos para produzir 1 kg de goma-laca. Esta foi utilizada por muito tempo por suas características únicas, em especial pela formação de películas. Apesar de duro, era um material frágil e resinoso, insolúvel em água, mas solúvel em álcool, o que fazia com que tivesse boa durabilidade. Por apresentar essas características, a goma-laca foi utilizada por muito tempo como revestimento para madeiras, impermeabilizante para materiais porosos, bloqueadora de odores e material de proteção de pinturas; mas sua explosão industrial se deu, sobretudo, graças à sua propriedade termoplástica, isto é, sua capacidade de moldagem, resistência ao calor e à ação de solventes (cf. COUTO, 2015, p. 4). Porém, por ser um material natural e, portanto, dependente do meio no qual está inserido, a quantidade e a

---

10 Embora produtores de pentes em Massachusetts, por exemplo, tenham desenvolvido máquinas para mecanizar a sua produção, seu resultado não era satisfatório, pois faltava uniformidade nos resultados.

qualidade da goma-laca eram afetadas por vários fatores, tais como insetos predadores, chuvas insuficientes e variações de temperaturas. A limpeza de tal resina também não era fácil, pois se encontrava misturada com insetos, areia, folhas e fibras de madeira. Além disso, um problema químico importante ocorria por causa de sua fácil absorção de umidade: quando um determinado objeto moldado ou revestido por goma-laca ficava úmido, ele absorvia água, e o mesmo podia acontecer com a umidade da atmosfera. Com isso, a laca se tornava esbranquiçada e perdia a sua tonalidade inicial, além de provocar fissuras nos objetos. Por fim, tornava-se escura pelo seu envelhecimento.

Outro material a ser mencionado é a guta percha, também um polímero natural, produzida em árvores do tipo *Palaquium gutta*, encontradas na península da Malaia. Em temperatura ambiente é sólida, mas quando aquecida pode ser esticada em longas tiras. Além disso, é altamente inerte e resistente à vulcanização, e por ser resistente ao ataque químico é um ótimo isolante para fios e cabos elétricos. Entretanto, a guta percha possuía um aspecto frágil importante para a investigação da época: quando contaminada, criava pontos no isolamento que eram de baixa resistência à eletricidade, o que levava constantemente a curtos-circuitos.

Essa breve genealogia suscita alguns elementos importantes. As aplicações iniciais dos plásticos, como salienta Wiebe Bijker no seu belo livro *Of Bicycles, Bakelites and Bulbs* (cf. BIJKER, 1995, p. 104-106), eram muito caras e produzidas para uma pequena elite, interessada em pentes e botões sofisticados. Nesse sentido, é importante observar que até meados do século XIX a utilização desses plásticos se restringia a produtos de luxo, que iam desde perfumes com verniz de goma-laca até joias feitas de marfim. No entanto, a vulcanização da borracha abriu caminho para novas aplicações e, como veremos, ampliou o uso dos plásticos para outros grupos sociais importantes, aumentando, então, a sua capilarização social, econômica e mesmo política. A partir desse ponto, entramos no âmbito dos primeiros materiais naturais modificados.

A borracha natural, retirada de muitas árvores tropicais, é um látex, um polímero natural. A seringueira (*Hevea brasiliense*) é um excelente exemplo desse tipo de árvore, cultivada na Índia, que produz em grande quantidade o látex. Este é notável por sua sensibilidade à temperatura, pois acima de 60 °C se torna muito macio e mole, e abaixo de 10 °C torna-se, ao contrário, duro e quebradiço. Assim, durante anos foram feitas pesquisas para tentar solucionar esses problemas. Por exemplo, como a goma de borracha, inicialmente, foi utilizada para confeccionar tecidos impermeáveis, eles se tornavam pegajosos em dias quentes e rachavam nos dias frios. O processo de vulcanização, descoberto entre os anos 1830 e 1840, resolveu em parte essa questão: a borracha, quando aquecida com enxofre em pó, tornava-se mais resistente, menos sensível à temperatura e mais flexível. O interessante é que, ao se variar a quantidade de enxofre, a flexibilidade e a dureza da borracha podem ser controladas. Novas aplicações surgiram, sem dúvida, pela versatilidade desse "novo" material, entre elas o isolamento elétrico. Em 1851, Charles Nelson Goodyear (1800-1860) recebeu uma patente pela descoberta da borracha dura (vulcanita ou ebonita), que continha cerca de 30% de enxofre. Com isso, a borracha passou a adquirir um novo modo de existência, pois essa nova composição deu origem a novas aplicações e usos dessa borracha, como o revestimento interno de aparelhos químicos, armazenamento de baterias de automóveis e fabricação de instrumentos cirúrgicos. A famosa exposição no Crystal Palace em 1851, organizada por Goodyear na cidade de Londres, apresentou uma sala repleta desses novos produtos, todos produzidos com a borracha: aparelhos de telégrafo, placas dentárias, equipamentos esportivos, cadeiras e escrivaninhas (cf. BIJKER, 1995, p. 105). Esses novos produtos trouxeram consigo uma ampliação de novos grupos sociais que poderiam utilizá-los, e, com isso, novos modos de existência. Pensemos, por exemplo, na fabricação de discos fonográficos por meio da ebonita. Isso significa que:

> [...] novos grupos demonstraram grande interesse na utilização desses materiais originais, que não tinham as limitações dos materiais tradicionais, tais como ferro, vidro, madeira e cerâmica. Seus interesses apontaram para a necessidade de materiais que não tivessem a frieza, o peso e a atividade química dos metais; nem a fragilidade e os custos da cerâmica e do vidro; nem a transitoriedade dos materiais naturais; mas que deveriam ter apelo artístico e oferecer a possibilidade de colorir (BIJKER, 1995, p. 106).

É nesse ponto que localizamos um de seus problemas para a exigente indústria nascente: a borracha não tinha uma boa aparência frente ao marfim ou ao casco de tartaruga, por exemplo. De fato, como ela era misturada com enxofre, ficava, geralmente, preta, e por isso não suplantou, em termos econômicos, os materiais naturais. Ao contrário do alumínio, cuja beleza por vezes suplantava a de materiais naturais, o que contribuiu para o sucesso do novo metal, o modo de existência estético da borracha não apenas inibiu o seu uso como também limitou sua capilarização social. Porém, enfatizemos que os caminhos para a interferência sintética desses materiais estavam abertos, mesmo porque os materiais naturais como a goma-laca e a borracha estavam em localidades distantes e de difícil acesso, o que intensificou a produção e a pesquisa de novos materiais.

A interferência humana negativa já se fazia notória nesse período. Milhares de animais foram dizimados na costa oeste da África, pois a demanda por marfim – material das presas de elefantes –, por exemplo, continuava a crescer. Por outro lado, as indústrias estavam cada vez mais à procura de materiais com características próximas e, se possível, melhores que as dos plásticos naturais, como o marfim. Havia, enfim, uma demanda cada vez maior por esses materiais de moldagem. O colódio, substância composta por nitrato de celulose dissolvida em álcool e éter, aparece, depois de longas e complexas pesquisas, nessa época.[11] Na década de 1860 o inventor americano John Wesley Hyatt procurava especificamente um substituto para o marfim (que, além de todos os usos citados, era bastante utilizado nas bolas de bilhar, esporte que estava se popularizando), quando, depois de dezenas de testes, observou que a mistura em determinadas proporções de nitrato de celulose, álcool e cânfora, se aquecida e submetida a alta pressão, poderia ser moldada no formato desejado. Entre as suas utilizações, lembremos dos filmes fotográficos, cabos para faca, caixas de músicas, saboneteiras, janelas transparentes para automóveis, espartilhos, teclas de piano e escovas de dente. De fato, graças à sua maleabilidade ela se tornou um material apropriado para auxiliar na operacionalidade técnica da produção cinematográfica,[12] afinal, esse material podia ser esticado em longas tiras que correspondem àquelas antigas películas de filmes de cinema. Ele tornou possível, inclusive, a produção dos primeiros filmes mudos. Aqui, sem dúvida, os plásticos ganham uma maior capilarização social. No entanto, a celuloide, como ficou conhecida, tinha uma propriedade extremamente perigosa, qual seja, era altamente explosiva. Tanto que centenas de incêndios ocorreram

---

11 Em 1846 o químico suíço C. F. Schönbein anuncia sua pesquisa sobre a combinação de ácido nítrico e ácido sulfúrico aplicada ao algodão (fibras constituídas de celulose). Essa reação deu origem à nitrocelulose, que, se altamente nitrada, torna-se explosiva, e, se moderadamente nitrada, conhecida como piroxilina, torna-se um material que se dissolve em vários solventes orgânicos. Quando aplicada, enfim, a uma superfície e o solvente se evapora, ela se transforma em um tipo de filme fino e transparente, conhecida como colódio (cf. LOKENSGARD, 2014, p. 7).

12 Na edição de março de 1851, na revista *The Chemist*, observamos a proposta experimental de Frederick Scott Archer (1813-1857), um entusiasta londrino da fotografia. Ao criticar a qualidade das imagens que até então eram facilmente deterioradas pela textura dos papéis, ele propôs o uso do colódio ao unir os sais de prata nas placas de vidro. *Grosso modo*, ele afirma que, inicialmente, deveria-se espalhar o colódio com iodeto de potássio até que se formasse uma superfície lisa. Em seguida, em um ambiente escuro, a placa deveria ser submetida a um banho de nitrato de prata. Antes da volatilização do éter, deveria-se revelá-la com ácido pirogálico ou com sulfato ferroso. E, por fim, a fixagem deveria ser feita com tiossulfato de sódio ou com cianeto de potássio para o lado negativo ser bem lavado. Cf. Frederick Scott Archer's Processes, 2013.

nos teatros por causa desse material, e inúmeros filmes foram perdidos. A partir dos anos 1920, os polímeros sintéticos vão substituir cada vez mais as aplicações dos plásticos naturais.

4.2.2 A Era dos Plásticos: temporalidade e impactos ambientais

É interessante analisarmos os inúmeros fatores que promoveram o desenvolvimento dos plásticos, tais como os seus usos pelas classes sociais mais altas; a crescente demanda pela eletricidade que carregou consigo a necessidade de bons isolantes térmicos; e o desenvolvimento da indústria cinematográfica. Se não tivermos como pano de fundo esses agentes mobilizadores, não teremos como compreender a evolução – o tornar-se – desses poderosos materiais, que, moldáveis, se moldarão a nossas necessidades humanas, sejam estéticas, sociais e/ou econômicas. Lembremos também que quando o plástico sintético entrar em ação a ênfase não estará mais em artigos sofisticados como botões, cabos de faca, maçanetas etc. Entrará em cena um novo grupo social que terá como preocupação a produção em massa de um produto versátil, maleável e barato, além de relevante para aplicações para fins de engenharia em geral. Esse foi o caso da famosa baquelite, polímero que se popularizou na fabricação de discos musicais e telefones antigos.[13]

Do ponto de vista químico, o que é um plástico? Qual é o seu modo químico de existência? *Plastikos*, de origem grega, significa "flexível", "facilmente moldado". Ora, diferentemente de outros materiais como vidro,

---

[13] Resina sintética formada pela reação de polimerização entre o fenol e o formaldeído. Leo Hendrik Baekeland pesquisava há muito tempo resinas que pudessem ser utilizadas para conservação de produtos de madeira. Ele conseguiu, em 1907, controlar a reação, interrompendo-a em um momento em que o material resinoso ainda se encontrava no estado líquido. Esse seria, então, solidificado em sua forma final. Como o fenol e o formaldeído vinham de empresas químicas, e não da natureza, essa descoberta marca, de certa maneira, a diferença entre os plásticos sintéticos e os naturais modificados. Assim, pesquisadores conseguiram substituir os insetos *Kerria lacca* e as seringueiras.

alumínio ou madeira, que são referidos pelo nome do material de que são feitos, os polímeros sintéticos têm esse nome por causa de suas propriedades físicas. Assim, o adjetivo pode ser usado tanto como um predicado para os humanos quanto para as coisas em geral. A Era do Plástico, iniciada na década de 1920, refere-se, então, à característica maleável e adaptável dos anos de adolescência, quando alguém pode se transformar e se modificar por meio de novas experiências de vida (cf. GABRYS; HAWKINS; MICHAEL, 2013, p. 18). Mais recentemente, tornou-se um nome para uma categoria de materiais conhecida como polímeros (*poli*, muitas partes), que provêm de monômeros (*mono*, uma parte). Pensemos no estireno ($C_6H_5CHCH_2$), um hidrocarboneto (moléculas que só possuem carbono e hidrogênio em sua composição): esse monômero é exatamente um precursor do poliestireno (C_8H_8)$_n$, um importante material sintético, que possui propriedades características dos plásticos, tais como transparência e rigidez. A reação na qual milhares de estirenos produzem o poliestireno é chamada de polimerização. Os polímeros sintéticos são constituídos por longas cadeias de átomos de carbono e hidrogênio, dispostas em unidades repetidas, muitas vezes muito mais longas do que as encontradas na natureza. O comprimento dessas cadeias e os padrões em que estão dispostos tornam os polímeros fortes, leves e flexíveis.

Assim, além dos seus diversos e importantes usos pela sociedade, observemos que os aspectos propriamente técnicos relacionados ao processo de produção dos plásticos são responsáveis por terem atingido esse lugar singular na nossa sociedade e assim terem superado, em termos econômicos, os materiais antigos, pois se tornaram um material relativamente barato. Como nos lembra Bensaude-Vincent (2013, p. 20):

> Madeira e metais preexistem à ação de moldá-los: a madeira é entalhada ou esculpida; os metais são dúcteis e maleáveis – eles derretem em altas temperaturas, então o metal derretido pode ser fundido em um molde ou estampado

em uma prensa para formar componentes no tamanho e forma desejados. Em contraste, os plásticos são sintetizados e modelados simultaneamente. O processo de polimerização é iniciado reunindo as matérias-primas e aquecendo-as – não é separado da moldagem. Em termos mais filosóficos, matéria e forma são geradas em um único gesto.

Nesse sentido, por meio do modelo da tetravalência do carbono ele acaba formando ligações covalentes com outros átomos de carbono ou com átomos diferentes e produz facilmente macromoléculas, ou seja, a presença dos plásticos deve-se a um modo particular de existência do átomo de carbono.[14] Esses polímeros com cadeias longas são leves, rígidos, resistentes à corrosão, inertes e excelentes isolantes térmicos e elétricos, além de possuírem alta proporção entre resistência/peso. Porém, são termorrígidos, ou seja, não podem ser reaquecidos e moldados novamente. A partir desse "problema", uma nova categoria de polímeros veio a existir: ao formar ligações químicas mais fracas, os termoplásticos, como são conhecidos, podem ser reaquecidos, derretidos e remodelados, sendo também menos rígidos e mais flexíveis. Assim, pode-se afirmar que os plásticos ficam "no meio termo" entre as borrachas, ou elastômeros (que possuem grande elasticidade à temperatura ambiente), e as fibras (que não se deformam, como o poliéster), por terem a capacidade, como vimos, de serem moldados pelo calor e pela pressão.

Ilustremos essa distinção dos plásticos por meio de um exemplo bastante simples encontrado em nosso dia a dia nos sacos de lixo, brinquedos, canetas etc.: o polietileno, obtido por meio da polimerização do etileno (encontrado,

---

14 O advento da química do carbono veio acompanhada pela emergência do conceito de atomicidade, ou a capacidade de ligação dos átomos, proposto por August Kekulé (1829-1896), que também estabeleceu que o átomo de carbono era tetravalente. Para a historiadora Ursula Klein, o desenvolvimento da química do carbono caracteriza o surgimento de uma nova ontologia que se revela por meio de fórmulas e de classificações, que constituem verdadeiros "instrumentos de papel" fundamentais tanto para a representação espacial dessas ligações quanto para o ensino de um novo domínio da química, a química do carbono (cf. KLEIN, 2003, p. 222).

como a grande maioria da matéria-prima dos plásticos, no petróleo). Podemos afirmar, de maneira geral, que o plástico é formado a partir do petróleo, que, por sua vez, é constituído por uma mistura de compostos orgânicos, principalmente hidrocarbonetos. Nas refinarias, o petróleo é inicialmente destilado e tem como resultado algumas frações, entre elas a nafta, a gasolina, o querosene, o óleo diesel, as graxas e o piche. Para a produção do plástico, é necessário submeter as substâncias da fração nafta a um processo conhecido como craqueamento térmico, uma reação de aquecimento na presença de catalisadores. Por meio desse processo, são formados os petroquímicos, como etileno e propileno. Em seguida, segue-se outro processo de refinamento em que os petroquímicos básicos se transformam em petroquímicos finos, como polietileno, polipropileno, policloreto de vinila etc.

Quando o objetivo é produzir um plástico sólido de alta resistência (PEAD), deve-se mobilizar por volta de 100.000 moléculas de monômeros. Caso se almeje, ao contrário, um plástico que não precise de tanta compactação e, portanto, seja mais flexível do que o anterior, o resultado é um plástico de baixa densidade (PEBD). Os químicos, assim, aprenderam a dominar técnicas (número de moléculas, pressão, temperatura etc.) durante o processo de polimerização para atingir os fins almejados. Um saco de lixo ou as sacolas plásticas em geral, que precisam de maior flexibilidade, são feitos de PEBD; já os tubos presentes nas canetas esferográficas são bem mais rígidos, feitos, então, com alto número de moléculas que, juntas, se tornam mais compactadas e rígidas.

Seguem abaixo as propriedades e empregos de alguns dos plásticos utilizados hoje em dia:

Polietileno (PE): o polímero mais simples e mais barato é inerte, atóxico e reciclável, frequentemente utilizado em embalagens e baldes. Se de baixa densidade (PEBD), é flexível, leve, transparente, impermeável e fabricado para frascos, mangueiras para água, embalagens e sacolas de vários tipos; se de alta densidade (PEAD), com esta igual ou superior a $0.941 g/cm^3$, possui altas ligações intermoleculares. Por isso é bastante resistente a altas temperaturas, tensão e compressão, sendo utilizado principalmente para tubulações, frascos rígidos e caixotes.

Policloreto de vinila (PVC): formado por etileno e cloro, inerte, bastante resistente, atóxico e de difícil reciclagem. É usado como isolante térmico, elétrico e acústico (esquadrias, janelas, recobrimento de fios e cabos), em acessórios médico-hospitalares e empregado em luvas, botas e capas. Com a utilização de aditivos, como lubrificantes, estabilizantes, biocidas, antioxidantes, pigmentos e corantes, adquire uma alta versatilidade.

Polipropileno (PP): polímero termoplástico produzido a partir do propileno. É reciclável, utilizado em autopeças, brinquedos e embalagens. Como é um material que suporta bem o calor e possui baixa toxicidade, é utilizado para fins médicos e laboratoriais também.

Poliestireno (PS): termoplástico duro, altamente resistente, de difícil reciclagem, utilizado em copos, garrafas e seringas de injeção; quando fabricado de modo a conter bolhas de ar em seu interior, recebe o nome de isopor. Durante muito tempo os clorofluorcarbonos (CFC) foram os agentes expansores responsáveis pela formação de bolhas que causam a dilatação do material, porém, em virtude de sua característica destrutiva sobre o ozônio da atmosfera, foram substituídos pelo pentano. Pelo fato de ter essas bolhas de ar em seu interior, é um material menos denso e um mau condutor de som, eletricidade e calor, por isso sua importante utilização como isolante acústico, elétrico e térmico.

Polietileno tereftalato (PET): é um éster termoplástico rígido, inerte, transparente, amorfo, reciclável, altamente resistente a barreiras, impactos, gases e odores, e é, por isso, muito usado para fabricação de garrafas, frascos, embalagens para refrigerantes e bebidas em geral, pois protege os produtos com segurança e higiene. Utilizado também em tecidos, telhas, fitas magnéticas, cosméticos, chupetas, bicos de mamadeiras, medicamentos e produtos de limpeza. Próteses de silicone (polímeros contendo longas cadeias de silício e oxigênio) são também cada vez mais utilizadas no interior do corpo humano.[15]

Dezenas de diferentes tipos de plásticos carregam consigo centenas de usos pelos humanos. Do importante ponto de vista da medicina, lembremos, por exemplo, das seringas descartáveis, cateteres e *stents*, aparelhos auditivos, próteses, resinas para dentes, processos de hemodiálises, suturas, implantes dentários e preservativos. De fato, é impossível pensarmos na nossa vida cotidiana sem a presença deles. Desde 1950 a sua produção ultrapassou os 9 bilhões de toneladas! Com isso, somos obrigados a nos questionar sobre a sua temporalidade, um dos maiores problemas, sem dúvida, vivenciados pela sociedade contemporânea: se a casca da banana demora de três a quatro semanas para se decompor, a casca da laranja seis meses, o papel e o jornal de três a seis meses, os legumes de três meses a dois anos, um simples copinho de café leva quatrocentos anos para deixar de existir! Uma linha de pesca? Seiscentos anos. Garrafas de plásticos e fraldas descartáveis? Quatrocentos a quinhentos anos. A decomposição dos plásticos opera em outra temporalidade, muito superior à do papel, da madeira (seis meses em média), do cigarro (cinco anos), dos sapatos de couro (trinta anos) e dos tecidos de algodão (quinze anos), por exemplo. Estamos falando de materiais que demoram, em média, quatro séculos para deixar de existir, o que significa, sabemos, o seu acúmulo no meio ambiente.

Em julho de 2017, a revista *Science Advances* publicou um artigo que apresenta alguns desses dados alarmantes (cf. GEYER, 2017). Se a produção desses materiais atingiu 9 bilhões de toneladas, desde meados do século passado, cerca de 6,3 bilhões de toneladas viraram lixo, enquanto 2,6 bilhões de toneladas ainda estão em uso. Estima-se que 1 milhão de garrafas de plástico são compradas

---

15 Não temos, no presente capítulo, a pretensão de descrever e detalhar as características e usos de todos os plásticos. Nosso intuito foi somente apresentar alguns exemplos desses materiais para fornecermos uma noção das suas propriedades químicas e versatilidade, o que acaba repercutindo na sua capilarização social, econômica, política e, como veremos a seguir, ecológica e na saúde. Para um estudo completo sobre a química dos plásticos, cf. Albuquerque, 2001 e Fried, 2014.

a cada minuto no mundo e 500 bilhões de sacolas plásticas são descartadas anualmente, e somente 25% desse volume é reciclável. No Brasil, apesar de investimentos gigantescos nas indústrias de plásticos (que se aproximam de 63 bilhões de reais), estima-se que somente 1% desse material pós-consumo é destinado à reciclagem, representando apenas 615 mil toneladas de material reciclado dos 6,24 milhões de toneladas de material produzido. Materiais poliméricos reciclados podem ser reutilizados, o que economizaria energia para a produção de novos materiais e impediria o despejo de mais plástico no ambiente (cf. OLIVATTO; CARREIRA; TORNISIELO; MONTAGNER, 2018, p. 1970). Lembremos que desde 1994 a ABNT (Associação Brasileira de Normas Técnicas) normatizou as embalagens e acondicionamentos plásticos recicláveis e incorporou números nelas. Esses símbolos numéricos identificam a resina termoplástica utilizada na fabricação das embalagens com o intuito de facilitar a seleção dos recipientes de acordo com a sua composição. Assim, cada produto, pela lei, deve apresentar um código de identificação (um número de um a sete dentro de um triângulo com três setas acompanhado de abreviatura), que, assim, sinaliza o tipo de plástico de que é feito esse produto (cf. ASSOCIAÇÃO BRASILEIRA DE NORMAS TÉNICAS, 2008).

Anualmente, mais de 8 milhões de toneladas de lixo produzidos de matéria plástica atingem os oceanos, causando danos irreparáveis à vida marítima. Os giros, aglomerados de plásticos que flutuam nos oceanos, como a grande mancha de lixo do Pacífico (originária da costa oeste dos EUA e da Ásia), formam literalmente ilhas de lixo. A grande diversidade de tipos, formato e fontes dos plásticos torna muito difíceis e complexas as pesquisas nesse campo. Ademais, além de fragmentos microscópicos, existem aqueles que estão na dimensão da escala de nanômetros (ou seja, menores do que 1 milésimo de milímetro). Essas partículas têm sido cada vez mais identificadas em amostras de água e sedimentos coletados em rios, lagos, mares e oceanos (cf. KAISER, 2010).

Os microplásticos (menores do que 5 milímetros) podem ser classificados em dois tipos: os primários e os secundários. Os primários são aqueles liberados diretamente no meio ambiente como pequenas partículas, como, por exemplo, as microesferas que fazem parte da composição de alguns cosméticos, pastas de dentes, esfoliantes e produtos de higiene em geral. Já os secundários são aqueles que resultam da degradação de objetos maiores, como fibras que provêm de roupas sintéticas,[16] tapetes, pneus que liberam essas partículas pelo atrito com o asfalto, fragmentos de sacolas de supermercado e garrafas PET, resíduos plásticos expostos às mais diferentes variações climáticas e, por fim, restos de materiais empregados no cultivo agrícola, como estufas, filmes para cobertura do solo etc. (cf. JONES, 2019, p. 27). Do ponto de vista químico, é muito mais difícil os plásticos encontrados em ambiente marinho se degradarem, pois, ao contrário dos outros que podem ser processados por oxidação térmica, foto-oxidação, degradação, biodegradação e hidrólise, eles não se decompõem por meio de degradação foto-oxidativa. Além disso,

> [...] ao contrário dos plásticos expostos em terra, plásticos expostos flutuando na superfície do oceano não sofrem com o aumento de calor devido à absorção da radiação infravermelha e, portanto, dificilmente sofrem oxidação térmica. A degradação de flutuabilidade negativa dos plásticos depende de oxidação térmica muito lenta, ou hidrólise, como resultado da maioria dos comprimentos de onda sendo prontamente absorvidos pela água. Portanto, os plásticos que residem nesses ambientes degradam-se a uma taxa significativamente mais lenta do que em terra (HAMMER, 2012, p. 7),

o que significa um modo de existência praticamente permanente.

Seja pelo tráfego de embarcações, ventos ou correntes marítimas, esses resíduos podem ser transportados por longas distâncias e, assim, atingir os oceanos, sufocando os recifes de corais e colocando em risco a vida de animais marinhos. Aliás, segundo a ONU, até 2050, 99% das aves marinhas

---

16 Segundo estudos recentes, 90% dos microplásticos encontrados em ecossistemas costeiros estão na forma de microfibras e, desse total, grande parte é proveniente da lavagem de roupas sintéticas, afinal, 60% das roupas são produzidas a partir de fibras de plásticos, em especial náilon, acrílico e poliéster. Para mais informações, cf. Jones, 2019.

terão ingerido plástico, prejudicando mais de seiscentas espécies marinhas, 15% já em extinção. Além disso, o *plastic patch*, como chamado pelos ambientalistas, afeta não somente o ecossistema da região, mas também a vida e a saúde do ser humano.

4.2.3 Os plásticos e a saúde humana

Como consequência dessas rotas plásticas, somos alertados para um outro problema. Os microplásticos foram "encontrados não apenas no ar que se respira, em ambientes terrestres, marinhos e reservas de água doce, mas também na água de torneira e engarrafada, no sal marinho, no mel, na cerveja, nos frutos do mar e em peixes consumidos pelo homem e, por consequência, nas fezes humanas" (JONES, 2019, p. 25). De fato, esses minúsculos resíduos plásticos são, como vimos, tão abundantes no nosso ecossistema que plânctons e pequenos crustáceos acabam alimentam-se deles e podem passar esse material para as variadas espécies de peixes, como o atum e o salmão, que chegam facilmente a nós, seres humanos. Um estudo recente, de julho de 2020, feito por pesquisadores da UNESP, é assustador: nele, é apresentada a clara ingestão de plásticos pela espécie *Prochilodus lineatus* (curimba) em ecossistemas fluviais brasileiros. Tanto no rio Tietê como no rio do Peixe, a maioria desses indivíduos, equivalente a 71,88%, continha fragmentos de plásticos – uma quantidade entre 0,18 a 12,35 mm – em seus tratos digestivos. Como essa espécie constitui o recurso pesqueiro mais importante da região, potenciais efeitos adversos desse tipo de contaminação podem ser transferidos para populações humanas consumidoras (cf. URBANSKI; DENADAI; AZEVEDO-SANTOS; NOGUEIRA, 2020).

Além de penetrar nesse processo alimentar, o microplástico absorve outros tipos de poluentes presentes nos mares, como metais pesados, pesticidas e bisfenóis. Além disso, como os microplásticos atingem o tamanho de nanopartículas, isto é, de 5 a 10 nm, eles podem penetrar em uma célula animal e até mesmo em uma organela celular. Com isso, eles adquirem um outro modo de existência, interno aos corpos animais e humanos!

Ao longo da produção e pesquisas sobre os diferentes plásticos, suas propriedades foram melhorando e se adaptando às necessidades humanas. Assim, se inicialmente alguns deles eram quebradiços, com a entrada em sua composição do Bisfenol A (BPA), em particular, em policarbonatos e resinas epóxi, eles se tornaram mais resistentes.[17] Rapidamente, mamadeiras, embalagens retornáveis de água, cervejas e refrigerantes, aparelhos médicos e dentários e utensílios domésticos começaram a ter esse material em sua composição. Esse composto orgânico é formado pela união de duas moléculas de fenol, obtidas a partir da extração de óleos do alcatrão e da hulha (carvão betuminoso), contudo, a questão é que estudos recentes mostram que essa substância têm efeitos nocivos para a saúde humana e que eles migram para o produto acondicionado. Em outras palavras, plásticos e seus aditivos podem migrar, a partir das embalagens, para o alimento ou bebida ao longo do tempo como resultado do aumento nas temperaturas e/ou pressão mecânica. Por meio dessa migração, as propriedades organolépticas – aquelas que podem ser percebidas e identificadas pelos sentidos humanos, tais como cor, brilho, textura, sabor e odor – dos alimentos podem modificar-se e, então, produzir efeitos prejudiciais à saúde caso os níveis desses produtos não sejam controlados. De acordo com inúmeros estudos, mesmo baixas doses de Bisfenol A podem ocasionar infertilidade, alterar o sistema nervoso e acarretar várias doenças como câncer, obesidade e doenças cardíacas, além de alterar o sistema endócrino (cf. FRIQUES, 2019). De fato, monômeros, plastificantes e aditivos são considerados disruptores endócrinos, que interferem na produção, liberação, transporte, metabolismo, ligação ou eliminação dos hormônios naturais, responsáveis pela manutenção do equilíbrio e regulação dos processos de desenvolvimento

---

17 O Bisfenol A (C15H16O2), ou BPA [2,2-bis(4-hidroxifenil)] propano, é um composto orgânico formado pela união de dois grupos fenóis com uma acetona (por isso o uso da letra "A" ao final do nome).

(cf. BERNARDO, 2015, p. 2).[18] Enfim, o BPA é um agente tóxico potencialmente causador de transformações hormonais, reprodutivas e neurológicas.

O BPA pode atingir os humanos por três vias: ocupacional, ambiental e alimentar. A primeira é decorrente dos trabalhadores de indústrias de síntese do próprio produto, síntese de PC, resinas epóxi, PVC, papel térmico etc. A ambiental, como vimos, resulta da contaminação atmosférica, aquática e dos solos, e se deve especialmente à utilização industrial do bisfenol. Já a alimentar é a que mais preocupa os pesquisadores, pois atinge potencialmente um maior número de pessoas e porque, nesse caso, a exposição pode ocorrer durante longos períodos (possivelmente por toda a vida) em pequenas doses e sem ser detectada:

> A exposição ao bisfenol A por via alimentar resulta da utilização de recipientes de plásticos policarbonatos para contato com os alimentos ou ainda da utilização de resinas epóxi no revestimento interior de conservas alimentares. Em ambos os casos, o bisfenol A é o monômero base para a síntese de materiais que entram em contato direto com os alimentos. Vários estudos demonstram a migração de bisfenol A a partir de recipientes de policarbonato e de latas de conserva revestidas com resinas epóxi. Bisfenol A foi identificado em latas de vegetais, de fórmulas infantis, de bebidas, produtos de peixes e carne (BERNARDO, 2015, p. 4).

O polímero do PC, por exemplo, apesar de estável, pode ser hidrolisado sob certas condições de temperatura e pH com consequente liberação de seus compostos químicos.

Diante do resultado das pesquisas, alguns órgãos legislativos do Canadá, da França e da Dinamarca, por exemplo, fizeram uso do princípio da

---

18 Segundo o estudo de Fasano *et al* (2012), publicado na *Food Control*, o Bisfenol tem potencial de perturbar a ação hormonal da tireoide, a proliferação de células de câncer de próstata em humanos e o bloqueio da síntese de testosterona.

precaução e adotaram medidas proibindo o uso de BPA em embalagens para uso infantil, como mamadeiras.[19] Em 2006, a European Food Safety Authority (EFSA) definiu o Tolerable Daily Intake (TDI) de BPA em 0,05mg BPA/kg de peso corporal (pc)/dia.[20] Já a Agência Nacional de Vigilância Sanitária (Anvisa) determinou, desde 2012, a proibição, em todo o Brasil, da venda e da fabricação de mamadeiras de plástico que contenham bisfenol A (BPA).

A grande questão posta pelos estudos dos modos de existência dos plásticos é que, diferentemente de outros materiais sintéticos, eles manifestam não somente um material de consumo, algo que pode ser comprado, utilizado e descartado, como o vidro ou a cerâmica, mas representam um *modo de vida* de parte considerável de nossa sociedade ocidental. Em outras palavras, não estamos somente no âmbito econômico que rege a relação produto/consumidor, nem na esfera ecológica e/ou da saúde pública, o que já seria um problema incontornável: os plásticos manifestam uma concepção de vida, a descartabilidade e, com ela, um modo de vida irresponsável. As relações humanas, então, acabam se tornando, junto com a "Era dos Plásticos" e sua irresponsabilidade, fluidas e descartáveis.

Todas as propriedades desses materiais decorrem, como vimos, de sua estabilidade estrutural, que lhe concebe versatilidade, resistência, impermeabilidade, baixo peso, baixo custo e durabilidade, que fazem com que sejam profundamente presentes e úteis em nossa sociedade. Contudo, a grande questão é que, exatamente por possuir essas propriedades químicas, eles se tornaram

---

19 No próximo capítulo, ao tematizarmos a questão dos organismos geneticamente modificados, iremos explicitar, em especial, o princípio de precaução em contraponto ao princípio de equivalência substancial.

20 União Europeia (EU). Comissão das Comunidades Europeias. Regulamento n. 08/2011, de 28 de janeiro de 2011. Modifica *La Directiva 2002/72/CE* no que se refere à restrição do uso de bisfenol A em mamadeiras de plástico para lactantes. Jornal Oficial da União Europeia. Bruxelas, L26, 29 jan. 2011, 4 p., e, ainda, União Europeia (UE). Comissão das Comunidades Europeias. Regulamento Nº 10/2011, de 14 de janeiro de 2011. Relativo aos materiais e objetos de matéria plástica destinados a entrar em contato com os alimentos. Jornal Oficial [da] União Europeia. Bruxelas, L12, 15 jan. 2011, 89 p.

resistentes a diversos tipos de degradação, como a fotodegradação, ou a degradação química e, com isso, são atualmente o segundo material que mais constitui lixo no mundo, ficando atrás somente do papel. Se não alterarmos drasticamente nossa concepção de viver, valorizando aspectos ligados à permanência, estabilidade, conservação, duração e manutenção, seremos tomados pela descartabilidade, ou seja, pelo lixo. Somente alterar nossas atitudes cotidianas, como reduzir o consumo, reutilizar os materiais, realizar a reciclagem etc., não será suficiente, pois devemos também reduzir consideravelmente o uso da matéria-prima do plástico, o petróleo ou o gás natural, que, sabemos, são fontes limitadas e altamente poluentes. Lembremos ainda que, do ponto de vista das indústrias petrolíferas, o problema do plástico torna-se criminoso. O documentário *The Story of Plastic* (2019), de Deria Schlosberg, por exemplo, apresenta de maneira manifesta o que de fato está por trás da poluição causada pelo plástico e revela como as indústrias do petróleo e do gás manipularam, durante décadas e com enorme sucesso, toda uma narrativa em torno dela, seja disseminando informações falsas, seja propondo pseudossoluções que não resolvem a questão da reciclagem do plástico. Um dos principais problemas diz respeito aos investimentos bilionários em novas empresas multinacionais como a Shell, Basf, Dow e a ExxonMobil, que investem na produção dos plásticos sem nenhuma responsabilidade sobre o seu descarte e apresentam muito pouca preocupação, de fato, com a sua reciclagem. Lembremos que 99% dos plásticos produzidos por essas empresas gigantescas utilizam substâncias químicas provenientes de combustíveis fósseis, cujo processo de queima é a principal causa do aquecimento global. Estima-se que a emissão geral de dióxido de carbono (CO_2) devido à produção, manuseio e incineração de plásticos atingiu aproximadamente 860 milhões de toneladas em 2019, constituindo por volta de 2,4% da emissão total de carbono global. Estamos vivendo a Era do "plasticínio" e é inegável que, embora durante anos a culpa tenha sido colocada em comerciantes e consumidores, a principal responsabilidade encontra-se nas próprias indústrias que deveriam elas mesmas serem as responsáveis pela coleta e destino dos descartes e dejetos de seus produtos (cf. A HISTÓRIA DO PLÁSTICO, 2019). Portanto, de uma perspectiva química, devemos buscar outros materiais e desenvolver novas rotas sintéticas que tenham sua origem em recursos renováveis, como o álcool etílico, extraído da cana-de-açúcar.

Um exemplo bastante interessante foi desenvolvido por um grupo de pesquisadores da Holanda. Eles investigaram várias rotas sintéticas para a obtenção de plásticos a partir de biomassa, ou seja, matéria orgânica de origem animal ou vegetal, obtida por meio da decomposição de vários recursos renováveis, tais como restos de alimentos, lixo, madeira, plantas etc. Os autores propõem os mais diferentes processos para a obtenção de vários plásticos, entre eles polímeros de vinil, poliésteres, poliamidas e borrachas sintéticas. Por exemplo, blocos de construção que tenham em sua composição as funções ácido e álcool, como o ácido láctico ($C_3H_6O_3$) e o ácido succínico ($C_4H_6O_4$), podem ser produzidos a partir de biomassa como açúcares, uma vez que os átomos de oxigênio necessários para esses blocos de construção já estão presentes na biomassa. Para produzir um dos plásticos mais utilizados no mundo, os polímeros de vinil, uma rota alternativa, portanto, seria transformar a biomassa em etanol por um processo de fermentação, que, então, seria convertido em ácido acético por oxidação (cf. HARMSEN; HACKMAN; BOS, 2013).

Isso significa que os blocos de construção químicos, que são quimicamente idênticos às suas contrapartes petroquímicas, podem ser utilizados na infraestrutura industrial e produzir um material parcial ou totalmente de base biológica. Esses materiais de base biológica possuem as mesmas características de processamento e propriedades gerais que seus materiais homólogos à base de petróleo, além de poderem ser reciclados como o plástico petroquímico e serem incluídos no atual processo de separação de resíduos e processados em novos produtos sem exigir investimentos extras. Segundo os pesquisadores, "se assumirmos que os custos de processamento para processos de base biológica diminuirão com o desenvolvimento das tecnologias de base biológica, os preços de matéria-prima começarão a pesar mais sobre os custos totais da produção no futuro" (HARMSEN; HACKMAN; BOS, 2013, p. 306). Assim, o uso eficiente da biomassa pode gradativamente ganhar um lugar de importância na produção desses plásticos.

Pesquisas devem ser ampliadas na busca de plásticos produzidos à base de resinas de milho, trigo e batata, todos biodegradáveis, que seriam excelentes para o meio ambiente, pois se dissolvem facilmente em contato com a água ou a terra. Enfim, temos conhecimento, técnicas e materiais, mas falta uma decisão dos grandes grupos econômicos de transvalorar o modo de vida contemporâneo de boa parte da civilização ocidental, que se acostumou com o efêmero e a descartabilidade e pouco se preocupa, de fato, com políticas públicas que englobem todos os âmbitos de nosso ecossistema. De fato, sabe-se que esses grupos econômicos, ligados, por exemplo, às indústrias petroquímicas, operam tendo como princípio o mercado e valores econômicos, e não se importam minimamente com as futuras geracões e muito menos com o nosso ambiente.

Capítulo 5
A química agrícola, os organismos geneticamente modificados e a responsabilidade humana

A agricultura contemporânea é uma invenção da química do século XIX e de sua incipiente indústria. A aliança entre a agricultura e a química contribuiu para transformar o campo em um meio técnico e industrial, obedecendo à mesma lógica produtivista das indústrias tradicionais. Adubos, fertilizantes, pesticidas (herbicidas, inseticidas, fungicidas, nematicidas, acaricidas), além de sementes geneticamente modificadas e mecanização, são termos que passaram a compor o conceito de "agricultura" a partir, sobretudo, da segunda metade do século XX. O nobre objetivo de acabar com a fome no mundo, ao aumentar a produção dos solos por meio de um controle técnico e científico, serviu de argumento tanto para a industrialização capitalista quanto para a industrialização coletivista das terras implantada pelo modelo socialista soviético (cf. LINHART, 2004).

Não deixa de ser interessante notar que regimes políticos e econômicos que marcaram o século XX não diferem muito quanto ao tratamento que deram ao ambiente natural. Ao promover o que chamavam de uma "revolução verde", tomavam o ambiente como fonte inesgotável de recursos, buscando organizá-lo de modo que obedecesse a protocolos de controle técnico-industriais. Todas as interferências externas à "cadeia de produção", portanto, deveriam ser consideradas como agentes a serem evitados e combatidos, o que não deixava lugar para "outras agriculturas", que poderiam se relacionar com a química, com a técnica e com o ambiente de maneiras mais associativas.

Essa industrialização dos campos foi criticada já em seu início, mesmo por Justus von Liebig, um dos principais entusiastas da aplicação da química na agricultura: ele apontava o desequilíbrio entre o fluxo de energia e de materiais que iam do meio rural para as cidades, que, por sua vez, não devolviam o que tinham se apropriado do ambiente natural. Ao analisar a transformação da agricultura tradicional em um modo de exploração industrial, Karl Marx notou que "o desenvolvimento do lado negativo da agricultura moderna de um ponto de vista científico é um dos méritos imortais de Liebig" (MARX, 2013, p. 573, n. 325; cf. FOSTER, 2000). No entanto, esse modelo que imitava a organização das indústrias urbanas se impôs ao longo do século XX, o que fez com que a agricultura se tornasse um tipo de engenharia que deveria organizar o cultivo de maneira técnica a fim de obter altos rendimentos.

Além da mecanização tecnológica, a química e a biologia (com a bioquímica e a engenharia genética) também provocaram uma profunda ruptura no modo de se considerar os produtos agrícolas, que deixavam de ser coisas "naturais" e passavam a ser "compósitos artificiais", sem necessariamente preservar suas características originais. A transformação do meio rural pelas novas tecnologias, assim como do ambiente em que a atividade agrícola se insere, cuja descrição é geralmente favorável pelo fato de aumentarem a produção quantitativa de alimentos, também é fonte de inúmeros riscos. Mesmo sendo descritos e analisados por pesquisadores (acadêmicos e não acadêmicos), esses riscos são frequentemente minimizados pelas corporações químicas e farmacêuticas, que controlam o modelo seja por meio de estudos que não obedecem a critérios de objetividade científica, de influência política e econômica ou de deliberadas atitudes anticientíficas, como a recusa de tornar públicas todas as consequências de seus produtos para a saúde e para o ambiente (cf. MARICONDA, 2015, p. 560s). Além disso, do ponto de vista econômico, os críticos da industrialização rural apontam que essa forma de agricultura tem sido uma das principais causas do empobrecimento dos camponeses e da degradação do ambiente (cf. MAZOYER; ROUDART, 2008; BOMBARDI, 2017).

Neste capítulo dedicaremos nossa atenção a dois temas a partir dos quais pretendemos refletir sobre algumas relações entre a química, a agricultura e os ambientes (técnico, natural e social) nos quais elas ocorrem. Em um primeiro momento, abordaremos alguns aspectos da história da origem dos fertilizantes, os primeiros agentes químicos artificiais integrados à prática agrícola, com um breve comentário sobre a gênese dos pesticidas sintéticos. Com isso, pretendemos chamar a atenção para a interconexão entre a história da química e de sua indústria e "outras histórias", pois a história dos fertilizantes e pesticidas mobiliza uma rede de múltiplos atores. Entre estes, podemos destacar: os agricultores, enquanto consumidores únicos e últimos dos produtos; os higienistas, que propõem uma reciclagem dos restos industriais ou urbanos em fertilizantes; os fabricantes e negociantes de matérias--primas e do produto final; os químicos, que concebem produtos de síntese; os trabalhadores envolvidos na cadeia produtiva; os portos e seus distritos industriais associados; as vizinhanças das fábricas, que são as primeiras a sentir os efeitos da poluição ambiental; e, enfim, os Estados reguladores de políticas industriais e agrícolas.

No segundo tema de estudo, abordaremos uma questão contemporânea: a introdução de organismos geneticamente modificados (OGM) na agricultura. Proporemos, então, uma análise crítica do chamado *princípio de equivalência substancial* (PES), que serve de sustentação argumentativa na defesa do caráter inofensivo desses produtos. Do ponto de vista epistemológico, os principais argumentos envolvidos no debate da liberação dos OGMs se baseiam na discussão sobre a cientificidade ou não desse princípio apresentado frequentemente em oposição ao princípio ético de precaução.

5.1 Os fertilizantes químicos: elementos de uma longa história

Uma das consequências da chamada Primeira Revolução Industrial (a partir de 1760) foi a viabilização de um fluxo migratório dos campos, gerando uma superpopulação concentrada em centros que abrigavam os novos aparatos técnicos e produtivos, bem como a ocupação de terras agrícolas no entorno das grandes cidades. Para os Estados nacionais nascentes, o crescimento da população urbana e a diminuição dos braços camponeses responsáveis pela produção de alimentos tornaram-se uma questão central. As projeções nada otimistas de Thomas Robert Malthus (1766-1834) em seu *An essay on the principle of population* (1798) sobre o crescimento da população e da produção de alimentos eram um espectro que assombrava os governantes, pois a fome, de fato, não é um bom ingrediente para a paz social.

A partir da segunda metade do século XVIII teve início a investigação metódica sobre a fertilidade dos solos e de técnicas que favorecessem o aumento da produção agrícola. A obra *Éléments d'agriculture*, publicada em 1762 por Henri Louis Duhamel du Monceau (1700-1782), é um exemplo desse esforço para melhorar as práticas agrícolas e aumentar a fertilidade dos solos. Essas investigações eram demandas que estavam atreladas a pontos de vista distintos, não apenas quanto aos processos químicos e fisiológicos do crescimento das plantas, mas também aos modelos de organização econômica e política. Embora não houvesse uma doutrina uniforme do "liberalismo", uma de suas correntes, a dos *fisiocratas* franceses, apregoava um "governo da natureza" (o termo "fisiocracia" vem do grego *physis*, "natureza", e *kratos*, "força", "governo") e a circulação de mercadorias, sobretudo dos produtos agrícolas, fonte de toda a riqueza, de acordo com seus principais representantes, François Quesnay (1694-1774) e Pierre Du Pont de Nemours (1739-1817) (cf. MONCEAU, 1762; LARRÈRE, 1992).

Foi Lavoisier, adepto da fisiocracia e do *princípio* materialista de que na natureza nada se perde e nada se cria, quem inaugurou a experimentação científica da atividade agrícola. Seu propósito era otimizar o equilíbrio das trocas materiais entre as plantas e seu ambiente (fisiologia), bem como organizar sistematicamente o cultivo da terra. Lavoisier era um membro ativo da Société d'Agriculture de Paris desde 1783 e possuía uma propriedade rural de cerca de 120 hectares, onde realizava, com o mesmo zelo experimental que empregava em suas medidas do que entrava e saía em uma operação química, o balanço material das operações em seu laboratório agrícola. A partir de 1775, o químico francês foi nomeado pelo Estado francês como um dos diretores da Administração de Pólvora (Régie de Poudre), tendo contribuído para o significativo aumento na produção em grande escala do salitre (KNO_3), uma substância essencial para a composição de diversos tipos de pólvoras, mas que ele também considerava aplicar em suas plantações (cf. BOULAINE, 1994; BRET, 1994).[1]

No final do século XVIII também avançaram as investigações acerca das complexas relações entre a atmosfera, as plantas e o solo. Os fundamentos da fotossíntese começavam a ser investigados a partir dos anos 1770 graças, em grande parte, às engenhosas experiências de Joseph Priestley (1733-1804) e do médico holandês Jan Ingenhousz (1730-1799). Apresentado

---

1 Já no século XVII encontramos pesquisas e relatos importantes sobre o salitre. Benjamim Worsley (1618-1673), por exemplo, um dos associados do círculo de Hartlib, propôs em 1646 um projeto, apoiado por homens de ciência e comerciantes, que descrevia um novo método para a extração do salitre a partir do esterco. Em 1646, aliás, foi lhe concedida uma patente. Ele acreditava que o salitre era formado na camada mais superficial da terra, nutriente fundamental para as plantas, a partir das quais passava para o corpo dos animais. Como o salitre era um bom fertilizante, acreditava que, da mesma maneira, os materiais que eram bons fertilizantes deveriam ser ricos em salitre. Worsley propôs, então, um novo método para a obtenção do salitre, que enfatizava alguns aspectos econômicos e sociais: empregaria os pobres, melhoraria as terras e aumentaria os campos para os agricultores. Tal era a sua confiança no projeto que, para cada tonelada comprada, aproximadamente sessenta libras adicionais eram oferecidas gratuitamente. Cf. Hartlib Papers, 2021.

em termos modernos, o gás carbônico (CO_2) da atmosfera foi identificado como a fonte de carbono para a fotossíntese, que produzia carboidratos, e o gás oxigênio (O_2) como um de seus subprodutos. Ingenhousz também determinou que a radiação solar era a fonte de energia da fotossíntese, demonstrando que o processo ocorria apenas nas folhas e nos caules verdes, além de estar consciente da reversibilidade do processo (respiração das plantas, que liberava CO_2) durante a noite. Além disso, ele também acreditava que o nitrogênio atmosférico podia ser diretamente assimilado pelas plantas, o que foi corrigido por Nicholas Théodore de Saussure (1767-1845), que mostrou, em 1804, que era a água que transportava para as raízes todos os nutrientes, incluindo o nitrogênio, necessário para a fotossíntese (cf. SAUSSURE, 1804; SMIL, 2001).

Na época, já se sabia que os vegetais eram constituídos principalmente por carbono, hidrogênio, oxigênio e nitrogênio, possuindo, ainda, quantidades importantes de cálcio, potássio, fósforo, enxofre e magnésio, embora não se soubesse sobre a maneira como esses elementos eram combinados para formar os tecidos vegetais. Também era amplamente aceito que o ar atmosférico não era formado por uma única substância, pois as análises químicas demonstravam que ele era uma mistura composta sobretudo por dois outros "ares" em distintas proporções: cerca de 20% de sua composição era formada por um ar que promovia a vida (*ar vital*, ou seja, o oxigênio) e quase 80% por outro, que, ao contrário, era-lhe danoso, sendo, por isso, batizado por Guyton de Morveau (1787) de *azoto* (do grego *a*, "privativa", e *zoê*, "vida"). Curiosamente, é esse elemento impróprio à vida (renomeado por Chaptal de *nitrogênio*, isto é, formador do *nitro*) que logo passará a ser considerado como essencial para a formação das plantas e de cujo suprimento dependia seu desenvolvimento.

Se a análise química demonstrava a presença de elementos e de compostos considerados como minerais na constituição dos vegetais, permaneciam sem respostas várias questões. Por exemplo, como ocorria a absorção (adsorção) dos nutrientes pelas plantas? Como se dava a circulação das substâncias químicas pelos três reinos da natureza (mineral, vegetal, animal)? Ou, ainda, qual seria a origem dos nutrientes que as alimentavam? Quanto à origem nutricional, aceitava-se o empirismo da chamada "teoria do húmus" (uma mistura de compostos orgânicos resultantes da decomposição da biomassa), que considerava que os vegetais não assimilavam os minerais diretamente, mas somente os absorvia quando estes eram associados a uma matéria orgânica. O húmus seria, portanto, um intermediário que servia de passagem da matéria morta para a matéria viva, operando de modo semelhante à digestão dos animais, que convertia os alimentos em carne e sangue. A teoria do húmus ganhou uma descrição metódica nos escritos de Daniel Thaer (1752--1828), professor de agricultura na Universidade de Berlim (1810-1818), e nos trabalhos do químico Humphry Davy (1778-1829), que publicou o seu *Elements of agricultural chemistry* em 1813, fruto de uma série de conferências realizadas entre 1802 e 1812 na Royal Institution, no qual também defendia que o húmus tinha um papel fundamental no crescimento das plantas (cf. DAVY, 1815; JAMES, 2015). Porém, na primeira metade do século XIX essa teoria será criticada por promotores de uma "agricultura química". Quatro investigadores deram contribuições particularmente notáveis para isso: Jean--Baptiste Boussingault (1802-1887), Justus von Liebig, John Bennet Lawes (1814-1900) e Joseph Henry Gilbert (1817-1901).

As contribuições de Liebig foram, sem dúvida, as mais abrangentes, pois, juntamente com seu amigo Friedrich Wöhler, ele foi considerado como um dos fundadores da química orgânica em geral e da análise orgânica precisa em particular. Aliás, foi Wöhler o primeiro a sintetizar uma substância nitrogenada artificialmente, a ureia [$(H_2N)_2CO$], a partir do cianato de amônio (NH_4OCN), uma síntese que teve um papel importante para o desenvolvimento dos estudos em isomeria. Nos estudos agrícolas, o nome de Liebig continua a ser mais frequentemente invocado por ter popularizado a *lei do mínimo* de Karl Sprengel (1787-1859), segundo a qual o crescimento das plantas é limitado pelo elemento, ou composto, que está presente no solo na quantidade menos adequada. Consagrado professor à Giessen (1827-1852), tendo trabalhado com Gay Lussac e Thénard em Paris e mantendo estreita relação com a British Association for the Advancement of Science (BAAS), Liebig já era renomado na comunidade científica quando publicou, em 1840, o seu *Die organische Chemie in ihrer Anwendung auf Agricultur und Physiologie* (*A química orgânica e a sua aplicação na agricultura e fisiologia*). Será a partir dessa publicação que Liebig se tornará um personagem de grande influência tanto na esfera científica quanto nos domínios da economia agrícola e da indústria de fertilizantes e de alimentos (cf. BROCK, 1997; TOMIC, 2010).[2]

Nessa obra, que será traduzida em vários idiomas e terá diferentes edições, Liebig propunha revolucionar a prática agrícola por meio da química e da ação profissional dos químicos junto aos agricultores. Para ele, conhecendo-se a composição das plantas, seria possível determinar modos artificiais de suprir os elementos necessitados por elas:

> O ácido carbônico, o amoníaco e a água são indispensáveis à vegetação, pois contêm os elementos dos quais se compõem os órgãos de todas as plantas. No entanto, para o desenvolvimento de certos órgãos destinados a funções particulares, especiais para cada família, as plantas exigem ainda outros materiais que lhes oferece a natureza mineral (LIEBIG, 1844, p. 91).

---

2 A criação e a evolução histórica da indústria LEMCO – Liebig's Extract of Meat Company Limited – constitui um exemplo paradigmático do "movimento industrialista" e da mundialização do capitalismo do século XIX. Nasceu em 1863 na República Oriental do Uruguai com o nome Société Fray Bentos, Giebert et Compagnie, adotando a denominação LEMCO a partir de 1865 quando passou a fazer parte da Bolsa de Londres. Trata-se da fundação da primeira indústria transnacional de carne, esta não a *in natura*, mas sim a industrializada, o famoso *extrato de carne* (*extractum carnis*) inventado em 1847 por Liebig. O empreendimento era encabeçado pelo engenheiro, inventor e administrador alemão, então estabelecido no Brasil, Georg Christian Giebert, que mantinha estreita relação com Liebig, pelo farmacêutico Max von Pettenkofer e pelos irmãos August e Edvard Hoffmann, além dos financiadores do projeto. Esses financiadores eram originários de diversos países, fortalecendo o caráter internacional da companhia, como o brasileiro Irineu Evangelista de Sousa, o Barão de Mauá, que na época era um dos principais capitalistas atuantes tanto no Brasil quanto no Uruguai (cf. LEWOWICZ, 2016).

Na primeira parte, Liebig trata da "nutrição das plantas", analisando o que julgava serem os seus princípios elementares, assim como explica o processo de assimilação do carbono, do hidrogênio, do azoto e do enxofre, refuta a teoria do húmus e explica a formação dos solos agriculturáveis. Na segunda parte, Liebig descreve o que chamava de "metamorfoses químicas", que ocorriam nos processos de putrefação e de fermentação, fazendo com que os nutrientes consumidos pelos vegetais e animais, que viviam graças a um equilíbrio entre as "forças químicas" e uma "força vital" (cf. LIEBIG, 1844, p. 546), retornassem ao ambiente, estabelecendo, assim, ciclos de reciclagem material.[3] Na defesa de sua teoria de nutrientes minerais, Liebig identificava o nitrogênio, o fósforo e o potássio como essenciais ao crescimento das plantas, mas enquanto os dois últimos deveriam ser repostos com a ajuda de adubos e fertilizantes, a reposição do nitrogênio, pensava o autor, ocorreria de forma natural pela adsorção da amônia (NH_3) presente na atmosfera quando ela se dissolvia na água das chuvas (cf. LIEBIG, 1844, p. 57).

A fixação do nitrogênio pelos vegetais foi objeto de intensas controvérsias ao longo do século XIX. Embora já houvesse consenso sobre a necessidade do nitrogênio para o desenvolvimento das plantas e se soubesse que o gás presente no ar atmosférico era muito pouco reativo, a origem de sua absorção continuava incerta. Ao contrário de Liebig, os franceses Dumas e Boussingault, que muito inspiraram o químico alemão tanto em sua formação acadêmica quanto em suas ideias agronômicas, consideravam que a quantidade de amônia presente na atmosfera era muito pequena, de modo que as substâncias contendo nitrogênio deveriam estar presentes no solo, depositadas pela decomposição de materiais orgânicos ou trazidas pelo

---

3 Durante muito tempo persistiu o mito de que a síntese da ureia marcava o fim da chamada "força vital". Porém, não foi esse o caso, pois a sua existência continuou a ser defendida por colaboradores de Wöhler, como Liebig e Berzelius, e seu resultado foi utilizado por Claude Bernard como prova de que havia uma diferença essencial entre a fisiologia e a química (cf. BENSAUDE-VINCENT; STENGERS, 1993, p. 187s).

esterco. Boussingault realizou uma série de experimentos demonstrando que a presença de amoníaco e de salitre no solo favorecia o crescimento das plantas e considerava, ainda, a possibilidade de microrganismos atuarem no processo de nitrificação, o que foi mais tarde verificado com a ajuda de microscópios mais potentes por Serge Winogradski (1856-1953) (cf. DUMAS; BOUSSINGAULT, 1844, p. 28s.; McCOSH, 1984, cap. 11).

Enfim, esses químicos agrícolas praticavam o mesmo método de balanceamento material adotado por Lavoisier, demonstrando que as plantas teriam um crescimento otimizado se as entradas de compostos químicos e as saídas de produtos orgânicos da terra estivessem em equilíbrio. Isso significava que as plantas aceleravam o ciclo de muitos elementos, transferindo-os de depósitos inorgânicos localizados no ar, nos solos e nas águas, concentrando-os em tecidos vegetais e liberando-os quando estes entrassem em decomposição. Como as colheitas foram transferidas para as cidades, o equilíbrio somente seria mantido com a reposição dos nutrientes extraídos do solo. A química era a ciência que estava, então, a serviço do progresso, que poderia contribuir para a erradicação da fome, possuindo uma imagem social tão positiva que os autores de obras agronômicas da época destacavam o fato de que tratavam de uma "agricultura química".

5.1.1 Produção e circulação

A extração de matérias-primas contendo os elementos que se julgava fundamentais para o crescimento das plantas, como o nitrogênio, o fósforo e o potássio, para uso direto ou para a produção de misturas, tornou-se um importante tema de pesquisa.[4] Essas investigações envolviam químicos,

---

4 Sabemos hoje que o nitrogênio (N) desempenha papéis importantes na síntese de aminoácidos, proteínas, ácido ribonucleico (RNA) e ácido desoxirribonucleico (DNA), necessários para promover e manter o crescimento das plantas, e é, portanto, o nutriente mais importante para a produção agrícola. Sabemos também que o fósforo (P) age na transferência de energia da célula, na respiração e na fotossíntese, além de ser também

agrônomos e industriais, mas as consequências da aplicação de seus protocolos iam além de seus objetivos produtivistas. Se até então empregavam-se técnicas tradicionais de fertilização do solo (pelo esterco animal, rotação de culturas, cinzas vegetais e de ossos etc.), passou-se a considerar a necessidade de repor os nutrientes retirados do solo pelos vegetais de forma intensiva, fosse o nutriente de origem orgânica ou de natureza mineral. Nesta seção nos interessa chamar a atenção para a gênese de alguns desses elementos utilizados na reposição artificial de nutrientes essenciais (NPK)[5] aos solos agrícolas, de modo que, a partir da história dos fertilizantes, possamos estabelecer alguns nexos perenes entre a história da química e "outras histórias", como a da agricultura, da ecologia, da economia ou do meio social.

No caso da reposição orgânica dos nutrientes essenciais, foram os depósitos de excrementos de aves marinhas da costa sul-americana voltada para o Oceano Pacífico que começaram a ser utilizados para restabelecer os empobrecidos solos europeus. O *guano* (do quéchua *wanu*) foi levado para a Europa por Alexandre von Humboldt (1769-1859) em 1804 e analisado na França pelos químicos Antoine Fourcroy e Louis-Nicolas Vauquelin.[6] A história do guano, contudo, não se limita às suas propriedades fertilizantes, já conhecidas pelos povos nativos que habitavam as margens costeiras e

---

componente estrutural dos ácidos nucleicos e cromossomos. Já o potássio (K) é responsável pela manutenção do pH das células e tecidos entre 7 e 8, atuando nos sistemas enzimáticos, na fotossíntese, na absorção de água, no transporte e armazenamento de carboidrato etc.

5 NPK é a fórmula genérica criada por Liebig para representar a proporção nos fertilizantes de nitrogênio (N), fósforo (P) e potássio (K), chamados de macronutrientes primários essenciais das plantas. Enxofre (S), cálcio (Ca) e magnésio (Mg) são considerados macronutrientes secundários, enquanto outros onze elementos são considerados como micronutrientes essenciais (cf. REETZ, 2017).

6 De acordo com a análise química realizada por Fourcroy e Vauquelin, o guano era composto "1. De um ácido úrico em parte saturado pelo amoníaco e pela cal; 2. De ácido oxálico, igualmente saturado pelo amoníaco e pela potassa; 3. De ácido fosfórico; 4. De matéria gordurosa; 5. De quartzo e de areia ferrosa" (cf. FOURCROY; VAUQUELIN, 1806, p. 266-268).

as ilhas do Pacífico. Sua história é global, pois apresenta desdobramentos ecológicos, geopolíticos e culturais que emergiram por meio das relações de uma parte do mundo com as demais em função de sua extração, circulação e uso; ecológica, pois possibilita examinar as relações entre os seres humanos, outros organismos e o ambiente natural e aplicar explicitamente conceitos da ecologia, da climatologia e de outras ciências ambientais; geopolítica, pois o guano liga o mundo do Pacífico à Revolução Industrial e à agricultura europeia, que começava sua industrialização; e é também cultural, pois durante séculos o guano e as aves que o produzem desempenharam um papel fundamental nas atividades culturais dos povos nativos na América Latina e na Oceania. Ademais, os locais de extração também revelam artefatos antigos, que incluíam objetos de ouro e prata, esculturas de madeira, cerâmica e tecidos ricamente bordados, além de corpos humanos decapitados e pinguins mumificados. O guano é, enfim, um ícone cultural tal qual o tabaco, o café ou a banana (cf. CUSHMAN, 2013).

Isolado no final do século XVII, no contexto da procura dos alquimistas pela "pedra filosofal", o fósforo (do grego *phosphorus*, "portador de luz") já tinha sido apontado por Duhamel du Monceau como um componente das plantas e que poderia ser adicionado nos solos na forma de cinzas de ossos triturados (cf. MAAR, 2008, p. 397s). Nos anos seguintes, os processos de fabricação foram sendo desenvolvidos e as cinzas ósseas passaram a ser substituídas por rochas fosfáticas ricas em $Ca_3(PO_4)_2$, que, tratadas com ácido sulfúrico (H_2SO_4), produziam os chamados superfosfatos [$Ca(H_2PO_4)_2$, $Ca(HPO_4)$]. John Bennet Lawes começou, então, uma série de experiências a partir de 1839 com ossos e fosfatos minerais tratados com ácido sulfúrico, registrando uma patente em 1842 e aplicando os produtos na fazenda experimental criada por ele em Rothamsted. Lawes começou a fabricar e a vender o "superfosfato de cal" em 1843, o que marcou o início da indústria mundial de fertilizantes artificiais: em uma década, o superfosfato começou a ser produzido por catorze empresas na Inglaterra e rapidamente se espalhou para outras partes do mundo (cf. SATTARI, 2014).

A produção comercial de fertilizantes fosfatados também deu origem a um novo tipo de sistema técnico de organização, produção, distribuição e consumo de um produto industrializado. As vias de transporte articulavam diferentes locais que deveriam estar integrados na cadeia produtiva, de modo que os portos passaram a ser a "margem técnica" estruturante do sistema. Um caso exemplar do início desse sistema técnico, que irá caracterizar a indústria dos fertilizantes até os dias atuais, nos é fornecido pela implantação na França, no estuário do rio Loire em torno do porto da cidade de Nantes, de um "distrito industrial" para a fabricação dos superfosfatos. Houve, com isso, a implantação do primeiro sistema industrial que conjugava diversas empresas químicas, que fabricavam todas as substâncias necessárias aos processos de transformação material a fornecedores de matérias-primas (como a rocha fosfática e a pirita [FeS_2], necessária para a fabricação de ácido sulfúrico), operadores marítimos, compradores e distribuidores comerciais junto aos agricultores, o que resultava no envolvimento de grandes corporações capitalistas e na presença legal e administrativa do Estado. Na França, esse sistema foi reforçado com a descoberta de jazidas de rocha fosfática na Tunísia e na Argélia, o que serviu, ainda, para "justificar" a presença colonialista francesa no norte da África. Disso resultou, entre 1880 e 1940, o sistema técnico instalado na zona portuária de Nantes, que se tornou um dos principais núcleos de produção de superfosfatos do mundo (cf. MARTIN, 2018).

Além do guano, foi também da América do Sul que saiu o primeiro fertilizante mineral que abasteceu os solos europeus com outro nutriente essencial: o nitrogênio, especificamente o nitrato de sódio ($NaNO_3$), mais conhecido como "salitre do Chile". Sua exploração no deserto do Atacama foi a causa de profundas rupturas políticas e sociais, cujas cicatrizes ainda persistem, além de ter motivado a eclosão da Guerra do Pacífico (1879-
-1883), opondo, de um lado, o Chile, cujas nitrerias eram controladas

majoritariamente pelos ingleses, e, do outro, a Bolívia e o Peru, cujos governos haviam nacionalizado a exploração do "caliche" do deserto por essas companhias. O resultado foi a tomada pelo Estado chileno dos ricos depósitos da região de Antofagasta, na Bolívia, e de Tarapacá, no Peru, garantindo a exploração do nitrato por Companhias inglesas e sua oferta ao mercado europeu. Estratégico tanto para a guerra quanto para a agricultura, o controle da produção e distribuição do salitre do Chile será uma das questões fundamentais nos desdobramentos do primeiro grande conflito bélico em escala mundial. Todavia, a indústria química alemã provocará uma profunda transformação no modo de produção dessa substância, abrindo uma era de pujança econômica para os detentores do conhecimento da produção artificial de compostos nitrogenados e uma decadência econômica, social e ambiental das antigas regiões fornecedoras de matéria-prima (cf. GALEANO, 2004 [1971], p. 181s).

De fato, no início do século XX tornou-se altamente estratégico, tanto para os Estados quanto para as indústrias químicas envolvidas, o controle das jazidas e das rotas de suprimentos para a produção de compostos nitrogenados, pois, além de nitratos para a agricultura e para a fabricação de pólvoras, outros explosivos altamente potentes foram inventados e necessitavam de ácido nítrico (HNO_3) para a sua produção. Era o caso, por exemplo, da nitroglicerina, principal componente da dinamite inventada por Alfred Nobel (1833-1896) em 1866, ou ainda do trinitrotolueno (TNT), cujas propriedades explosivas foram descobertas pelo químico alemão Carl Häussermann (1853-1918) em 1891 (cf. BERNHARD; CRAWFORD; SÖRBOM, 1982).

Entretanto, sendo os compostos nitrogenados tão importantes, não seria mais simples aproveitar o imenso reservatório de nitrogênio presente no ar atmosférico para fixá-lo nos solos ou nos explosivos? Não seria evidente para a contabilidade industrial aproveitar-se de um recurso abundante e gratuito, o nitrogênio do ar, e combiná-lo com outros materiais também abundantes, como o oxigênio ou o hidrogênio, cujo processo de produção já era conhecido, a fim de obter compostos nitrogenados? O problema era que a reatividade de uma das moléculas envolvidas (N_2) não tinha a mesma intensidade dos anseios produtivos da indústria química. Para a solução desse contratempo será necessário o trabalho de muitos químicos e de diferentes especialidades, pois envolvia uma melhor compreensão da cinética química, da ação dos catalisadores, do equilíbrio químico e também dos aparatos técnicos capazes de suportar altas pressões e temperaturas. Além disso, a sua solução também será marcante para a história da conexão entre a pesquisa universitária voltada para a "ciência de base" e sua aplicação no domínio industrial (cf. HOFFMANN, 2000, p. 213s).

Ora, se no nitrato (NO_3^-) temos a presença de nitrogênio e oxigênio, não seria possível combinar os gases que na atmosfera formam apenas uma mistura? A combinação química para formar óxidos de nitrogênio (NO_x) é possível experimentalmente, mas é altamente endotérmica (produz cerca de 3000 °C por um arco elétrico), além de apresentar um baixo rendimento, pois o resfriamento dos gases nitrosos (principalmente NO) favorece a reação no sentido de sua decomposição. O processo necessitava ainda da transformação desses óxidos em ácido nítrico (HNO_3) para reagir com óxido de cálcio (CaO), para, enfim, produzir o nitrato de cálcio [$Ca(NO_3)_2$], que poderia ser utilizado como fertilizante. Como no caso da produção de alumínio que vimos no capítulo anterior, a disponibilidade de eletricidade também será determinante para a aplicação industrial desse processo de fixação do nitrogênio, e apenas uma companhia norueguesa o fez comercialmente. Desenvolvida na Alemanha, outra via química de fixação necessitava de menos eletricidade e consistia no aquecimento (1000 °C) do gás nitrogênio com carbeto de cálcio (CaC_2), produzindo cianamida de cálcio (CN_2Ca), que, uma vez hidrolisada, produz amônia. O processo também foi aplicado industrialmente, sobretudo nos Estados Unidos, pela American Cyanamid Company, cuja fábrica ficava próxima das Cataratas do Niágara (cf. BENSAUDE-VINCENT; STENGERS, 1993, p. 228s).

E por que não combinar diretamente os gases nitrogênio e hidrogênio? Qual seria o segredo da uma reação que pode ser escrita de modo tão simples pela fórmula $N_2 + 3H_2 \rightarrow 2NH_3$? A primeira dificuldade era que, além de alta temperatura (~600 °C), o processo precisava ser realizado sob alta pressão. Além disso, a reação também era reversível e, uma vez formada, a amônia se decompunha em seus componentes básicos até estabelecer um equilíbrio. Essas questões ocupavam a preocupação e o esforço de químicos de diversos domínios de investigação, dois destes em particular: os estudos sobre o equilíbrio químico e sobre a ação dos catalisadores. O químico francês Henry Le Chatelier (1850-1936) deu grandes contribuições na investigação dos equilíbrios químicos e, no caso da produção da amônia, determinou as condições ideais de temperatura e pressão em que a reação deveria ser realizada para maximizar seu rendimento. Os catalisadores (do grego *katálysis*, junção de *kata*, "em todas as partes", e *lyen*, "quebrar", "soltar"), substâncias químicas assim denominadas em 1836 por Jacob Berzelius (1779-1848) para indicar a propriedade de facilitar a ocorrência de certas reações químicas, estavam sendo investigados, e uma das questões a saber era se eles tomavam ou não parte do mecanismo reativo. O fato é que a compreensão e o arranjo adequado desses fatores serão essenciais para aquela que talvez tenha sido uma das principais descobertas da ciência do século XX: a síntese industrial da amônia (cf. SMIL, 2001; TRAVIS, 2015; ZECCHINA; CALIFANO, 2017).

Essa descoberta não foi resultado do trabalho de um químico isolado, mas teve dois protagonistas principais e uma indústria química que tinha por objetivo suprir a Alemanha de compostos nitrogenados, diminuindo assim sua dependência do salitre do Chile controlado pelos ingleses. O primeiro protagonista desse feito foi Fritz Haber (1868-1934), que estudava a síntese da amônia desde 1904, tendo se envolvido em uma polêmica sobre o assunto com o já consagrado químico Walther Hermann Nerst (1864-1941). Em 1908,

Haber foi contratado pela Badische Anilin und Soda Fabrik (BASF) e, com o auxílio de especialistas em catálise, conseguiu sintetizar amônia em um reator de laboratório, usando, para isso, cádmio como catalisador, 200 atmosferas de pressão e 550 °C de temperatura. Porém, o sucesso obtido no laboratório somente passou para uma escala industrial depois de enormes investimentos feitos pela BASF em seu polo industrial de Ludwigshafen. Como resultado, a Alemanha, a partir de 1913, passou a produzir quase 10 mil toneladas anuais de amônia, diminuindo consideravelmente sua dependência externa. Em 1919, Haber receberá um Prêmio Nobel por suas contribuições à química, e sua síntese provocará uma profunda transformação não apenas na história da produção de fertilizantes, mas de todos os processos químicos industriais nos quais a amônia e os compostos nitrogenados tomassem parte, além de provocar a bancarrota da exploração dos nitratos da América do Sul (cf. SMIL, 2001, cap. 4; ABELSHAUSER; HIPPEL; JOHNSON; STOKES, 2004).

Enquanto o nitrogênio e o fósforo são elementos não metálicos, pertencentes à mesma família da tabela periódica, o terceiro nutriente essencial para os vegetais é um metal típico da família dos alcalinos: o potássio (K). Na agricultura tradicional, esse elemento era incorporado no solo pela decomposição da biomassa ou pela adição de cinzas. A química agrícola metódica do potássio começou com o salitre (KNO_3) produzido nas nitrerias artificiais para a fabricação de pólvoras e testado nos solos por Lavoisier em sua "fazenda-laboratório". Porém, a partir da segunda metade do século XIX, a principal fonte de potássio mineral passou a ser os depósitos geológicos sedimentares, como o do mineral *silvinita*, composto por uma mistura de halita ($NaCl$) e silvita (KCl). No caso do potássio, a dependência de um material estratégico mudava de lado, pois as primeiras jazidas descobertas estavam localizadas na Alemanha, que, dos anos 1860 até os anos 1930, foi a maior produtora de "potassa" do mundo. O temo "potassa" denomina um conjunto de sais potássicos, como o carbonato de potássio (K_2CO_3), bem como de sais que passaram a ser essenciais para a agricultura industrial, como o cloreto de potássio (KCl), o sulfato de potássio (K_2SO_4), ou, ainda, os sais duplos de sulfato de potássio e magnésio.

Na agricultura industrializada, todos os componentes da cadeia produtiva são estratégicos, pois a localização de fontes primárias e industriais não é uniforme entre os países, criando dependências materiais e econômicas que, na verdade, são parte constitutiva desse modelo de produção agrícola. Embora o potássio seja relativamente abundante na crosta terrestre, os depósitos do seu principal sal utilizado como fertilizante, o cloreto de potássio (KCl), concentram-se em poucas regiões do planeta: cerca de 80% das jazidas economicamente viáveis para a exploração estão localizadas no Canadá (~60%) e na Rússia/Belarus (~20%). Atualmente, quase todo o potássio produzido pela indústria (~95% na forma de KCl) é destinado para o emprego na agricultura, fazendo com que os solos do mundo sejam "povoados" por uma substância que, por um lado traz benefícios para o crescimento vegetal, mas, por outro, tem consequências pouco desejadas, como a ação do íon cloreto (Cl^-), que interfere, justamente, na absorção de nitrogênio e fósforo (cf. GARRETT, 1996).

Ao longo do século XX até os dias atuais, a busca por fontes de suprimento de sais potássicos se tornou essencial. Seus produtores poderiam estar muito longe de seus consumidores, fazendo com que esse mineral também passasse a circular pelo planeta, de modo que seus operadores adquiriam um poder considerável sobre os agricultores e os Estados nacionais. Embora as principais jazidas se encontrassem no Canadá, na Rússia e na Alemanha, os demais países começaram a buscar suas próprias reservas, mesmo que ainda não fossem de sais potássicos economicamente viáveis (como os feldspatos alcalinos). Os EUA, por exemplo, descobriram, em 1921, importantes reservas no Novo México, que passaram a representar 80% da produção interna americana nos anos seguintes, embora seus agricultores precisassem importar 90% do potássio necessário para suas lavouras de seus vizinhos canadenses. No Brasil, foram descobertos, em 1963, pela recém-criada Petrobras, importantes depósitos de outro mineral rico em potássio, a carnalita ($KMgCl_3.6H_2O$), em Sergipe (complexo Taquari/Vassouras) e, em 1965, depósitos ainda mais volumosos na Amazônia. Desse momento em diante, o complexo de Taquari/Vassouras passou a operar comercialmente a partir de 1985 por meio de uma subsidiária da Petrobras e passou a ser controlada, a partir de 1992, pela ainda estatal Companhia Vale do Rio Doce (CRVD). Hoje operada pela Vale, é a única lavra comercial de extração de cloreto de potássio do hemisfério Sul, mas fornece menos de 10% do sal consumido pela agricultura brasileira (cf. NASCIMENTO; LOUREIRO, 2004).

Enfim, a perenidade na história dos fertilizantes desse sistema de produção e de circulação, bem como das dependências geradas, encontra, justamente no Brasil, um caso paradigmático. A implantação do modelo de agricultura industrial implicou em um grande consumo de fertilizantes, porém, em sua grande maioria, esses produtos não são produzidos no país, restando a importação como única alternativa. Mesmo possuindo jazidas minerais, muitas vezes são outros ingredientes da cadeia produtiva que são importados, como no caso do enxofre necessário para a produção de ácido sulfúrico utilizado na fabricação de superfosfatos. Em relação ao potássio, o Brasil passou a consumir, no início do século XXI, cerca de 10% da produção mundial, e sua dependência do fornecimento externo chegou a 90%. Alguns de seus portos, como o de Paranaguá, por exemplo, articulam a entrada e a distribuição desses insumos, mas também são o nó górdio da exportação dos produtos dessa agricultura industrial. Com isso, toda uma rede de transportes se apoia nessa conexão da indústria de fertilizantes com as indústrias de produção agrícolas. Há, portanto, uma estrutura de interdependência entre as indústrias capitalistas, um complexo sistema técnico do qual a agricultura é um dos eixos, muito embora os prejuízos ambientais e sociais não sejam partilhados por todos os integrantes dessa cadeia produtiva.

5.1.2 A guerra química moderna chega aos campos

A industrialização agrícola iniciada com os fertilizantes rapidamente passou a englobar outros componentes para a engrenagem produtiva, pois, além da necessidade de suprir os solos artificialmente, esse modelo demandava uma "proteção" das plantações contra "agressores" naturais (insetos, fungos, bactérias) causadores de pragas. Embora os agricultores já utilizassem técnicas e substâncias químicas (enxofre, vinagre) para proteger suas culturas, foi no final do século XIX que se iniciou a produção comercial de pesticidas. Os viticultores franceses foram os primeiros a utilizar uma mistura química à base de sulfato de cobre II ($CuSO_4$) e de cal viva (CaO), cujos efeitos positivos no combate ao míldio (bolor causado nas folhas de videira pelo fungo *Plasmopara viticola*) foram descobertos por Alexis Millardet (1838-1902), um professor de botânica na Universidade de Bordeaux, daí seu nome popular de "calda bordalesa". Alguns inseticidas biológicos também começaram a ser processados e vendidos, como o piretro da Dalmácia (*Tanacetum cinerariifolium*), também conhecido como crisântemo, cujas flores, uma vez secas e moídas, tinham a propriedade de afugentar insetos de plantas e de animais. Ademais, a aplicação da calda bordalesa e de outras soluções químicas como pesticidas também fez surgir outro setor industrial: o de pulverizadores e de implementos mecânicos, que ocupará um lugar central na transformação dos campos em sistemas técnicos (cf. CHICHEPORTICHE, 1997; MATTHEWS, 2018).

Além da síntese da amônia, que permitiu à Alemanha abastecer seus agricultores com fertilizantes e seu exército com explosivos, Haber também foi um personagem importante na criação e na aplicação de agentes químicos como armas de guerra. Seu uso não era uma novidade histórica, mas a tecnicidade e a amplitude com que esses agentes foram empregados durante a Primeira Guerra marcou uma ruptura com as guerras do passado. Em 1915, Haber coordenou um ataque com gás cloro (Cl_2) contra soldados franceses entrincheirados, tendo também desenvolvido o gás mostarda ($C_4H_8Cl_2S$) e empregado o fosgênio ($COCl_2$) em outros ataques. Seus biógrafos destacam que sua participação ativa nesses ataques foi uma possível causa do suicídio de sua esposa, a também química Clara Immerwahr (1870-1915). Esses e outros gases empregados pelos beligerantes irão tornar-se a base para o desenvolvimento de pesticidas sintéticos. O próprio Haber foi supervisor do químico Walter Heerd (1888-1957), que sintetizou o Zyklon-B a partir de uma mistura de ácido cianídrico (HCN) com cloro e nitrogênio, e que passou a ser utilizado para matar piolhos e evitar o tifo. Além desses usos, o Zyklon-B, fabricado a partir de 1939 pela companhia alemã Degussa, será o principal gás utilizado nas câmeras de gás criadas pela Alemanha nazista durante a Segunda Guerra. Entretanto, sendo ele próprio judeu, Haber não viveu para provavelmente ser morto pelo Estado genocida criado pelo regime nazista, pois faleceu em 1934 em seu exílio na Suíça, embora sua biografia de pesquisador tenha simbolizado *o início de duas frentes da guerra química moderna*: a dos campos de batalha e a dos campos de cultivo (cf. HAYES, 2004; CHARLES, 2005).

A utilização de pesticidas à base de arsênio, como o famoso verde-paris [$Cu(C_2H_3O_2)_2 3Cu(AsO_2)_2$], iniciou-se com a chegada de grandes pragas de insetos às culturas de batatas nos EUA, estendendo-se também ao combate a roedores. O arseniato de chumbo [$Pb_3(AsO_4)_2$] foi o inseticida arsênico mais amplamente utilizado, juntamente com o arseniato de cálcio [$Ca_3(AsO_4)_2$], até a chegada ao mercado, em 1948, de um produto que parecia ser a solução para substituir esses sais de arsênio, altamente tóxico para os mamíferos. Tratava-se do DDT (diclorodifeniltricloroetano), que havia sido sintetizado em 1874 por Othmar Zeidler (1850-1911), mas cuja ação no controle da malária e do tifo só foi determinada pelo químico suíço Paul Müller (1899--1965) em 1939, o que lhe valeu o prêmio Nobel de Medicina em 1948. O DDT, então, passou a ser utilizado em todo o mundo, sendo responsável por uma queda vertiginosa dos casos de malária; porém, o que parecia um milagre obtido pela guerra química contra as pragas logo passou a ser um grande problema para o ambiente e para a saúde (cf. RIEGERT, 1980; WURSTER, 2015).

A conversão de substâncias químicas desenvolvidas para a guerra em produtos de uso agrícola não foi, contudo, exclusividade dos países cuja agricultura era baseada em um modelo capitalista. Sem dúvida, a produção de pesticidas na URSS também foi estimulada pela criação de uma enorme e poderosa indústria de armas químicas nos anos 1940-1950. O DDT e o BHC (Benzenohexaclorado, C_6Cl_6) começaram a ser produzidos imediatamente após a Segunda Guerra, assim como os pesticidas organofosforados, nos anos 1950. Os pesticidas na União Soviética foram despejados nos campos em um fluxo sempre crescente, sobretudo a partir do final dos anos 1960, quando se tornou claro que o arsenal de armas químicas já era suficientemente grande. A resposta à questão do que fazer com essas fábricas e seus trabalhadores veio do direcionamento para a produção de pesticidas a fim de suprir os *Sovkhozes* e *Kolkhozes*, organizações que regiam a produção agrícola do país (cf. FEDOROV; YABLAKOV, 2004).

Enfim, no início dos anos 1960, estudos começaram a apontar os efeitos ecológicos deletérios do uso desses pesticidas. No caso do DDT, o alarme ambiental foi lançado por Rachel Carson em 1962 em seu livro *Silent spring*. Com isso, as críticas da autora levaram à abolição do uso do DDT primeiro nos EUA e na Europa e, depois, de maneira parcial, nos países tropicais. No Brasil, seu uso agrícola foi proibido em 1985, e, no controle do mosquito da malária, em 1998; todavia, a proibição total de fabricação e importação somente foi decretada em 2009 (lei nº 11936). Se a substituição dos sais à base de arsênio pelo DDT teve como principal argumento sua (suposta) baixa toxicidade, o mesmo se deu na substituição desse organoclorado, a partir dos anos 1970, por uma nova família de organofosforados: os glifosatos [N-(fosfonometil) glicina]. Usados como herbicida, seus principais fabricantes (Monsanto e Syngenta) alegam a baixa toxicidade desse produto, porém pesquisadores têm apontado evidências importantes que demonstram seu impacto no meio ambiente e na saúde humana e animal (cf. DUNLAP *et al.*, 2008; NANDULA *et al.*, 2010).

5.2 Organismos geneticamente modificados (OGMs) e o princípio de equivalência substancial

Um dos principais aspectos do atual debate científico diz respeito aos interesses antagônicos das grandes empresas e os da saúde humana, animal e ambiental, afinal, as preocupações com possíveis efeitos adversos da recente biotecnologia para com a natureza e os seres vivos é cada vez maior. Talvez por isso a confiança na ciência esteja se enfraquecendo, pois a imparcialidade, que deveria fazer parte indiscutivelmente do método científico, está se desvanecendo. Essas questões, como veremos, tornam-se manifestas pelo estudo dos organismos geneticamente modificados (OGM), já que

> [...] a produção deliberada da ignorância acontece na agricultura transgênica, onde as seis companhias – Monsanto (Estados Unidos), Syngenta (Suíça), Dupont (Estados Unidos), Basf (Alemanha), Bayer (Alemanha) e Dow (Estados Unidos) – que detêm o controle da produção de OGMs usam a produção deliberada do engano em sua dupla estratégia de, por um lado, realizar sistematicamente pesquisas que controvertem dados científicos sobre danos e malefícios ao ambiente e à saúde da aplicação extensiva de agroquímicos na agricultura e da ingestão continuada de OGMs e, por outro lado, promover campanhas difamatórias de pesquisas individuais, ou mesmo mover ações judiciais com vistas a proibir, com base nos direitos de propriedade conferidos pelas patentes, pesquisas científicas sobre os efeitos na saúde e no ambiente das plantas transgênicas (MARICONDA, 2015, p. 590).

Do ponto de vista epistemológico, um dos principais argumentos envolvidos no debate da liberação ou não dos OGMs se baseia na discussão sobre a cientificidade ou não do princípio de equivalência substancial (PES), apresentado frequentemente em oposição ao princípio ético de precaução.

5.2.1 O princípio de equivalência substancial e o lugar da incerteza na ciência

Pelo protocolo de Cartagena sobre Biossegurança (recebido pelo Brasil por meio do decreto 5705/2006), encontramos a definição dos OGMs:

> g) por 'organismo vivo modificado' se entende qualquer organismo vivo que tenha uma combinação de material genético inédita obtida por meio do uso da biotecnologia moderna;
> h) por 'organismo vivo' se entende qualquer entidade biológica capaz de transferir ou replicar material genético, inclusive os organismos estéreis, os vírus e os viróides;
> i) por 'biotecnologia moderna' se entende:
> a. a aplicação de técnicas *in vitro*, de ácidos nucleicos inclusive ácido desoxirribonucleico (ADN) recombinante e injeção direta de ácidos nucleicos em células ou organelas, ou
> b. a fusão de células de organismos que não pertencem à mesma família taxonômica, que superem as barreiras naturais da fisiologia da reprodução ou da recombinação e que não sejam técnicas utilizadas na reprodução e seleção tradicionais.

Assim, os OGMs são fruto dos avanços nas pesquisas na área da biologia molecular, com o aprimoramento de conhecimentos sobre o funcionamento das células e dos organismos, tanto no nível molecular como no bioquímico e fisiológico. Por meio desses estudos, observa-se cada vez mais a melhoria de técnicas que permitem, com precisão, a transferência de genes específicos de um organismo para o outro. Assim, a transgenia – sequências de DNA que podem ser removidas de um organismo, modificadas ou não, ligadas a outras sequências e inseridas em outros organismos – pode utilizar como fonte dos genes qualquer organismo vivo, sejam microrganismos, plantas, animais ou vírus. A biotecnologia moderna consegue introduzir em organismos vivos fragmentos de material genético para fornecer determinadas características a esses organismos geneticamente modificados. Nesse sentido, a soja RR transgênica, resistente ao Round-up,[7] herbicida à base de glifosato,

---

7 O Roundup® Original, fabricado pela Monsanto, tem como princípio ativo a substância denominada genericamente de glifosato (C3H8NO5P). Com nome técnico de N-(phosphonomethyl)glycine (IUPAC), possui peso molecular de 169,07 na forma ácida e de 228,20 na forma de sal de isopropilamina (o ingrediente ativo do glifosato). É um sólido branco, inodoro, de densidade 0,5 g/cm^3 com ponto de fusão a 230 ºC e solubilidade de 10,5 g/l em 20 ºC (IUPAC). No Ministério da Agricultura, Pecuária e Abastecimento (MAPA) esse produto tem o número de registro 0898793, recebendo Classificação Ambiental III (Perigoso) e Classificação Toxicológica III (Medianamente Tóxico). Segundo a Organização Mundial de Saúde, ele é considerado de baixa toxicidade. O glifosato foi criado em 1950 pelo Dr. Henri Marin, um químico suíço da indústria química Cilag, e posteriormente foi vendido para a Aldrich Chemical. Já em 1970, o Dr. J. E. Franz, da Monsanto Company, descobriu a capacidade herbicida do produto: o glifosato é o princípio ativo de vários herbicidas de amplo espectro, que atingem, assim, uma grande variedade de plantas, e, desde então, esse herbicida vem sendo largamente utilizado, desde a década de 1970, no controle pós-emergente em vários tipos de culturas, em praticamente todas as partes do mundo. Essa substância é vendida sob diversos nomes comerciais, que diferem entre si pela formulação e concentração do princípio ativo, além de outras substâncias presentes na formulação: MON 8709; Rodeo; Roundup; Vision; Ron-do; Roundup custom; Roundup ultra; Glyfos BIO; Glyfos AU; Roundup Biactive; Roundup Transorb; Roundup Ultramax; Roundup Original; Glyphosate 360; Glyfos; Accord; Roundup 360; Glypro; Glycel; Aqua Star; Roundup Pro; Fakel. Além disso, o glifosato tem ação sistêmica, sendo absorvido basicamente pelas regiões clorofiladas das plantas (folhas e caules verdes) e translocado por meio do floema para os tecidos meristemáticos. Sua atuação ocorre pela inibição da atividade da 5-enolpiruvilshiquimato-3-fosfato sintase (EPSPS), uma enzima catalisadora de reações de síntese dos aminoácidos fenilalanina, tirosina e triptofano, inibindo também a síntese de clorofila e estimulando a produção de etileno. No Roundup® Original, para melhorar a eficácia do produto, é adicionado o surfactante polietoxileno amina (POEA), cujos efeitos toxicológicos são mais graves do que o do glifosato em si. Em 2009 foi feito um estudo em três espécies de peixes no Brasil que habitam sistemas de água doce, *Rhamdia quelen* (jundiá), *Astyanax bimaculatus* (lambari) e *Cyprinus carpio* (carpa), que, como se acreditava, poderiam ser potenciais bioindicadores em ensaios de biomonitoramento ambiental. A partir do estudo foi constatado o potencial genotóxico e citotóxico dos compostos comerciais, como se pode observar no estudo de Ferraro, 2009.

contém material genético de pelo menos quatro organismos diferentes: do vírus do mosaico da couve-flor, da petúnia e de duas sequências derivadas do *Agrobacterium*. Vários estudos mostram que a bactéria de solo *Agrobacterium sp* CP4 forneceu o gene mais importante para a soja transgênica, chamado de EPSPSCP4, que codifica uma enzima que modifica o comportamento bioquímico da planta, permitindo que o herbicida glifosato não a mate. Com a função de fazer o "pacote de genes" inserido funcionar sem interrupção, foi inserido na soja RR o vírus do mosaico da couve-flor (CaMV35S), chamado de gene promotor; da flor *Petunia hybrida* foi retirado um gene chamado de CTP, que codifica um peptídeo; já a bactéria *Agrobacterium tumefasciens* forneceu o gene NOS, responsável por funcionar como o final da sequência de genes exóticos. Além desses genes, que fazem parte do pacote patenteado, foram descobertos, anos mais tarde, três fragmentos de genes desconhecidos presentes na soja RR. Dois deles foram descobertos em 2000, um contendo 72 pares de bases (menor fração do código genético) e outro contendo 250, que foram identificados como fragmentos do gene EPSPSCP4 quebrado. Outro, descoberto em 2001, possuía 534 pares de bases e foi chamado de "desconhecido". Em 2002, cientistas descobriram que um dos fragmentos e o gene desconhecido codificam RNA (ácido ribonucleico) e, portanto, podem estar produzindo proteínas desconhecidas (cf. BARBEIRO; PIPPONZI, 2016). Por isso, inúmeras plantas recebem, desde 1994, material genético com o objetivo de se tornarem resistentes a insetos, tolerantes a herbicidas, doenças e estresse ambiental e, ainda, de aumentar a produção de alimentos com maior teor nutricional.

O Brasil, juntamente com os Estados Unidos e a Argentina, soma 80% das superfícies plantadas com transgênicos no mundo. Nosso país é, portanto, vice-líder mundial em área plantada, com aproximadamente 50,2 milhões de hectares. As plantas transgênicas com finalidades comerciais foram criadas nos anos 1980, e a partir de 1986 começou-se a observar testes de campo sob estritas condições de segurança. Inicialmente, tais testes começaram com o tabaco tanto nos EUA como na França, o que levou à síntese da insulina, em 1986, por bactérias modificadas, o que resolveu um sério problema na produção desse hormônio, antes extraído do pâncreas de alguns animais, como o boi e o porco, beneficiando milhões de pessoas. Nos EUA, em 1987, os OGMs atingiram efetivamente o campo com a utilização da soja resistente a herbicidas. Em dez anos, mais de 56 diferentes plantas transgênicas já haviam sido testadas (cf. NODARI, 2007). Uma das principais questões que permeiam esse debate diz respeito aos impactos e riscos da liberação de plantas transgênicas em grande escala no meio ambiente, o que nos possibilita notar posições antagônicas nessa temática: enquanto os Estados Unidos, por exemplo, adotam uma política voltada à liberação de produtos transgênicos, a União Europeia criou mecanismos reguladores que restringem a sua adoção. Como nos lembra Hugh Lacey em seu livro *A controvérsia sobre os transgênicos*,

> Um senso de urgência marca a controvérsia. Plantações de grãos transgênicos têm aumentado rapidamente e exponencialmente e, justamente agora, grandes corporações de agronegócio, sustentadas pelas políticas de um número crescente de governos, estão engajadas no projeto de acelerar o uso intensivo e amplo de sementes transgênicas, objetivando, com isso, configurar a agricultura do futuro. De fato, a controvérsia existe porque o agronegócio introduziu e segue adiante com esse projeto em busca de seus próprios interesses, não (de acordo com seus críticos) em resposta a um consenso científico de que o uso dos transgênicos está livre de riscos e é indispensável (LACEY, 2006a, p. 30).

A partir disso, acreditamos poder ampliar a discussão pela perspectiva científica, isto é, pelo estudo químico do chamado Princípio de Equivalência Substancial (PES), pois assim tentaremos enriquecer a temática por meio de uma perspectiva epistemológica sobre os riscos para a saúde e para o ambiente desses organismos modificados.

O conceito de Equivalência Substancial possui uma história desde 1993, quando foi introduzido pela primeira vez pela Organização para Cooperação e Desenvolvimento Econômico (OECD) (cf. ZATERKA, 2019). Segundo os relatórios, o princípio deve incluir os seguintes aspectos com relação aos OGMs:

1) Avaliação em nível molecular da nova fonte alimentar;

2) Comparação das características fenotípicas da planta geneticamente modificada (PGM) com uma planta convencional;

3) Análise da composição – isto é, comparação analítica – da PGM e seus derivados e a composição de análogos convencionais (FAO/WHO, 1996).

O relatório ainda explicita que a planta ou o alimento convencional/ referência utilizado na comparação pode ser a "linhagem parental e/ou linhagem comestível da mesma espécie". Para alimentos processados, a comparação pode ser também feita entre o alimento processado derivado de PGM e um análogo convencional processado. Já em 1996, a United Nations Food and Agriculture Organization (FAO) e a World Health Organization (WHO) endossaram tal princípio. A partir de então, a maior parte das análises sobre os possíveis riscos da utilização de transgênicos em humanos baseia-se no Princípio de Equivalência Substancial. Por meio desse princípio, tanto a soja Roundup Ready (RR), propriedade da Monsanto, como o milho *Bacillus thuringiensis* (Bt) da empresa Syngenta foram liberados para o consumo animal e humano.

Contudo, por um lado, o PES não está previsto na legislação brasileira, já que a lei que estabelece normas para a utilização de técnicas de engenharia genética determina apenas que os OGM devem fornecer a mesma segurança que o organismo receptor ou parental sem efeitos negativos para o meio ambiente (cf. BELÉM *et al.*, s. d.). Por outro, os parceiros econômicos do Brasil exigem o estabelecimento do PES em seus alimentos transgênicos (cf. COSTA; MARIN, 2011). Com base nesse princípio, se um transgênico tiver uma composição química equivalente à do não transgênico, ambos seriam seguros. Então o que significa ser equivalente? Tal definição não aparece em nenhum dos documentos referentes ao princípio. O estranho é que a modificação genética tem como principal objetivo a "introdução de novas características nos respectivos organismos", e, assim, o resultado acarretará necessariamente uma composição diferente dos genes e das proteínas iniciais. É por esse motivo, aliás, que o organismo pode ser patenteado, porque é diferente da variedade natural, e eis o por quê de ser, no mínimo, estranho o termo adotado para tal princípio: "equivalência" significa correspondência, igualdade, equidade, algo que possui o mesmo valor. A equivalência proposta, lembremos, se referiria à composição química e molecular entre os produtos naturais e os modificados, mas os OGM são e foram sintetizados com o claro objetivo de serem distintos, diferentes dos seus produtos de origem. De fato, pela própria terminologia parece que tal princípio é um artifício de convencimento para que se acredite que entre os transgênicos e os alimentos convencionais as diferenças são mínimas. Nesse sentido, Nodari nos alerta para outro aspecto terminológico interessante da discussão. Quando a técnica atingiu a sociedade, muitos ficaram perplexos, pois com a nova tecnologia seria possível não somente transferir genes entre indivíduos da mesma espécie sem a utilização de métodos naturais de reprodução, mas também transferir genes de uma espécie para outra:

> [...] essa metodologia de transferência de genes por técnicas de laboratório ficou conhecida pelo nome de transformação genética ou transgenia. Ocorre que a expressão *trans* significa *além de* e cria nas pessoas a sensação de algo desconhecido [...]. Assim, governos, cientistas e o setor industrial produziram novas expressões: organismos geneticamente modificados (OGM) e biossegurança para substituir transgênicos e biorrisco, respectivamente, para assegurar a aceitação desses produtos pela sociedade (NODARI, 2007, p. 18).

Inúmeros estudos, aliás, mostraram a dificuldade em se operar com o PES devido à sua falta de cientificidade, alertada já em 1999 na revista *Nature*:

> A equivalência substancial é um conceito pseudocientífico porque é um julgamento comercial e político mascarado de científico. Ele é, além disso, inerentemente anticientífico, porque foi criado primeiramente para fornecer uma desculpa para não se requererem testes bioquímicos e toxicológicos. Ele ainda serve para desencorajar e inibir pesquisas científicas potencialmente informativas (MILLSTONE; BRUNNER; MEYER, 1999, p. 526).

Essa falta de cientificidade do princípio pode ser ilustrada, por exemplo, por meio da comercialização da soja RR nos Estados Unidos, que teve sua liberação baseada no PES. Ou seja, ela foi considerada equivalente à sua antecedente natural, a soja convencional, apenas porque não diferiu dela nos aspectos de cor, textura, teor de óleo, composição e teor de aminoácidos essenciais e de nenhuma outra qualidade bioquímica (cf. NODARI; GUERRA, 2001, p. 91). Observamos aqui que a pesquisa foi baseada em:

1) Caraterísticas fenotípicas visíveis que não fornecem elementos suficientes para uma análise química rigorosa, seja em termos qualitativos, seja em quantitativos;

2) Análises sobre a composição química do alimento modificado em termos da porcentagem de suas substâncias;

3) Análises quantitativas dos elementos presentes na planta transgênica, isto é, análises de cunho analítico, como, por exemplo, análises da porcentagem (%) de metais pesados, como o chumbo e o mercúrio – elementos altamente tóxicos – presentes em grãos de soja comercializados.

Além disso, notamos, de início, que tal princípio utiliza como base comparações quantitativas de alguns componentes químicos e biológicos da planta transgênica com a não transgênica. Hoje em dia, uma variedade transgênica é considerada equivalente a uma variedade convencional se os valores de determinados parâmetros, tais como teor de aminoácidos, proteínas, lipídios, cinzas, etc. estão em um intervalo de variação de 95% para os referidos parâmetros.

A questão central do *limite* epistêmico e científico de tal princípio é que, por mais eficazes que sejam as análises químicas mencionadas acima (comparação das características fenotípicas, avaliação em nível molecular e comparação analítica), elas não são capazes de revelar a presença de componentes tóxicos ou alergênicos desconhecidos, pois isso foge à capacidade de apreensão experimental química e microscópica. De fato, pesquisas demostram, como veremos a seguir, que a introdução ou inserção de um novo gene no genoma da planta pode causar efeitos inesperados, tais como o pleiotrópico, um fenômeno genético no qual um único gene possui controle sobre as manifestações de várias características desse organismo. Assim, a inserção de um transgene no genoma de uma planta pode causar efeitos indiretos importantes e inesperados sobre a expressão e a funcionalidade da planta em questão. De fato, sabe-se que no processo de transgênese pode ocorrer de o gene ampliar a expressão de outros genes. É por isso, então, que há a insistência na utilização de exames toxicológicos, pois estes são decisivos para a legitimação da comercialização ou não de OGMs em vista de seus riscos e consequências indesejáveis para a saúde e o ambiente. Em contrapartida, há um problema: em análises toxicológicas mais usuais, como em corantes, inseticidas e acidulantes, por exemplo, altas doses dessas substâncias podem acabar sendo aplicadas. "Todavia, no estudo dos transgênicos, as proteínas inseridas por meio da biotecnologia são estudadas isoladamente. É difícil pensarmos em um aumento da concentração da proteína aumentando a quantidade de alimento administrado, porque isso levaria a um desequilíbrio nutricional, impossibilitando a correta avaliação da toxicidade do transgênico" (cf. ZATERKA, 2019, p. 274).

Josean Cartujo nos lembra do importante caso da proteína infecciosa príon, relacionada à conhecida doença da vaca louca, idêntica, em termos de aminoácidos, à proteína celular não patológica. O problema é que a química possui um campo importante de estudos que diz respeito à configuração das moléculas; esse campo mostra que a "mera" mudança espacial de uma estrutura química pode alterar completa e radicalmente as suas propriedades. É precisamente o que ocorre com a alteração efetuada na replicação da proteína infecciosa príon, isto é, a sua modificação frente à proteína não patológica diz respeito "somente" à sua conformação espacial. Se não fosse assim, as proteínas normais e as infecciosas seriam analisadas como substancialmente equivalentes (cf. CARTUJO, 2008, p. 111).

Um exemplo que podemos mencionar sobre a falácia do princípio da equivalência substancial enquanto base na avaliação da segurança de certos alimentos modificados geneticamente é o dos príons: segundo Campos (2000, p. 75),

> Estes são as proteínas responsáveis pela EEB (encefalopatia espongiforme bovina), cuja composição de aminoácidos é exatamente a mesma que as procedentes das células saudáveis, e só muda a sua forma espacial. De acordo com o mencionado princípio, a carne de vaca louca é substancialmente equivalente ao de uma vaca saudável. O problema reside no fato de que não podem ser previstos os efeitos toxicológicos, bioquímicos e imunológicos dos alimentos geneticamente modificados a partir de sua composição química.

E aqui chegamos em um ponto importante de nossa discussão. O problema epistêmico do princípio de equivalência substancial encontra-se precisamente na sua limitação a parâmetros reducionistas de análise, não levando em consideração a necessária pluralidade de estratégias, tais como as de cunho bioquímico, farmacológico e mesmo biológico. Portanto, a química contemporânea é muito diferente da química clássica moderna, pois operam com parâmetros, métodos e complexidades bastante distintos.

Não há uma relação causal entre os fenômenos da transgenia. Na visão clássica moderna, os genes são responsáveis pela produção das proteínas, e estas, por sua vez, definem determinadas caraterísticas. Nessa perspectiva, considera-se que os genes e os genomas são estáveis e transmitem fielmente suas caraterísticas às gerações descendentes, salvo em casos de mutações aleatórias. Assim, o RNA seria um fiel transcritor e tradutor do texto original, e a implicação necessária disso seria que genes e genomas não poderiam se alterar por meio de relações com o ambiente, e as características adquiridas em vida não seriam transmissíveis hereditariamente. Temos aqui um claro reducionismo epistêmico, ou seja, acredita-se, pela perspectiva clássica, que a hereditariedade teria como causa única o DNA (cf. FERNANDES, 2007, p. 89). Estudos recentes negam o determinismo genético ao demonstrar que o RNA tem papel ativo não somente na decisão de quais sequências de DNA devem ser copiadas, mas também na seleção de quais devem ser destruídas e quais devem ser rearranjadas.

Enfim, há uma importante interação entre os genes e a vida dos organismos. Na nossa perspectiva, então, seria fundamental levar em consideração aspectos *qualitativos* das estruturas analisadas, abordando a "ecologia dos genes", isto é, as pesquisas nas quais a regulação das funções metabólicas dos organismos esteja em estreita relação com uma ampla rede de sequências genômicas interdependentes, em interação, inclusive, com fatores ambientais. Isso é necessário porque as análises químicas propostas não conseguem relacionar sozinhas os possíveis efeitos de cunho bioquímico, toxicológico e imunológico dos alimentos transgênicos, pois, como vimos, elas levam somente em consideração análises de composição química, molecular e analítica dos transgênicos. Assim, a equivalência buscada refere-se mais exatamente à quantidade, ou a algo mensurável que pode ser tecnicamente comparado. Em termos comparativos, os genomas de uma planta natural e de um organismo transgênico não são equivalentes. Só seriam de fato equivalentes se uma fosse originária da outra por multiplicação vegetativa. Pelas próprias técnicas utilizadas, a construção genética inserida na planta contém elementos distintos daqueles encontrados no alimento original, que podem proporcionar novos produtos gênicos, que, então, como vimos, podem desencadear efeitos pleiotrópicos sérios. O interior de uma célula é totalmente diferente do interior de um tubo de ensaio. Na célula, por exemplo, uma enzima está dissolvida ou suspensa no citosol com consistência gelatinosa junto com milhares de outras proteínas, e algumas delas se ligam à enzima e influenciam a sua atividade. O desafio colocado está na compreensão das influências da organização celular e das associações macromoleculares sobre a função das enzimas individuais e outras biomoléculas (cf. ZATERKA, 2019, p. 279-280).

Por exemplo, as variedades transgênicas de tomate e batata são altamente comercializadas e consideradas positivas, pois possuem altas concentrações de flavonoides, classe dos compostos fenólicos de origem natural que possuem propriedades antioxidantes e anti-inflamatórias, benéficas para o organismo humano. Contudo, essa perspectiva não pode ser a única a ser enfatizada, pois essas alterações no metabolismo da planta podem, por outro lado, aumentar os riscos alimentares. As análises por espectrometria de massa de batatas geneticamente modificadas demonstraram, em estudos recentes, variações importantes na composição de glicoalcaloides (alcaloides com grupos de açúcares) menores. Em um estudo de 2003, um grupo de fitoquímicos poloneses monitorou variações no nível de glicoalcaloides esteroides de doze linhagens transgênicas da espécie *Solanum*. Dentre os glicoalcaloides esteroides que se encontram em maiores quantidades na batata estão o alfa chaconina 3 e alfa solamina 4. Sabe-se que tais substâncias possuem funções e significados precisos no metabolismo dessas plantas. De fato, elas podem apresentar vários papéis biológicos na célula vegetal, seu conteúdo na planta é regulado por inúmeros estímulos bióticos, abióticos, e entre os fatores ambientais podemos citar: luz, umidade, temperatura, danos físicos ou ferimento por insetos, ou seja, entra em cena o fator da acidentalidade, se preferirmos, o âmbito da contingência e, portanto, a impossibilidade de um cálculo de probabilidade. Esses metabólitos são também ativamente regulados por sinais fisiológicos nas plantas, como a germinação de tubérculos e tempo de armazenamento. No entanto, esses glicoalcaloides são principalmente reconhecidos como compostos com toxicidade (cf. STOBIECKI *et al.*, 2003). Os pesquisadores, por meio da técnica de cromatografia líquida de alta resolução (HPLC), combinada com espectroscopia de massa, chegaram a resultados que demonstraram claramente que a quantidade de glicoalcaloides nas linhagens de transgênicos da batata diferiram daquela da planta de controle (*desi*). Podemos observar, por exemplo, a diferença entre as linhagens DFRa3 e DFR11, em que a quantidade de glicoalcaloides é cinco vezes mais baixa em DFRa3 e duas vezes mais baixa que na linhagem de controle (*desi*). Em tais casos, fica manifesto que testes de longa duração são necessários para a avaliação dos riscos alimentares, embora esses testes não tenham sido realizados até o presente momento (cf. STOBIECKI *et al.*, 2003). Essa preocupação pode ser vista em vários documentos que atestam claramente a falta de procedimentos rigorosos e extensivos de segurança alimentar com relação às novas variedades de milho, soja e batata, dentre outras (cf. CODEX, 2003).

> Observamos aqui uma clara transgressão ao princípio de precaução, afinal todo progresso técnico contém efeitos imprevisíveis e que se revelam somente após a aplicação dessa técnica em larga escala. Em outras palavras, esta estratégia baseada na equivalência substancial foi introduzida para evitar, por um lado, testes de longa duração, e por outro, testes de cunho biológico, toxicológico e imunológico. É por isso que os efeitos imprevisíveis que podem ocorrer em dada transgenia têm relevância para o exercício do Princípio de Precaução e apontam novamente para a necessidade de realizar mais pesquisa científica sobre os efeitos secundários do uso continuado de medicamentos e de substâncias tóxicas na saúde humana e animal (MARICONDA, 2015, p. 574).

Apesar de o princípio de precaução (PP) possuir várias versões, não temos como objetivo abordar a sua história e a sua rica complexidade (cf. AHTEENSUU; SANDIN, 2012; RECHNITZER, 2020), nos detendo em apenas alguns aspectos que nos parecem importantes na sua comparação com o PES. De maneira ampla, podemos afirmar, como vimos anteriormente, que muitos dos desenvolvimentos e inovações tecnocientíficas vêm frequentemente acompanhados de algum risco. Assim, muitas vezes, pesquisadores não têm condições de fazer juízos definitivos acerca desses riscos e sua natureza, se podem ou não causar sérios danos. Nessa situação, "o princípio de precaução (PP) recomenda tomar precauções especiais, e dependendo da condução de pesquisa apropriada sobre os riscos, adiar decisões finais acerca de, e sob quais condições, implementar efetivamente a inovação" (cf. LACEY, 2006b, p. 373). Incorporado desde 2005 à constituição francesa por meio da *Carta do meio ambiente*, o PP afirma que:

> Quando a realização de um dano, ainda que incerta no estado atual dos conhecimentos científicos, pode afetar de maneira grave e irreversível o meio ambiente, as autoridades públicas zelam pela aplicação do princípio de precaução e, em seus domínios de atribuição, pela execução de procedimentos de avaliação dos riscos e pela adoção de medidas provisórias e proporcionadas com o objetivo de evitar a realização do dano (Charte de l'Environnement, 2004).

O PP introduz uma perspectiva fundamental na aplicação da ciência, que consiste em rejeitar os transgênicos, por exemplo, com base em pareceres insuficientes, ou inconclusivos. Vimos que os riscos associados a uma determinada variedade transgênica dependem de interações absolutamente complexas decorrentes de modificações genéticas, da história natural dos organismos envolvidos e também das propriedades do ecossistema em que é liberado o OGM (cf. NODARI; GUERRA, 2001, p. 89).

> Esses riscos crescem e se tornam mais difíceis de serem avaliados e controlados na medida em que a área de cultivo aumenta. Estamos no âmbito do ecossistema, e não de uma célula isolada, ou de um tubo de ensaio. Os primeiros referem-se a impactos efetivamente sociais, os últimos

restringem-se a testes efetuados com poucas plantas em laboratórios. Assim, quando químicos ou biólogos moleculares afirmam que em determinados OGM não foram detectados efeitos adversos importantes, estão se referindo a análises efetuadas com algumas poucas células. Ora, se tais investigações não conseguem dar conta do ponto de vista químico-biológico-toxicológico da investigação com poucas plantas, o que diremos da cientificidade dessas investigações em termos de escalas maiores, levando-se em consideração, por exemplo, propriedades ou regiões inteiras? O problema do vivo, diferente da matéria inerte relacionada estritamente a fenômenos físicos, é que ele envolve e se efetiva por meio de um grande número de caminhos que são do ponto de vista causal e determinístico inoperantes, o que implica a dificuldade de explicações deterministas e completas. O princípio de equivalência substancial opera dentro de uma estratégia descontextualizada e, portanto, reducionista, que, então, não consegue abordar os efeitos possíveis dos alimentos transgênicos na sua interação com a sociedade e os humanos, com as plantas, animais e com o meio ambiente (ZATERKA, 2019, p. 280-281).[8]

Nesse caso, em vez de operar com um princípio claramente anticientífico, deve-se optar pelo princípio ético de precaução, pois diante da possibilidade de danos, sejam irreparáveis ou mesmo ainda não comprovados, algo deve ser feito, e esse algo se resume a pesquisas, a testes rigorosos de longa duração para que as incertezas possam ser minimizadas (cf. STEEL,

---

8 Os desdobramentos dessa discussão são inúmeros. Lembremos, por exemplo, que existem vários mecanismos ambientais que asseguram que os genes introduzidos em transgênicos se espalharão de maneira efetiva para campos vizinhos e para plantas relacionadas no ambiente, por meio do pólen que facilmente se espalha pelo vento e por meio de insetos. Esse fenômeno de contaminação pode pôr em risco os agricultores que desejam plantar sementes não transgênicas, e que podem inclusive perder os seus certificados de "não transgênicos"; ou ainda serem processados por violação do direito de patente por corporações que vendem as respectivas sementes (LACEY, 2006a, p. 138).

2015). A beleza da ciência está em sua mutabilidade, pois ela é complexa e rica e aceita um certo ceticismo mitigado até que avanços comprovem ou não a sua eficácia. Utilizemos a nosso favor a precaução e a responsabilidade, pois isso não significa, como afirmam alguns, o abandono da ciência ou o congelamento do progresso tecnológico, mas, ao contrário, uma ciência que permanece em desenvolvimento e mantém, ao mesmo tempo, seu *ethos* científico, bem como sua imparcialidade. Se assim for, quem sabe em breve conseguiremos resgatar um valor que foi tão caro na gênese da ciência moderna, qual seja, o *locus* da publicização e da comunicação, ao contrário de uma ciência que se esconde atrás de patentes que garantem a exclusividade e o segredo.

Hoje em dia existem propostas concretas de formas alternativas de agricultura, que podem oferecer alta produtividade em lavouras com baixos riscos, promover agroecossistemas sustentáveis e proteção da biodiversidade e auxiliar na emancipação social de comunidades pobres (LACEY, 2006a; ALTIERI, 1995). Talvez necessitemos mesmo de uma transvaloração dos valores para conseguirmos mobilizar uma ciência com menos riscos e mais responsabilidade social, que inclua valores que deveriam ser caros a nós, como a democracia, a justiça e a sustentabilidade.

Considerações finais
Química, sociedade e responsabilidade

A química é um conhecimento único, pois seu *locus* está entre a ciência e a tecnologia, o teórico e o prático, o abstrato e o concreto. Ela não encontra a sua filiação somente no âmbito conceitual: suas raízes localizam-se também na tradição do "fazedor de conhecimento" (*knowledge maker*), dos artesãos e dos artífices. Nos ensaios deste livro, consideramos que esse caráter híbrido da química caracteriza sua história e que ele suscita questões filosóficas originais. Procuramos, então, apresentar argumentos em favor da ideia de que um olhar mais atento para as práticas e as teorias de químicos e de alquimistas é mais interessante do que uma aplicação de aspectos da filosofia tradicional da ciência associados, em geral, a uma visão uniforme da ciência. No entanto, ao admitirmos um pluralismo científico, não sugerimos um relativismo no qual o conhecimento químico deixasse de compartilhar certos valores cognitivos com as demais ciências como, por exemplo, a adequação empírica de suas teorias, mas sim a necessidade de enfatizar que a relação dos químicos com os *materiais* que eles produzem nos laboratórios e nas indústrias demanda investigações específicas. Não propusemos uma introdução à história e à filosofia da química no sentido tradicional de um livro-texto, que resumisse as posições atuais desse domínio de pesquisa, mas procuramos apresentar um ponto de vista que sustenta que a filosofia da química, ancorada na história da química, emerge do constante compromisso dos químicos com as práticas experimentais e com a manipulação e a produção de materiais. Desse modo, a filosofia e a história da química buscam esclarecer a evolução dos problemas, dos conceitos, das práticas e dos contextos sociais e culturais nos quais a química e seus produtos passam a existir.

Nos últimos anos, além do aumento do interesse pela filosofia da química, também assistimos a uma "viragem material" (*material turn*) em filosofia e história das ciências interessada em colocar instrumentos, objetos, materiais e práticas no centro dos relatos históricos (cf. WERRETT, 2019). Como em muitos aspectos a história da química tem sido sempre uma "história material" e tem estado na esteira dessa "viragem", cabe à filosofia e à história da química tomar as substâncias químicas, os químicos que as criam e as indústrias que as fabricam parte da cultura, da sociedade e da política, pois os produtos da química integram, além de valores cognitivos internos à disciplina, interesses econômicos, demandas sociais, médicas, militares ou ambientais, de modo que esses corpos materiais são partícipes tanto da história humana quanto da história do nosso planeta. As substâncias químicas devem ser consideradas, então, como corpos híbridos entre a natureza e a sociedade.

Grande parte da desconfiança social em relação à química e à indústria química advém de sua associação ao perigo e também de seu caráter transgressor, que rompe fronteiras tradicionais, como aquela entre natureza e artifício, além de sua linguagem ser, desde seu período alquímico, formada de símbolos e termos de difícil compreensão. Essa desconfiança certamente foi alimentada por inúmeros acidentes, mas também por obras de ficção literárias ou científicas, que desde o século XIX apontam para possíveis consequências monstruosas do trabalho dos químicos em seus laboratórios. A resposta convencional às temeridades e a essa imagem pública da química, considerada como distorcida por seus profissionais, tem sido a indicação de seus benefícios e da necessidade de seu ensino, além da divulgação de seus feitos e conquistas. No entanto, louvar seus aspectos utilitários, fundamentais para o modo de vida contemporâneo, e sua importância para o progresso científico alcançado, embora necessário, não parece dirimir a desconfiança do público e menos ainda promover um ponto de vista químico do mundo. A nosso ver, esse "ponto de vista químico" é essencial para reflexões e esclarecimentos de questões filosóficas, epistemológicas, metodológicas ou valorativas que são próprias das atividades dos químicos e de suas relações com outros ramos da ciência e com a sociedade. Portanto, aproximar a química do debate público não consiste meramente em fazer publicidade, mas em promover esclarecimentos acerca das implicações das escolhas produtivas e societárias na assimilação dos produtos de sua indústria. Assim, pensamos que as pesquisas em filosofia e história da química, além de contribuírem para o desenvolvimento acadêmico dessas áreas, também podem oferecer narrativas que ajudam nesse processo de esclarecimento acerca das características do conhecimento químico enquanto ciência da natureza e dos papéis dos atores sociais e ambientais nele envolvidos.

A química tem como um de seus maiores objetivos, além de estudar e mapear as propriedades das substâncias químicas já conhecidas, criar novas entidades materiais. Essa ciência do concreto também lida com substâncias que nos rodeiam a todo momento, presentes em comidas, bebidas, materiais sintéticos, fertilizantes, drogas e fármacos, bem como nas armas convencionais e não convencionais, como as biológicas e as nucleares. No entanto, ao trabalhar com corpos reais, a química tem que enfrentar dois problemas fundamentais: a capilaridade e os modos de existência dessas substâncias fabricadas e postas à disposição para os mais variados empregos. A complexidade desses problemas reside no fato de que as substâncias químicas não interagem apenas entre si, mas também com o ambiente natural e com os sistemas vivos em geral, e isso em temporalidades que variam de poucos segundos até milhares de anos.

Embora possamos partir da premissa de que a síntese de uma determinada substância deve objetivar sobretudo um potencial benéfico para a sociedade, sabemos que isso nem sempre ocorre. Do ponto de vista geral, esse potencial benéfico nem sempre acontece, pois, no limite, cada nova molécula pode ter ameaças em potencial que ainda ignoramos. Um caso exemplar é o dos clorofluorcarbonetos (CFC), compostos artificiais que possuem carbono, flúor e cloro em sua estrutura. Como são gasosos, foram utilizados a partir da década de 1930 nas tecnologias de refrigeração e aerossol devido à sua relativa estabilidade e segurança. Na época de sua introdução, aliás, eles foram considerados bastante importantes, pois substituíram substâncias altamente tóxicas e inflamáveis, como o cloreto de metila e o dióxido de enxofre, além da amônia líquida, conhecidos como refrigerantes de primeira geração. Porém, alguns anos mais tarde, descobriu-se os perigosos efeitos dessas substâncias para o meio ambiente, em especial quando eram lançados na atmosfera, causando a destruição do ozônio da estratosfera. Assim, o que foi originalmente considerado uma grande vantagem dos CFCs – sua estabilidade – tornou-se um problema ambiental significativo. Como vimos, esse também foi o caso do DDT (diclorodifeniltricloroetano), sintetizado no final do século XIX, mas que passou a ser usado em larga escala somente depois da Segunda Guerra como pesticida no combate a mosquitos vetores de doenças como a malária e a dengue. Contudo, essa proeza do produto logo foi contrastada com o fato de ser um poderoso agente cancerígeno. Essa é uma situação relativamente comum quando abordamos a introdução de novos produtos químicos e sua capilarização, pois a avaliação é baseada principalmente nas vantagens frente ao produto que será substituído ou da nova mercadoria criada.

Do ponto de vista específico, efeitos biológicos imprevistos podem ocorrer, por exemplo, por causa da quiralidade, propriedade geométrica atribuída às moléculas que impede que elas possam ser sobrepostas à sua imagem. Dois casos importantes ilustram essa perspectiva. O primeiro é o caso da proteína infecciosa *príon*, relacionada à conhecida "doença da vaca louca" (doença neurodegenerativa bovina, ou EEB), a qual analisamos no capítulo relativo aos transgênicos, que causa a morte das células cerebrais, formando buracos no cérebro do animal, que seria, à primeira vista, idêntica em termos de aminoácidos à proteína celular não patológica. Um outro exemplo que podemos lembrar e que demonstra claramente que dois compostos idênticos em todos os seus aspectos, exceto pelo fato de serem estereisômeros, podem acarretar diferenças significativas em um dado organismo é o triste caso da história do uso da talidomida ($C_{13}H_{10}N_2O_4$), composto existente na forma de uma mistura equivalente de isômeros (S) e (R). Essa substância, ou melhor, essa mistura de enantiômeros (cujo custo da separação, bem como o desconhecimento de seus efeitos, facilitou que ela fosse comercializada assim), foi prescrita para auxiliar mulheres grávidas entre os anos de 1957 e 1962 para minimizar os seus enjoos. Depois de descoberto seu caráter teratógeno, isto é, causador de vários tipos de defeitos congênitos – perda de audição, alterações oculares, surdez, paralisia facial, malformações na laringe, traqueia, pulmão e coração, e retardo mental em 6,6% dos indivíduos afetados –, parte dela foi retirada do mercado. Pesquisas feitas após o episódio sugeriram que um dos enantiômeros – especificamente o S – está relacionado com os efeitos da talidomida, enquanto o R é o responsável por suas propriedades sedativas e anti-inflamatórias (cf. HOFFMANN, 2000, p. 171s; KOVAC, 2018, p. 50s). A tragédia da talidomida forçou uma nova regulação nos medicamentos e apontou claramente para a insuficiência do âmbito epistemológico de lidar com essas complexas questões da química orgânica, afinal, não levar em consideração as análises de riscos e de precaução é uma questão, sobretudo, ética. Por meio desses exemplos, gostaríamos de enfatizar que a imprevisibilidade epistêmica é intrínseca ao modo químico de existência. Todavia, essa imprevisibilidade não pode servir de argumento para práticas que ferem protocolos éticos na conduta científica, tampouco para justificar práticas industriais caracterizadas por jurisprudências nacionais e internacionais como criminosas, mesmo porque, após os primeiros casos de malformação em crianças serem diagnosticados, os diretores da Grünenthal sabiam, desde 1957, que seu produto poderia ter efeitos colaterais negativos para o sistema nervoso, e que, portanto, a droga deveria ter sido suspensa imediatamente, o que não ocorreu por questões claras de intervenção de valores econômicos e de mercado. Foi uma tragédia que teve início no âmbito epistêmico e terminou como um caso criminoso ético.

Contudo, além dessas especificidades epistemológicas, ligadas à estrutura e à função das moléculas e, portanto, à complexidade das substâncias criadas e utilizadas pela ciência química, outro fator nos chama a atenção e aumenta a problemática de sua confiabilidade. Pelo fato, como vimos, de as substâncias criadas nos laboratórios serem facilmente capilarizadas pela indústria e atingirem o âmbito social, esbarramos na difícil e complexa relação entre ética, ciência e indústria. Assim, se nos voltarmos para a história das ciências e das técnicas, veremos que em alguns casos importantes o *ethos* da relação entre a ciência e a indústria se mostrou bastante problemático. Lembremos, por exemplo, da indústria tabagista, que por décadas tentou minimizar os efeitos do cigarro para a saúde humana, impedindo, inclusive, a regulamentação ou mesmo as restrições do cigarro, que comprovadamente provocava, entre outras doenças, o câncer. Em 1967, "mais de dois mil estudos já reforçavam a conclusão de que fumar era prejudicial à saúde [...], mas a indústria duplicou suas despesas no apoio a médicos e hospitais passando de US$ 50 milhões para US$ 100 milhões por ano. A estratégia de negar os resultados científicos continuava funcionando" (LEITE, 2014, p. 182).

É por isso, talvez, que nunca tenha sido alterada a composição altamente tóxica dos cigarros, que possui em média 5300 substâncias, das quais pelo menos 4700 são nocivas, sem considerar os aditivos industriais que servem para "turbinar" os cigarros, tais como conservantes, flavorizantes (mentol, cacau, alcaçuz), umectantes (propileno glicol, sorbitol) e compostos de amônio, que tornam os cigarros, por meio de sabores e aromas, mais atraentes. Dentre as substâncias mais letais encontramos a nicotina, substância orgânica nitrogenada, que causa dependência; o monóxido de carbono, um dos gases presentes no escapamento dos automóveis, que impede o transporte de oxigênio em nosso corpo, pois atua diretamente nas hemácias; as nitrosaminas, policiclos e metais pesados, que estão associados a diversos cânceres, tais como os de pulmão, língua, esôfago, mama e próstata, pois podem afetar o código genético das células. A fumaça do cigarro possui, ainda, substâncias radioativas, como o polônio 210 e o cádmio. Por fim, lembremos que o descarte incorreto desses resíduos é altamente tóxico, pois sendo feitos de materiais não biodegradáveis, armazenam substâncias como o benzeno, o chumbo e o arsênio, que causam danos irreparáveis para o meio ambiente.

Mais recentemente, durante a pandemia causada pelo novo coronavírus (COVID-19), pudemos notar como as moléculas químicas podem fazer parte de narrativas com variados interesses. Três delas são exemplares: a cloroquina, a hidroxicloroquina e a azitromicina. A cloroquina ($C_{18}H_{26}ClN_3$), derivada de uma árvore nativa da Cordilheira dos Andes e da Bacia Amazônica, conhecida como quina (*Cinchona succirubra*), foi sintetizada em 1934 pelo químico Hans Andersag (1902-1955) a serviço da I.G. Farbenindustrie, um conglomerado de indústrias químicas alemãs. Trata-se de um tipo de alcaloide cuja molécula tem uma estrutura semelhante à do quinino ($C_{20}H_{24}N_2O_2$) e de seu esteroisômero, a quinidina, sendo eficaz no tratamento da malária, pois consegue interferir no funcionamento dos lisossomos e, com isso, destruir o causador da doença. Já nos glóbulos vermelhos, ela se liga a átomos de ferro, formando um complexo que destrói a célula e o parasita. A hidroxicloroquina ($C_{18}H_{26}ClN_3O$) foi sintetizada em 1946 e proposta como alternativa à cloroquina por ser mais solúvel e menos agressiva ao tecido celular. Ambas também demonstraram eficácia no tratamento de doenças reumáticas, mas a partir dos anos de 1960 passou-se a observar alguns efeitos colaterais importantes, como a retinopatia, causada por doses excessivas dessas substâncias (cf. BROWNING, 2014). A azitromicina ($C_{38}H_{72}N_2O_{12}$), por sua vez, é um eficiente antibiótico usado para combater infecções causadas por bactérias, e foi sintetizada em 1980 por uma equipe de pesquisadores da indústria farmacêutica croata Pliva, liderada pelo químico Slobodan Djokic (1926-1994) (cf. BACH; ZUBRINIC, 2013). Pesquisas realizadas *in vitro* sugeriam que esses medicamentos combinados poderiam ser eficazes contra o coronavírus tipo 2 (SARS-COV-2/COVID-19), responsável por síndromes respiratórias graves.

No entanto, o que parecia ser apenas o início de uma suposição de que essas moléculas pudessem ser um remédio para o COVID-19 passou a ser considerado por algumas autoridades, sobretudo por responsáveis políticos, como a solução para a pandemia. Porém, estudos posteriores realizados com pacientes em ensaios clínicos randomizados e não simplesmente por experimentos *in vitro* demonstraram a ineficácia dessas moléculas no tratamento do COVID-19. O resultado desses experimentos passou a ser alertado pelos próprios laboratórios fabricantes dessas substâncias químicas e por agências de saúde nacionais, como os norte-americanos National Institutes of Health, a partir de outubro de 2020 (cf. NIH, 2020). Na verdade, estudos mostraram que mesmo sendo consideradas seguras para o tratamento de algumas doenças, essas substâncias podem causar distúrbios graves se ingeridas em altas doses, como fraqueza muscular, problemas gastrointestinais, bem como doenças cardiovasculares. Como o COVID-19 é um vírus que, além de causar danos ao sistema pulmonar, é também prejudicial ao sistema cardiovascular, essas drogas foram consideradas perigosas por grande parte da comunidade científica. Assim, avaliar a segurança é especialmente importante, pois a cloroquina e a hidroxicloroquina podem causar, inclusive, arritmias fatais. Isso significa que os efeitos adversos desses medicamentos podem ser ainda mais prevalentes e perigosos em pessoas com COVID-19. Apesar disso, o uso dessas moléculas sem eficácia comprovada contra o vírus continuou sendo permitido e até mesmo recomendado por autoridades políticas e sanitárias de alguns países, como, infelizmente, o Brasil. Temos, com isso, um claro exemplo do porquê a comunidade científica deve ter plena autonomia frente às questões de ordem política: as autoridades políticas não podem *nunca* falar em nome daquilo que desconhecem.

Portanto, química e perigo são indissociáveis. As demandas sociais pelo estabelecimento de regulamentos protocolares que visem proteger os trabalhadores das indústrias químicas, seu entorno ambiental e humano, bem como os consumidores, são salutares. Porém, é necessário deixar de lado a ilusão de que os riscos são todos controlados, visto que os acidentes são o ordinário na química, inscritos nas próprias substâncias que manipulamos e que resistem a uma total domesticação. Ao longo do século XX foram recenseados mais de trinta mil acidentes ou incidentes no mundo. O último que foi datado, em 2020, devastou o porto e parte da cidade de Beirute, no Líbano, tendo sido provocado pelo nitrato de amônio, fundamental para a fabricação de fertilizantes, mas perigoso por sua conhecida propriedade explosiva. Assim, melhor do que fantasiar com zero riscos de acidentes e incidentes, é necessário, além de uma máxima prevenção, promover pesquisas que antecipem a reparação dos efeitos dessas ocorrências, que sempre podem ocorrer (cf. BENSAUDE-VINCENT, 2020, p. 294).

Disso decorre que as instituições de pesquisa, públicas ou privadas, e as indústrias que tornam possível a existência das substâncias químicas na sociedade e no ambiente natural devam também promover pesquisas multiestratégicas. Toda pesquisa científica é conduzida seguindo uma determinada estratégia de investigação, que "(1) restringe os tipos de teorias, modelos, analogias, técnicas e simulações que podem ser usadas no curso da pesquisa; e (2) seleciona os tipos de dados empíricos que o cientista busca obter e relatar, assim como os fenômenos e aspectos a serem observados e pesquisados" (LACEY; MARICONDA, 2014, p. 645). A escolha de uma estratégia de pesquisa depende, portanto, dos tipos de fenômenos que ocorrem em um determinado domínio de interesse e constitui uma das etapas na condução das atividades científicas. Até recentemente, considerava-se que essa escolha decorria somente da avaliação cognitiva das teorias e das hipóteses utilizadas para dar conta das evidências empíricas dos fenômenos em questão, e que essa estratégia era livre de outros tipos de valores (pessoais, sociais, éticos, religiosos). Pesquisas assim conduzidas são consideradas como descontextualizadas. Porém, tem-se mostrado ser possível preservar alguns ideais balizadores das atividades científicas, como a imparcialidade cognitiva na avaliação de teorias e hipóteses, ancorados em valores cognitivos, e mesmo assim assimilar outros valores na escolha das estratégias de pesquisas. É importante observar que a interação entre valores não cognitivos e atividades científicas pode ocorrer na escolha de estratégias, na condução da pesquisa, na divulgação dos resultados ou na aplicação do conhecimento científico, mas esses valores não devem interferir na avaliação cognitiva das teorias e hipóteses empregadas pela estratégia escolhida. Nesse caso, somente valores cognitivos, tais como adequação empírica, consistência teórica, poder explicativo, simplicidade, fecundidade e certeza devem ser admitidos e aceitos, preservando assim os ideais da imparcialidade na aceitação de teorias e hipóteses e da objetividade cognitiva (cf. LACEY, 2008, p. 84, n. 3).

As estratégias descontextualizadas restringem as teorias ou hipóteses a serem investigadas e analisadas somente àquelas que representam os fenômenos e delimitam suas possibilidades materiais. Elas também selecionam e formulam dados empíricos utilizando categorias descritivas geralmente quantitativas, deixando de lado aspectos qualitativos que podem ser fundamentais em determinados contextos. Esse tipo de estratégia é fundamental para o desenvolvimento da atividade científica, mas é desejável que outros elementos valorativos sejam levados em consideração. De fato, é possível a escolha de estratégias de pesquisa que considerem o contexto no qual a atividade científica será realizada ou no qual o resultado do conhecimento científico será aplicado, sem, com isso, deixar de lado os valores cognitivos norteadores da ciência. Assim, parece-nos importante destacar que:

> A pesquisa científica é investigação empírica sistemática – que responde ao ideal da imparcialidade – (1) que é conduzida mediante o uso de quaisquer estratégias que sejam adequadas à obtenção de conhecimento e entendimento dos objetos/fenômenos investigados, onde (consistentemente com o ideal da abrangência) o alcance dos objetos investigados sempre está aumentando,

frequentemente tendo em vista a aplicação prática e tecnológica do conhecimento; e (2) que assegura que toda perspectiva de valor será servida no maior grau possível por algumas aplicações e que, em princípio, serão mantidas as condições que possibilitariam que a neutralidade funcionasse como um ideal regulador (LACEY; MARICONDA, 2014, p. 652).

Em geral, as pesquisas em química e dos efeitos de sua indústria e dos seus produtos na sociedade também adotam estratégias descontextualizadas. Porém, no nosso entendimento, esse domínio de investigação é um dos que mais pode contribuir para o desenvolvimento de pesquisas multiestratégicas. Pesquisas descontextualizadas realizadas no laboratório dos químicos são fundamentais para o conhecimento/entendimento dos fenômenos químicos, mas parece-nos imperativo levar em conta outros valores (sociais, éticos, políticos...) nas investigações que têm por objetivo compreender o comportamento e os efeitos das substâncias químicas em contextos materiais variados. O fomento institucional à pluralidade de estratégias de pesquisa em química é importante não somente para prevenir os riscos associados a uma determinada substância química, mas também na previsão de como fazer a recuperação dos danos causados no ambiente e na sociedade antes mesmo que eles aconteçam. A química, o perigo e os acidentes também formam um híbrido, e a promoção de uma pluralidade de estratégias de pesquisa se torna, portanto, uma demanda essencial no "contrato social" estabelecido entre a sociedade e a química.

Atualmente, com a onipresença da química e a ascensão da biologia molecular, há uma tendência generalizada de suspeitar que, de fato, de uma forma ou de outra, esses domínios estão relacionados com a ética. Se tomarmos, por exemplo, um dos domínios da ética, a deontologia, que trata da ação correta e da natureza do dever, e a aplicarmos à investigação científica, somos levados a admitir que, em princípio, qualquer experiência científica envolve uma medida de risco e, portanto, de responsabilidade, já que qualquer ação que interfira na evolução espontânea da natureza ou nos mecanismos ordinários das mudanças na sociedade humana pode causar algum efeito indesejável. Porém, uma vez que fazer ciência é bom na medida em que aumenta os nossos conhecimentos, por que a experimentação para fins estritamente científicos deve ser motivo de preocupação ética? Em que sentido e em que medida deve um cientista tentar estabelecer se a decisão de realizar uma determinada experiência ou grupo de experiências é certa ou errada? Essas são questões válidas, pois qualquer interferência com um equilíbrio pré-estabelecido é eticamente relevante. Assim, nas investigações científicas os pesquisadores estão confrontados com escolhas que, embora em diferentes níveis, não são indiferentes do ponto de vista ético (cf. DEL RE, 2001).

Um exemplo disso são as escolhas feitas no domínio da química de sínteses orgânicas. Ao contrário de outros ramos da ciência, os produtos científicos da química sintética não são apenas ideias, mas também novas substâncias que mudam o nosso mundo material, beneficiando ou prejudicando os seres que o habitam. Uma vez que a síntese muda o mundo material, o ganho de conhecimento deve ser comparado com o aumento do não conhecimento ou da falta de conhecimento, definido pelo número de suas propriedades que restam desconhecidas. Com cada produção de uma nova substância, o âmbito do não conhecido aumenta proporcionalmente ao número de propriedades indeterminadas da nova substância, bem como por toda a reatividade química das substâncias já existentes com a nova. Assim, em geral, a síntese de novas substâncias produz muito mais não conhecimento do que conhecimento, embora isso possa ser diferente em casos particulares em que a síntese é realizada para melhorar ou qualificar conhecimentos mais gerais.

Não só é difícil conciliar esse fato com os pontos de vista tradicionais da ciência como atividade produtora de conhecimento, como também surge o questionamento se os químicos sintéticos devem ter alguma responsabilidade pelo conhecimento químico geral sobre o mundo material, considerado como um bem público. Além do interesse acadêmico, a produção de não conhecimento pela síntese de novas substâncias é de interesse geral, pois se as novas substâncias saem dos laboratórios e tornam-se parte do nosso ambiente material, isso aumenta, necessariamente, sua complexidade química. Para Joachim Schummer, é exatamente essa complexidade que torna a química sintética, entre todos os outros ramos das ciências naturais, a mais peculiar quando consideramos a química a partir de princípios éticos. Assim, a questão ética própria ao fazer dos químicos sintéticos é se eles, tanto como indivíduos quanto como uma comunidade de pesquisa, deveriam ser responsabilizados por qualquer dano ambiental causado pela sua nova substância. Mesmo que os próprios químicos sintéticos não introduzam as suas novas substâncias no ambiente, nem as promovam para uso comercial, a sua primeira síntese de uma substância é o passo causal crucial para a sua existência e para os possíveis danos causados por elas. Em última análise, os químicos sintéticos, como criadores livres de novas substâncias, poderiam, então, ser considerados responsáveis por todos os danos possíveis causados pelas suas criações (cf. SCHUMMER, 2001).

Um exemplo de resultado concreto de algumas dessas demandas sociais foi a promulgação pela União Europeia do Regulamento REACH (*Registration, Evaluation and Authorisation of Chemicals*), concernente ao registro, avaliação e autorização de substâncias químicas, que entrou em vigor em junho de 2007. O REACH visa um melhor conhecimento dos efeitos das substâncias sobre a saúde humana e sobre o ambiente por meio de uma gestão mais eficaz dos riscos ligados ao uso desses produtos. O regulamento prevê, além disso, diversos dispositivos técnicos e jurídicos, assim como as obrigações devidas aos produtores e importadores de substâncias químicas, o que tem por efeito reverter a tarefa de provar a toxicidade de um produto, passando das autoridades públicas para as indústrias. A partir de então, caberia ao industrial demonstrar que seu produto segue o regulamento, e não às autoridades públicas de provar que ele não o faz. No processo de regularização, a análise do dossiê de cada substância e a fiscalização do cumprimento do regulamento são feitas pela Agência Europeia de Produtos Químicos (ECHA). Para seus defensores, o regulamento REACH consiste em uma mudança importante, pois provoca uma mudança profunda nos procedimentos para se autorizar a comercialização de um produto químico. Além de aumentar a precaução presente e futura em relação aos humanos e ao ambiente da ação desses produtos, o regulamento também favoreceria a pesquisa científica e a competitividade das indústrias químicas europeias, assim como seria uma barreira de mercado aos fabricantes que não obedecessem ao regulamento (cf. SILLION, 2020, p. 313).

A demanda pelo bom uso do conhecimento químico e pelo cuidado com os efeitos de seus produtos faz parte dos princípios de conduta profissional estabelecidos pelas entidades nacionais que representam os químicos. Por exemplo, de acordo com o código de conduta da American Chemical Society (ACS), espera-se que os seus membros contribuam com "a melhoria das qualificações e de utilidade dos químicos através de elevados padrões de ética profissional, educação e realização". Assim, "o profissional em química deve esforçar-se por fazer avançar a empresa química do modo mais amplo possível em benefício da Terra e do seu povo e tem obrigações para com o público, para com os colegas e para com a ciência" (THE CHEMICAL PROFESSIONAL'S CODE OF CONDUCT, 2021). No Brasil, a exigência de uma ética profissional para os químicos é regulada por uma Resolução Ordinária (927/70) do Conselho Federal de Química, que estabelece o que o químico deve e o que ele não deve fazer (CÓDIGO DE ÉTICA, 1970). Porém, tanto nesses dois casos em específico quanto nas demais profissões, com acréscimos pontuais, há um contentamento com princípios gerais e corporativos; além disso, o público é tomado como simples receptor/consumidor dos produtos químicos. Para avançar o debate acerca de qual deveria ser o melhor procedimento profissional do químico, Kovac aponta ser necessário mais do que máximas morais, pois sem uma compreensão adequada do processo histórico da autodefinição da química como profissão (ou seja, seus códigos internos de funcionamento), torna-se opaca a relação intrínseca entre a ética e a própria epistemologia, bem como as complexas relações entre esses profissionais e a sociedade (cf. KOVAC, 2006).

Se no âmbito da química convencional essas questões, como vimos, já aparecem de maneira manifesta, o que pensar das nanotecnologias, que não mais alteram e produzem moléculas, mas manipulam a matéria em nanômetros,[1] isto é, na escala do bilionésimo do metro? Eric Drexler e Richard Feynman introduziram pela primeira vez a possibilidade da manipulação de átomos e suas consequências para o âmbito industrial (cf. DREXLER, 1992; FEYNMAN, 1959). Com a chegada, especialmente, do microscópio de tunelamento e do microscópio de força atômica, capazes de obter imagens a nível atômico, houve uma crescente ampliação da capacidade de análise e manipulação em escala nanométrica. A expectativa de "moldar o mundo átomo por átomo" aventada por Feynman e Drexler serviu de fundamento argumentativo na defesa de um novo estilo de convergência entre a ciência, a natureza e a sociedade, operado, sobretudo, no âmbito da técnica, que foi denominada pelo filósofo Gilbert Hottois de "tecnociência" (cf. HOTTOIS, 2006). Todavia, não devemos esquecer que

> A tecnociência, tal como ela se desenvolve hoje, distingue-se menos pela inversão das prioridades entre a ciência e a técnica e mais pela entrada em cena de políticos e do mercado no mundo da pesquisa científica e tecnológica. Mas, sobretudo, não se trata na realidade de um novo 'paradigma', de uma 'era nova' de reaproximação da ciência com a sociedade da qual se seguiria um período de autonomização da pesquisa na longa duração da história das ciências e das técnicas ocidentais. É necessário parar de invocar termos como 'revolução'

---

1 Um nanômetro corresponde a 10^{-9}m, ou seja, a um bilionésimo de metro.

ou 'novo paradigma' para impor uma direção à história. A tecnociência é menos um momento histórico e mais um processo que vincula várias histórias. É por isso que podemos reencontrar seus traços em um passado longínquo – bem anterior à aparição do termo (BENSAUDE--VINCENT, 2009, p. 195).

Desde então, observa-se a produção de nanoestruturas, tanto por meio da redução de dimensões já existentes quanto da formação de novos arranjos moleculares, com a finalidade de criar efeitos químicos, biológicos e físicos que sejam aplicáveis a uma vasta gama de atividades industriais e tecnológicas. Nesse último caso, temos a emergência de um novo domínio de investigação química: a nanoquímica. A síntese de nanoestruturas e nanomateriais por intermédio da utilização de materiais supramoleculares e biomiméticos que fazem emergir "de baixo para cima" (*bottom-up*) materiais nanoestruturados constitui os alicerces da nanoquímica. A nanoquímica tem dois aspectos importantes: um deles está associado à obtenção de conhecimentos sobre particularidades das propriedades químicas e da reatividade das partículas nanoestruturadas, o que alimenta a pesquisa nesse domínio da química; o outro, ligado à nanotecnologia, consiste na aplicação de nanoquímica à síntese, modificação e estabilização de nanopartículas individuais e na sua automontagem dirigida para obter nanoestruturas mais complexas (cf. STEED; TURNER; WALLACE, 2007; SERGEEV; KLABUNDE, 2013).

No entanto, nessa escala a matéria pode adquirir novas propriedades, com reflexos importantes e imprevistos na sua termodinâmica e na sua reatividade. "As propriedades dessas novas nanopartículas e nanoestruturas são ainda, em grande parte, desconhecidas [...] (por exemplo: a superfície altamente reativa das nanopartículas; sua capacidade de atravessar membranas) [e] podem estar associadas a um grau potencialmente alto de toxicidade" (RIECHMAN, 2009, p. 267). Uma pesquisa de 2006 discute que dos US$ 9 bilhões gastos anualmente no mundo com pesquisas em nanotecnologia, apenas entre 15 e 40 milhões são alocados para pesquisas sobre os seus riscos, toxicidade, segurança, efeitos na saúde etc. Isso significa que apenas 1 dólar em cada 300 é gasto com pesquisas relativas à precaução dessa nova tecnociência (cf. RIECHMAN, 2009). Estudos efetuados com camundongos, por exemplo, mostraram que o uso generalizado de nanotubos de carbono pode levar ao mesotelioma, ou seja, um tipo de câncer que se fixa no revestimento dos pulmões. A causa está no fato de que esses nanotubos possuem uma estrutura de fibra em forma de agulha que pode ser comparada ao amianto. Esses resultados são importantes, pois as comunidades de pesquisa e negócios continuam a investir pesadamente em nanotubos de carbono para uma ampla gama de produtos, partindo do pressuposto de que eles não são mais perigosos do que o grafite, por exemplo (cf. POLAND, 2008).

Nesse momento, é importante retornarmos ao clássico livro *Primavera silenciosa*, de Rachel Carson, pois a autora, de maneira dicotômica, posiciona a ciência química no lado do caos e a ecologia no lado da ordem e da paz. Ao chamar a atenção para o crescente problema ecológico na América do pós-guerra causado pelo uso do DDT, o livro foi um marco essencial para o público ter conhecimento sobre os sérios danos que pesticidas e herbicidas, por exemplo, causavam ao meio ambiente. Em especial no capítulo 2, intitulado "A obrigação de suportar", a autora apresenta o empreendimento químico como uma guerra contra a natureza:

> As substâncias químicas às quais se exige que a vida se ajuste não são mais somente o cálcio, a sílica, o cobre e todos os demais minerais lavados das rochas e carregados pelos rios até o mar: são as criações sintéticas da mente inventiva do ser humano, preparadas em seus laboratórios e sem equivalentes na natureza. [...] A cifra é estonteante, e suas implicações não são facilmente aprendidas – quinhentas novas substâncias químicas às quais o corpo dos seres humanos e dos animais precisam, de algum modo, se adaptar todos os

anos; substâncias químicas totalmente fora dos limites da experiência biológica (CARSON, 2010, p. 23).

Porém, a autora – e esse aspecto é de nosso interesse – "toma o cuidado para não cair na armadilha do movimento anticientífico, chamando ao invés disso, para uma nova ecologia que é ao mesmo tempo científica e política" (BENSAUDE-VINCENT; SIMON, 2008, p. 19). Nesse sentido, Carson acredita no conhecimento científico e o valoriza, mas o faz de maneira diferenciada: de um lado, ela aponta para o que seria um caminho favorável, a trilha pela ecologia, mas, de outro, para um caminho prejudicial conduzido pela química e sua (não) responsabilidade frente aos desastres ambientais. Tanto é assim que o livro da bióloga marinha se tornou fundador do movimento ambientalista internacional por ser o embrião de campanhas contra o uso de defensivos químicos. Assim, *Primavera silenciosa* abriu caminhos práticos importantes, tais como a necessidade de maior regulação na produção de substâncias químicas e nas regulações ambientais.

Concordamos com a autora que a confiabilidade da ciência não pode e não deve nos levar a direcionamentos anticientíficos, como a negação da vacina e a negação do aquecimento global, bem como a ilusão de que os transgênicos são equivalentes aos seus homólogos tradicionais. Porém, diferentemente de Carson, acreditamos que se as instituições envolvidas favorecerem a realização de pesquisas multiestratégicas será possível a prática de uma "química durável". Essas pesquisas devem promover o conhecimento das substâncias químicas e de suas biografias que, assim, podem se tornar conhecidas por meio da investigação de seus múltiplos modos de existência. Mesmo estratégias descontextualizadas têm contribuído para o desenvolvimento de uma química mais respeitosa do ambiente natural. Um exemplo disso são as pesquisas conduzidas sob o rótulo de "química verde", cujos famosos doze princípios norteiam uma prática química mais econômica em matéria-prima e mais engajada na preservação de riscos e de acidentes.² No entanto, é interessante notar que a adoção desses princípios e da denominação "verde" não significa uma mudança nos valores adotados na escolha dessa estratégia de pesquisa. Sem deixar de ser importante para o estabelecimento dessa "química durável", a estratégia de pesquisa da "química verde" continua a ser descontextualizada, pois permanece considerando a relação entre a química, a natureza e a sociedade como fundada, sobretudo, na relação de custo/benefício econômico.

Assim, se estamos de fato preocupados em problematizar a química em perspectivas multiestratégicas, nas quais o contexto social, ambiental e ético é essencial, a questão da responsabilidade se torna nuclear. Afinal, observamos que o desconhecido e o inusitado não são apenas caraterísticas de novas moléculas, mas também de produtos químicos que foram disseminados sobre o mundo material há muitas décadas. Novas substâncias significam novas propriedades, que são difíceis de prever em toda a sua extensão. Em outras palavras, devido ao grande número de substâncias químicas inéditas introduzidas nos ecossistemas, esse processo acarreta uma crescente imprevisibilidade: criar uma substância e colocá-la no mercado pode gerar danos potenciais imprevisíveis ao meio ambiente e à saúde pública (cf. GODARD, 2012).

Nesse sentido, a ética proposta pelo filósofo alemão Hans Jonas pode nos ajudar a refletir sobre essas questões de âmbito ético em um sentido mais amplo e abrangente. Em sua já clássica obra *O princípio de responsabilidade*, de 1979, Jonas propõe uma ética bastante distinta das clássicas. Diferentemente de Kant, por exemplo, ele acredita que o domínio ético

---

2 Seguem os doze princípios: 1) prevenção; 2) economia de átomos; 3) síntese de produtos menos perigosos; 4) desenho de produtos seguros; 5) solventes e auxiliares mais seguros; 6) busca pela eficiência de energia; 7) uso de fontes renováveis de matéria-prima; 8) evitar a formação de derivados; 9) catálise; 10) desenho para a degradação; 11) análise em tempo real para a prevenção da poluição; 12) química intrinsecamente segura para a prevenção de acidentes (cf. ANASTAS; WARNER, 1998).

não pode mais ser estruturado somente levando em consideração o âmbito humano, e rompe, assim, com o antropocentrismo ético. Para o pensador, há a urgente necessidade de se construir uma nova ética que leve em consideração a biosfera inteira do planeta. É o que afirma o seu texto "Por que a técnica moderna é um objeto para a ética" (traduzido do alemão, parte do livro *Technik, Medizin und Ethik. Zur Praxis des Prinzips Verantwortung*):

> Ao ultrapassar o horizonte da vizinhança espaço-temporal, aquele alcance amplificado do poder humano rompe o monopólio antropocêntrico da maioria dos sistemas éticos mais tardios, sejam eles religiosos ou seculares. Foi sempre o patrimônio *humano* que devia ser promovido, os interesses e direitos do próximo que deviam ser respeitados, a injustiça que lhe sobrevinha é que devia ser reparada e seus sofrimentos deviam ser mitigados. Os homens eram objeto do dever humano e, no mais extremo caso, a humanidade, e nada além disso sobre essa terra [...]. Nada disso perde sua força vinculante. Porém, agora, a inteira biosfera do planeta, com toda sua pletora de espécies, em sua recém-revelada vulnerabilidade perante os ataques excessivos do homem, exige sua parte de respeito, devido a tudo aquilo que traz em si mesmo o seu fim, isto é, todo vivente (GIACOIA, 1999, p. 412).

Dessa perspectiva, Jonas vai propor uma ética de responsabilidade para com as gerações futuras que utilize como fio condutor o agir humano com vistas à sobrevivência planetária. As gerações futuras não podem ser culpabilizadas e, portanto, ignoradas nessa discussão. "O novo imperativo diz que podemos arriscar a nossa própria vida, mas não a da humanidade [...]. Nós não temos o direito de escolher a não-existência de futuras gerações em função da existência atual, ou mesmo de as colocar em risco" (JONAS, 2011, p. 48). É por isso que seu projeto ético para a civilização tecnológica pode ser uma alternativa importante para a crise epistêmica que vivenciamos hoje, afinal, a ética deve impor limites à ciência, sobretudo se o progresso científico ameaçar a manutenção da vida na Terra. Aqui um aspecto deve ser enfatizado: o perigo não se encontra na ciência ou na técnica em si, mas no fato de que, por muito tempo, prescindiram do pensamento ético, e como consequência direta dessa postura riscos e incertezas foram deixados de lado. Como a técnica deixou de ser, como já nos lembra Heidegger, um mero instrumento ou meio e passou a ser o *modus vivendi* do humano, seu poder extrapolou qualquer resultado esperado (cf. HEIDEGGER, 2007). Se antes nós estávamos fora do campo da técnica, hoje o *homo faber* aplica seu poder sobre si mesmo; basta lembrarmos do ideal do prolongamento da vida, da manipulação genética e do controle no comportamento humano. Jonas segue a perspectiva de Heidegger de pensar para além da subjetividade clássica (ao que ele chama de *Dasein*, o ser-aí-no-mundo) e, portanto, de refletir para além de si mesmo. Isso significa uma meditação profunda também sobre o cuidado frente às novas tecnologias, afinal, pensar sobre o ser no mundo significa se interrogar sobre como manter a vida humana.

Para tanto, em sua obra *Técnica, medicina e ética*, ele aponta algumas diferenças importantes entre a nova técnica biológica e a outra técnica existente, a engenharia mecânica, isto é, aquela que constrói obras e instrumentos, tais como barcos, máquinas, pontes etc. para a realização de fins humanos definidos. O objetivo desses constructos, segundo Jonas, é o benefício humano. Nesse âmbito da mecânica sempre houve uma clara definição entre o sujeito ativo e a natureza passiva, esta última objeto do domínio técnico. Ora, o que ocorre com o advento da biologia?

> O advento da tecnologia biológica que se estende às espécies vivas [...] significa um afastamento radical dessa clara separação, até mesmo uma ruptura de potencial importância metafísica: o homem pode ser um objetivo direto de sua própria arquitetura, e isso em sua constituição física herdada (JONAS, 1985, p. 110).

Nesse momento, ele discute a diferença entre ambas as técnicas em oito aspectos formais: (1) com relação à dimensão da *fabricação*: a construção mecânica se realiza de forma total, pois desde o seu início, por meio da matéria morta e amorfa, ela produz tudo de maneira planejada e intencional; já a técnica biológica, que objetiva transformar estruturas existentes, os organismos, que possuem realidades autônomas e morfologias completas, opera de maneira parcial. Não há condições de um planejamento completo e acabado, pois sua forma deve ser primeiro descoberta para depois ser melhorada, pois deve-se preservar a sua capacidade vital; (2) existe uma diferença qualitativa fundamental com relação ao *fazer*, já que na mecânica o fabricante é o único que atua sobre a matéria inerte e na biologia o material é ativo e, portanto, participa de sua formulação; em outras palavras, "a atividade se depara com outra atividade" (JONAS, 1985, p. 111) e, como consequência, pode surgir a incerteza no sistema que sofreu a intervenção, afinal ele pode tanto aceitar como rejeitar as modificações postas; (3) com relação à questão da *previsibilidade*, tão importante para as questões apontadas no decorrer dos capítulos deste livro: nas construções mecânicas, os fatores desconhecidos são mínimos, pois partem de materiais relativamente estáveis e homogêneos, assim a previsão é precisa. Já no âmbito biológico – e, acrescentaríamos, químico – muitas decisões não conseguem ser precisas, pois existe uma complexidade de fatores envolvidos, autonomia dos sistemas, relação com o meio ambiente etc. que assim possuem dinâmicas próprias e, além disso, "o número de fatores desconhecidos no âmbito global é gigantesco" (JONAS, 1985, p. 111); (4) com relação à diferenciação entre um *simples experimento e uma ação real*: na mecânica os experimentos não são vinculantes e podem, então, ser desfeitos, refeitos e corrigidos se necessário; já na técnica biológica isso é impossível, pois o experimento é sempre efetivado no próprio organismo, isto é,

> [...] no objeto real e autônomo no mais pleno dos sentidos [...] o que está entre o início e o fim do experimento

é a vida real dos indivíduos e talvez populações inteiras. A separação consoladora entre os dois desaparece e, com ela a inocência do experimento autônomo. O experimento é o fato verdadeiro e o fato verdadeiro o experimento (JONAS, 1985, p. 112);

(5) com relação à *irreversibilidade*: enquanto no âmbito mecânico as etapas são reversíveis, na dimensão orgânica todas as transformações são irreversíveis, ou seja, na primeira é possível corrigir erros, mas não na segunda, afinal "quando os resultados tornam-se visíveis já é tarde demais para qualquer correção" (JONAS, 1985, p. 112); (6) a manipulação biológica que ocorre no *plano genético* é fundamentalmente distinta da mecânica, pois nela o caminho para atingir os objetivos é indireto e ocorre por meio da inserção de um novo fator causal na série herdada. Com isso, os efeitos só serão observados na sucessão das gerações; (7) com relação ao *poder*: se Bacon já afirmava a relação indissociável entre ciência e poder na esfera da natureza, agora com o surgimento da técnica biológica algo imprevisto acontece: o poder aumenta de forma gigantesca não somente sobre a natureza, mas sobre o próprio homem, "o poder do homem sobre o homem, e o inevitável sujeitar de alguns ao poder de outros, sem falar da comum sujeição às necessidades e dependência criadas pela própria técnica" (JONAS, 1985, p. 112). Com esse aumento desenfreado do domínio sobre a natureza e sobre o âmbito extra-humano pela técnica, o filósofo pergunta de "quem é o poder e sobre quem e o que", e responde que ele se refere aos homens presentes em relação aos futuros, isto é, à clara servidão dos vivos de amanhã frente aos mortos, que seremos nós; (8) com relação aos *objetivos*: na mecânica a finalidade é definida pelo critério da utilidade – entenda-se o benefício para toda a humanidade –, enquanto na técnica biológica parece que a finalidade não é criar, afinal, o homem já existente, mas desenvolver um homem melhor. Aqui Jonas atinge o ponto central de sua complexa discussão: melhorar o homem segundo quais critérios? E nos alerta:

> [...] isso seria uma ruptura metafísica com a essência normativa do ser humano e, ao mesmo tempo, em função da imprevisibilidade das consequências o mais frívolo dos jogos de azar, a brincadeira de um demiurgo cego e arrogante com o coração mais sensível da Criação (JONAS, 1985, p. 131; cf. FONSECA, 2009).

Apresenta-se, assim, uma filosofia ética que não apenas aponta para o sujeito que teme apenas por si, mas que teme também pelo destino dos outros. Nesse sentido, tanto as gerações futuras como o meio ambiente não podem mais ser ignorados.

É claro que, ao propor como núcleo duro de sua ética a preservação da essência humana, Jonas problematiza questões de cunho metafísico. Estudante de Heidegger, ele acredita que a ética não pode mais estar fundada, como vimos, no sujeito, mas sim no ser. A questão moral complexa posta é entre a existência e a não existência, "por que o algo deve existir de preferência ao nada, seja qual for a causa que o tenha feito existir" (JONAS, 2006, p. 102). A conclusão é que o Ser vale mais que o não Ser, pois assim há uma predominância absoluta da existência em relação ao nada. Além disso, ao utilizar a biologia em favor de sua metafísica, ele recorre ao surgimento da vida, que tende absolutamente à sua autopreservação, cuja única finalidade, então, é evitar o seu oposto: a morte (cf. ALENCASTRO, 2009, p. 16). Jonas, então, atinge um ponto fundamental de sua discussão: a vida e sua preservação não englobam somente os humanos, mas como nós, como os seres mais desenvolvidos da natureza, temos responsabilidade sobre nós e sobre o mundo. No capítulo intitulado "O dever para com o futuro", de *O princípio de responsabilidade*, o pensador esclarece a razão do dever diante da posteridade. No texto, ele usa o exemplo da responsabilidade não recíproca do dever que pais têm para com os seus filhos, porém faz uma ressalva importante: esse relacionamento deve ser extrapolado para toda a humanidade, inclusive a futura:

> O reducionismo antropocêntrico, que nos destaca e nos diferencia de toda a natureza restante, significa apenas reduzir e desumanizar o homem, pois a atrofia da sua essência, na hipótese mais otimista da sua manutenção biológica, contradiz o seu objetivo expresso, a sua preservação sancionada pela dignidade do seu Ser. Em uma perspectiva verdadeiramente humana, a natureza conserva a sua dignidade, que se contrapõe ao arbítrio do nosso poder. Na medida em que ela nos gerou, devemos fidelidade à totalidade de sua criação. A fidelidade ao nosso Ser é apenas o ápice. Entendido corretamente, esse ápice abrange todo o restante (JONAS, 2006, p. 229).

Nessa proposta do filósofo, a responsabilidade, como vimos, assume uma condição fundamental, ontológica, pois ela também abarca o futuro e uma humanidade que ainda está por vir. Aos elementos éticos tradicionais como virtude, justiça, honestidade e caridade, deve-se somar a responsabilidade, bem como a prudência. Esta, segundo Jonas, é capaz de considerar a existência do acaso, da incerteza, do risco e do desconhecido, daí a sua importância:

> [...] as prescrições da justiça, da misericórdia, da honradez etc. ainda são válidas, em sua imediaticidade íntima, para a esfera mais próxima [...]. Mas essa esfera torna-se ensombrecida pelo crescente domínio do fazer coletivo, no qual o ator, ação e efeito não são mais os mesmos da esfera próxima. Isso impõe à ética uma nova dimensão, nunca antes sonhada, de responsabilidade (JONAS, 2006, p. 39).

Frente a esse universo sombrio que surge na sociedade atual, Jonas propõe uma "heurística do temor", na qual afirma que, diante de situações de incerteza, a cautela e a prudência são elementos fundamentais para se levar em consideração. O princípio de precaução, que analisamos no capítulo cinco desta obra, foi influenciado, possivelmente, por essa heurística (cf.

ALENCASTRO, 2009, p. 22). Jonas acredita que devemos olhar para a ameaça e não para a promessa; e para a desgraça em vez da profecia da salvação (cf. JONAS, 2006, p. 76). Em outras palavras, ele abre a possibilidade para o progresso com precaução enquanto não existirem projeções futuras sobre a irreversibilidade dos processos tecnológicos. Assim, a prudência assume um papel importante no imperativo de responsabilidade, pois há a necessidade de coragem para decidir, com cautela, quando conhecimentos científicos e técnicos disponíveis não conseguem dar respostas seguras a respeito da possibilidade de riscos graves e irreversíveis (cf. HUPFFER, 2017, p. 2671). A partir desses elementos, pode-se compreender o princípio proposto pelo autor, que parte dos efeitos do agir coletivo e não mais de uma máxima subjetiva, como, por exemplo, a proposta pelo imperativo categórico de Kant (1984, p. 129), isto é, "age apenas segundo uma máxima tal que possas ao mesmo tempo querer que ela se torne universal":

> [...] aja de modo a que os efeitos da tua ação sejam compatíveis com a permanência de uma autêntica vida humana sobre a Terra ou, expresso negativamente, aja de modo a que os efeitos da tua ação não sejam destrutivos para a possibilidade futura de uma tal vida ou, simplesmente, não ponha em perigo as condições necessárias para a conservação indefinida da humanidade sobre a Terra (JONAS, 2006, p. 47).

Como qualquer proposta filosófica, a de Jonas não está blindada de críticas, em especial com relação à sua base metafísica e à ênfase em valores como o altruísmo e a restrição. Apesar disso, acreditamos no potencial desse empreendimento ético, sobretudo porque problematiza o cerne da questão posta pelo presente livro: se a química é uma ciência que carrega, necessariamente, a imprevisibilidade, tanto a responsabilidade como a precaução são valores que devem ser levados em consideração em toda a sua dimensão pública, o que, de fato, é proposto por Jonas na sua ética da responsabilidade.

É interessante pensarmos que o ideal baconiano que afirma que saber é poder

> [...] tornou manifesta a dialética em que se envolve esse poder: o grau mais avançado de exploração técnica da natureza para sujeição desta à vontade de poder humano revela, sob o signo da iminente catástrofe ecológica, sua insuficiência e sua autocontradição. Esta se apresenta sob a figura da perda de controle sobre si mesmo em que mergulha o programa baconiano, por sua incapacidade de proteger não somente o homem de si mesmo, mas também de proteger do homem a natureza e a própria natureza humana (GIACOIA, 1999, p. 419).

Enfim, acreditamos que, por meio da discussão dos diversos temas levantados no presente livro, tenha ficado clara a necessidade do cuidado, da precaução, das pesquisas cautelosas, sempre minimizando os riscos e aumentando a prudência. Vimos que o imenso sucesso do "programa baconiano", do qual a química sempre fez parte, promoveu, por um lado, avanços significativos em nossa qualidade de vida, mas, por outro, alimentou um sentimento arrogante de domínio destrutivo. Essa *hybris* precisa urgentemente ser combatida e denunciada. Com isso, a proposta ética de Jonas amplia nossa visão de responsabilidade tanto em relação ao mundo atual quanto em relação à herança que deixaremos para o planeta do futuro.

Referências bibliográficas

ABELSHAUSER, W.; HIPPEL, W.; JOHNSON, J. A.; STOKES, R. *German Industry and Global Enterprise: BASF – The History of a Company*. Cambridge: Cambridge University Press, 2004.

ABRANTES, P. *Imagens de natureza, imagens de ciência*. Rio de Janeiro: Editora da UERJ, 2014 [1998].

ACHENBAUM, W. A. *Crossing Frontiers: Gerontology Emerges as a Science*. Cambridge: Cambridge University Press, 1995.

ADAMS, M. B. "'Red Star': Another Look at Aleksandr Bogdanov". *Slavic Review*, 48 (1): 1-15, 1989 (Estados Unidos).

_____. *The Wellborn Science: Eugenics in Germany, France, Brazil, and Russia*. Nova Iorque/Oxford: Oxford University Press, 1990.

ADEE, S. "First tests of 'youth elixir'". *New Scientist*, 234 (3129): 8-9, 2017 (Reino Unido).

A HISTÓRIA DO PLÁSTICO. The Story of Stuff Project, dir. Deia Schlosberg. Estados Unidos, 2019, documentário on-line, 94 min., col.

AHTEENSUU, M; SANDIN, P. "The precautionary principle". *In*: ROESER, S.; HILLERBRAND, R.; SANDIN, P.; MARTIN, P. (Eds.). *Handbook of Risk Theory*. Dordrecht: Springer, 2012, vol. II, p. 961-978.

ALBUQUERQUE, J. A. *Planeta Plástico*. Porto Alegre: Sagral Luzzatto, 2001.

ALBURY, W. R. "The Order of Ideas: Condillac's Method of Analysis as a Political Instrument in the French revolution". *In*: SCHUSTER, J. A.; YEO, R. (Eds.). *The Politics and the Rhetoric of Scientific Method: Historical Studies*. Dordrecht: Springer, 1986, p. 203-26.

ALENCASTRO, M. S. "Hans Jonas e a proposta de uma ética para a civilização tecnológica". *Desenvolvimento e Meio Ambiente*, 19: 13-27, jan-jun. 2009 (Paraná).

ALTIERI, M. *Agroecology: The Science of Sustainable Agriculture*. Reino Unido: Practical Action Publishing, 1995.

AMBIX: The Journal of the Society for the History of Alchemy and Chemistry, 68 (2-3), 2021.

AMERICAN CHEMISTRY SOCIETY. "The chemical professional's code of conduct". Washington. 2021. Disponível em https://www.acs.org/content/acs/en/careers/career-services/ethics/the-chemical-professionals-code-of-conduct.html. Acesso em: mar. 2021.

ANDRAULT, R. "Guérir de la folie: La dispute sur la transfusion sanguine, 1667--1668". *Archives-Ouvertes*, 3 (264): 509-532, 2014 (França). Disponível em: https://halshs.archives-ouvertes.fr/halshs-01131013. Acesso em: 29 set. 2021.

ANSTEY, P.; SCHUSTER, J. (Eds.). *The Science of Nature in the Seventeenth Century: Patterns of Change in Early Modern Natural Philosophy*. Dordrecht: Springer, 2005.

ANSTEY, P. R. *The Philosophy of Robert Boyle*. Londres/Nova Iorque: Routledge, 2000.

ARENDT, H. *A condição humana*. Trad. Roberto Raposo. Rio de Janeiro: Forense Universitária, 2005.

ARISTÓTELES. *Física I-II*. Pref., intr., trad. e comentários de Lucas Angioni. Campinas: Editora da UNICAMP, 2009.

_____. *Da Geração e da Corrupção*. Trad. Renata Maria Pereira Cordeiro. São Paulo: LANDY, 2001.

ASSOCIAÇÃO BRASILEIRA DE NORMAS TÉCNICAS. NBR 13230: *Embalagens e acondicionamento plásticos recicláveis – identificação e simbologia*. Rio de Janeiro: ABNT, 2008.

AUDIDIÈRE, S. (Ed.). *Fontenelle: Digression sur les Anciens et les Modernes et autres texts philosophiques*. Paris: Classiques Garnier, 2016.

BACH, N. N.; ŽUBRINIĆ, D. "Azithromycin or Sumamed one of world's best-selling antibiotics product of Croatian company PLIVA Zagreb". *Croatian World Network*. Disponível em: http://www.croatia.org/crown/articles/10440/1/Azithromycin-or-Sumamed-one-of-worlds-best-selling-antibiotics-product-of--Croatian-company-PLIVA-Zagreb.html. Acesso em: mar. 2021.

BACHELARD, G. *A formação do espírito científico: Contribuição para uma psicanálise do conhecimento*. Trad. Estela dos Santos Abreu. Rio de Janeiro: Contraponto, 2005.

BACHELARD, G. "A filosofia do não". *In:* CIVITA, V. (Ed.). *A filosofia do não; O novo espírito científico; A poética do* espaço. Trad. Joaquim José Moura Ramos. São Paulo: Abril Cultural, 1984 (Os Pensadores).

BACON, F. "Historia vitae et mortis". *In:* REES, G. (Ed.). *The Oxford Francis Bacon.* Oxford/Nova Iorque: Oxford University Press, v. XII, 2006, p. 142-377.

_____. *The Works of Francis Bacon.* Ed. e trad. de James Spedding, Robert Leslie e Douglas D. Heath. Londres: Longman & Co., 1857-1874, 14 vols.; reimpressão Stuttgart/Bad-Cannstatt, Fr. Frommann, G. Holzboog, 1963.

_____. "Novum Organum". *In:* SPEDDING, J.; ROBERT L.; HEATH, D. D. (Eds.). *The works of Francis Bacon.* Londres: Longman, 1963a, vol. VI, p. 34-248.

_____. "Advancement of learning". *In:* SPEDDING, J.; ROBERT L.; HEATH, D. D. (Eds.). *The works of Francis Bacon.* Londres: Longman, 1963b, vol. III, p. 275-498

BAIRD, D. *Thing Knowledge: A Philosophy of Scientific Instruments.* Berkeley/Los Angeles: University of California Press, 2004.

BAIRD, D.; SCERRI, E.; McINTYRE, L. (Eds.). *Philosophy of Chemistry.* Dordrecht: Springer, 2006.

BARBEIRO, V.; PIPPONZI, R. "Transgênicos: A verdade por trás do mito". *Greenpeace.* Disponível em: http://greenpeace.org.br/transgenicos/pdf/cartilha.pdf. Acesso em: mar. 2021.

BAYER, W. "'So geht es!' L'alumine pure de Karl Bayer et son intégration dans l'industrie de l'aluminium". *Cahiers d'histoire de l'aluminium,* 49 (2): 20-45, 2012 (França).

BELÉM, M. A. *et al.* "Equivalência substancial: Da composição de alimentos derivados de plantas geneticamente modificadas (PGM)". *Biotecnologia, Ciência & Desenvolvimento,* Encarte Especial, s. d.

BENSAUDE-VINCENT, B. "L'acident et l'ordinaire". *In:* BENSAUDE-VINCENT, B.; EASTES, R.-E. (Orgs.). *Philosophie de la chimie.* Paris: Deboeck Superieur, 2020, p. 294-299.

_____. "Philosophy of chemistry". *In:* BRENNER, A.; GAYON, J. (Eds.). *French Studies in Philosophy of Science: Contemporay Research in France.* Dordrecht: Springer, 2009, p. 165-188.

BENSAUDE-VINCENT, B. *Les vertiges de la technoscience: Façonner le monde atome par atome*. Paris: Éditions La Découverte, 2009.

_____. *Matière à penser: Essais d'histoire et de philosophie de la chimie*. Paris: Presses Universitaires de Paris Ouest, 2008.

_____. "L'énigme du mixte". *Matière à penser: Essais d'histoire et de philosophie de la chimie*. Paris: Presses Universitaires de Paris Ouest, 2008a, p. 51-64.

_____. "Newton et la chimie française du XVIIIe Siècle". *Matière à penser: Essais d'histoire et de philosophie de la chimie*. Paris: Presses Universitaires de Paris Ouest, 2008b, p. 101-126.

_____. "Lavoisier, disciple de Condillac". *Matière à penser: Essais d'histoire et de philosophie de la chimie*. Paris: Presses Universitaires de Paris Ouest, 2008c, p. 126-150.

_____. "Chemistry in the French tradition of philosophy of science: Duhem, Meyerson, Metzger and Bachelard". *Studies in History and Philosophy of Science Part A*, 36 (4): 627-649, 2005 (França).

_____. "Du mode d'existence des objets chimiques". *Faut-il avoir peur de la chimie?*. Paris: Les Empêcheurs de penser em rond, 2005, p. 215-228.

_____. *Eloge du mixte: Matériaux nouveaux et philosophie ancienne*. Paris: Hachette, 1998.

_____. *Lavoisier: Mémoire d'une révolution*. Paris: Flammarion, 1993a.

_____. "Mendeleev: História de uma descoberta". *In:* SERRES, M. (Dir.). *Elementos para uma história das Ciências*. Lisboa: Terramar, 1996, vol. 3, p. 77--102.

_____. "Un public pour la science: L'essor de la vulgarisation au XIX siècle". *Réseaux*, 11 (58): 47-66, 1993b (França).

BENSAUDE-VINCENT, B.; EASTES, R-E. (Orgs.). *Philosophie de la Chimie*. Paris: De Boeck Supérieur, 2020.

BENSAUDE-VINCENT, B.; LOEVE, S. *Carbone: Ses vies, ses oeuvres*. Paris: Seuil, 2018.

BENSAUDE-VINCENT, B.; SIMON, J. *Chemistry: The Impure Science*. Londres: Imperial College Press, 2008.

BENSAUDE-VINCENT, B.; BELMAR, A. G.; BERTOMEU-SÁNCHEZ, J. R. *L'Émergence d'une science des manuels*. Paris: Éditions des Archives Contemporaines, 2003, p. 223s.

BENSAUDE-VINCENT, B.; RASMUSSEN, A. *La science populaire dans la presse et l'édition, XIXᵉ e XXᵉ Siècles*. Paris: CNRS Éditions, 1997.

BENSAUDE-VINCENT, B.; ABBRI, F. (Eds.). *Lavoisier in European Context: Negotiating a New Language for Chemistry*. Canton: Science History Publications, 1995.

BENSAUDE-VINCENT, B.; STENGERS, I. *Histoire de la chimie*. Paris: Éditions La Découverte, 1993.

BERETTA, M. T. O. "Bergman and the Definition of Chemistry". *Lychnos*, 37-67, 1988 (Suécia).

_____. *The Enlightenment of Matter: The Definition of Chemistry from Agricola to Lavoisier*. Canton: Science History Publications, 1993.

BERGMAN, T. *Opuscules chymiques et physiques, recueillis, revus et augmentés par lui-même*. Trad. fr. e notas de G. de Morveau. Dijon: Frantin, 1780. Disponível em: www.gallica.bnf.fr.

BERNARDI, B. "Constitution et gouvernement mixte: Notes sur le livre III du 'Contrat Social'". *Corpus*, 36: 163-194, 1999 (França).

_____. *La fabrique des concepts: Recherches sur l'invention conceptuelle chez Rousseau*. Paris: Honoré Champion, 2006.

BERNARDO, P. E. M. *et al*. "Bisfenol A: O uso em embalagens para alimentos, exposição e toxicidade – uma revisão". *Revista Instituto Adolfo Lutz*, 74 (1): 1-11, 2015 (São Paulo).

BERNHARD, C. G.; CRAWFORD, E.; SÖRBOM, P. (Eds.). *Science Technology and Society in the time of Alfred Nobel*. Oxford: Pergamon Press, 1982.

BERT, P. *De la greffe animale*. Paris, Faculté de Médecine de Paris, Université de Paris, 1863, 126 p. (Tese de Doutorado).

BERTILORENZI, M. "From Patents to Industry: Paul Héroult and International Patents Strategie, 1886-1889". *Cahiers d'histoire de l'aluminium*, 49 (2): 46-69, 2012 (França).

_____. "Vendre à prix stables: La naissance du 'credo' durable dans la commercialisation de l'aluminium, 1886-1900". *In: Conference: L'aluminium, matière à création, XIXe-XXe siècle*. Paris, Musée des arts décoratifs, 2014 (trabalho apresentado).

BERTILORENZI, M. *The International Aluminium Cartel: The Business and Politics of a Cooperative Industrial Institution (1886-1978)*. Nova Iorque/Londres: Routledge, 2015.

BESOUW, J. VAN. *Out of Newton's shadow: An examination of Willem Jacob's Gravesande's scientific methodology*. Bruxelas, Faculty of Arts and Philosophy, Vrije Universiteit Brussel, 2017, 234 p. (Tese de Doutorado).

BIGUETTI, C.; MARRELLI, M. T.; BROTTO, M. "Primum non nocere: Are chloroquine and hydroxychloroquine safe prophylactic/treatment options for SARS-CoV-2 (covid-19)?". *Saúde Pública*, 54 (3): 54-68, 2020 (São Paulo).

BIJKER, W. *Of Bibycles, Bakelites and Bulbs: Toward a Theory of Sociotechnical Change*. Cambridge: The MIT Press, 1995.

BIRCH, T. (Ed.). *The works of the honourable Robert Boyle*. Londres: Olms, 1966 [1772], 6 vols.

BLANCKAERT, C.; PORRET, M. (Eds.). *L'Encyclopédie méthodique (1782--1832): Des Lumières au positivisme*. Genebra: Droz, 2006.

BOERHAAVE, H. *Élémens de Chymie*. Trad. lat. J. N. S. Allamand. Paris: Guillyn, 1754, t. 1.

BOGDANOV, A. *Essays in Tektology*. Trad. ing. George Gorelik. Califórnia: Intersystems Publications, 1980 [1913].

_____. *Red Star: The first Bolshevik Utopia*. Ed. L. Graham e R. Stites. Trad. C. Rougle. Bloomington/Indianápolis: Indiana University Press, 1984 [1908].

_____. *The Struggle for Viability: Collectivism Through Blood Exchange*. Trad. Douglas W. Huestis. Filadélfia: Xlibris, 2002.

BOMBARDI, L. M. *Geografia do uso de agrotóxicos no Brasil e conexões com a União Europeia*. São Paulo: FFLCH-USP, 2017.

BOSTROM, N. "The Transhumanist FAQ: A General Introduction". *World Transhumanist Association*, 2: 355-360, 2003 (Oxford).

_____. "Transhumanist Values". *Review of Contemporary Philosophy*, 4: 3-14, 2005 (Nova Iorque).

_____. *Superinteligência: Caminhos, perigos e estratégias para um novo mundo*. Rio de Janeiro: Darkside, 2018.

BOULAINE, J. "Lavoisier, son domaine de Freschines et l'agronomie". *In:* DE-MEULENAERE-DOUYÉRE, C. *Il y a 200 ans Lavoisier.* Paris: Tec&Doc, 1994, p. 87-94.

BOURGARIT, D.; PLATEAU, J. "Quand l'aluminium valait de l'or: Peut-on reconnaître un aluminium 'chimique' d'un aluminium 'électrolytique'?". *ArcheoSciences*, (29): 95-105, 2005 (França).

BOYLE, R. "Of the incalescence of quicksilver with gold". *Philosophical Transactions of The Royal Society of London*, 10: 515-533, 1676 (Londres).

———. "The origin of forms and qualities". *In:* BIRCH, T. (Ed.). *The works of the honourable Robert Boyle.* Londres: Hildesheim/G. Olms, 1966 [1772], vol. 3, p. 1-36 (Forms and qualities).

———. "New experiments touching the spring of the air (1660)". *In:* BIRCH, T. (Ed.). *The works of the honourable Robert Boyle.* Londres: Hildesheim/G. Olms, 1966 [1772], vol. 1, p. 97-113 (New experiments).

———. "Christian virtuoso". *In:* BIRCH, T. (Ed.). *The works of the honourable Robert Boyle.* Londres: Hildesheim/G. Olms, 1966 [1772], vol. 5, p. 37-59 (Christian virtuoso).

BRAKEL, J. van. *Philosophy of chemistry.* Leuven: Leuven University Press, 2000.

BRAULT-VATTIER, T. P. A. *L'aluminium aux XXe et XXIe siècles: Etudes d'économie industrielle.* França, UFR de Droit, Économie et Gestion, L'Université de Pau et des Pays de l'Adour, 2015, 317p. (Tese de Doutorado).

BRET, P. "Les promenades littéraires de Madame Picardet: La traduction comme pratique sociale de la science au XVIII siècle". *In:* DURIS, P. (Org.). *Traduire la science: Hier et aujourd'hui.* Pessac: Maison des Sciences de l'Homme d'Aquitaine, 2008, p. 125-152.

———. "Les chimies de l'Encyclopédie méthodique: Une discipline académique en révolution et des traditions d'atelier". *In:* BLANCKAERT, C.; PORRET, M. (Eds.). *L'Encyclopédie Méthodique (1782-1832): Des Lumières au positivisme.* Genebra: Droz, 2006, p. 521-551.

———. "Lavoisier à la régie des poudres: Le savant, le financier, l'administrateur et le pédagogue". *La vie des Sciences*, (4): 297-317, 1994 (França).

BRET, P. (Org.). Louis-Bernard Guyton, 'L'illustre chimiste de la République'. *Annales Historiques de la Révolution Française*, 1 (383), 2016.

BRET, P.; TIGGELEN, B. VAN. (Orgs.). *Madame d'Arconville: Une femme de lettres et de sciences au siècle des Lumières*. Paris: Herman, 2011.

BROWNING, D. *Hydroxychloroquine and Chloroquine Retinopathy*. Dordrecht: Springer, 2014.

BROCK, W. *Justus von Liebig: The Chemical Gatekeeper*. Cambridge: Cambridge University Press, 1997.

BOURDIN, J.-C. "La 'platitude' matérialiste chez d'Holbach". *Corpus*, (22/23): 251-258, 1993 (França).

BURCKHARDT, T. *Alquimia*. Trad. E. L. Godinho. Lisboa: Dom Quixote, 1991.

BUTTERFIELD, H. *The Origins of Modern Science*. Nova Iorque: Collier Books, 1962.

CAMPOS, G. A. "Los alimentos-cultivos transgénicos: Una aproximación ecológica". *Phytoma España*, (120): 74-77, 2000 (Espanha).

CARLID, G.; NORDSTRÖM, J. (Eds.). *Torbern Bergman's Foreign Correspondence*. Estocolmo: Almqvist & Wiksell, 1965, p. 100-137.

CARSON, R. *Primavera Silenciosa*. Trad. Claudia Sant'Anna. São Paulo: Gaia, 2012 [1962].

CARTUJO, L. J. "Estilos de gestión de incertidumbre: Los produtos transgénicos y la polémica sobre la viabilidad del principio de equivalencia sustancial". *Athenea Digital*, 14: 105-122, 2008 (Barcelona).

CAVALCANTE, J. S. *Cigarro, o veneno completo: Uma análise química dos venenos do cigarro*. Ceará: INESP, 2000.

CELSO, A. C. *De medicina*. Trad. W. G. Spencer. Cambridge/Massachusetts/Londres: Harvard University Press/W. Heinemann, 1935.

CHAMBEAUD, J.-J. M. "Transfusion". *In:* DIDEROT, D.; ALEMBERT, J. L.--R. *Encyclopédie ou Dictionnaire raisonné des sciences, des arts et des métiers*. Paris: Chez Briasson-David-LeBreton-Durand, 1751-1772, p. 547-553, t. 16. Disponível em: http://encyclopedie.uchicago.edu/. Acesso em: 04 nov. 2021.

CHANG, H. "Thermal Physics and Thermodynamics". *In:* BUCHWALD, J.; FOX, R. (Eds.). *The Oxford Handbook of The History of Physics*. Oxford: Oxford University Press, 2013, p. 473-507.

CHANG, H. *Is Water HO? Evidence, Realism and Pluralism*. Dordrecht: Springer, 2012.

_____. "The Hidden History of Phlogiston: How Philosophical Failure Can Generate Historiographical Refinement". *Hyle*, 16 (2): 47-79, 2010 (Estados Unidos).

_____. *Inventing Temperature: Measurement and Scientific Progress*. Oxford: Oxford University Press, 2004.

CHARLES, D. *Master Mind: The Rise and Fall of Fritz Haber, the Nobel Laureate Who Launched the Age of Chemical Warfare*. Nova Iorque: Harper Collins, 2005.

CHARTE DE L'ENVIRONNEMENT. 2004. Disponível em: http://www.ecologie.gouv.fr/La-Charte-de-l-environnement.html. Acesso em: 03 nov. 2021.

CHICHEPORTICHE, T. *Une histoire du sulfate de cuivre: Du mildew à bouillie bordelaise*. Paris: La Bibliotèque des métiers, 1997.

CHURILOV, L.; STOEV, Y. "The Life as a Struggle for Immortality: History of Ideas in Russian Gerontologia (with Immuno-neuroendocrine Bias)". *In:* LEUNG, P.-C; WOO, J.; KOFLER, W. (Eds.). *Health, Wellbeing, Competence and Aging*. Nova Jersey: World Scientific, 2013, p. 81-130.

CLARO-GOMES, J. M. *Georges Urbain (1872-1938): Chimie et philosophie*. Lille: ANRT, 2003.

CLERICUZIO, A.; RATTANSI, P. (Eds.). *Alchemy and Chemistry in the 16th and 17th centuries*. Dordrecht/Boston/Londres: Kluwer Academic Publishers, 1994.

CLERICUZIO, A. *Elements, Principles and Corpuscles: A Study of Atomism and Chemistry in the Seventeenth Century*. Dordrecht/Boston/London: Kluwer Academic Publishers, 2000 (International Archives of the History of Ideas, 171).

_____. "From van Helmont to Boyle: A study of the transmission of Helmontian chemical and medical theories in seventeenth-century England". *British Journal for the History of Science*, 26 (3): 303-334, set. 1993 (Cambridge).

COCHOY, F. "L'aluminium dans le ski: Un matériau transitionnel. Historiographie d'un réseau de brevets (1924-1956)". *Entreprises et Histoire*, 89 (4): 78-95, 2017 (França).

CODEX ALIMENTARIUS COMMISSION, Seção 25, Roma/Itália, 30 jun.-5 jul. 2003.

CÓDIGO DE ÉTICA. 1970. Disponível em: https://www.crq4.org.br/codigo_de_etica. Acesso em: jan. 2021.

CONDILLAC, E. B. *Traité des systêmes*. Paris: Fayard, 1991 [1749].

CONESE, M.; CARBONE, A.; BECCIA, E.; ANGIOLILLO, A. "The Fountain of Youth: A tale of Parabiosis, stem cells, and rejuvenation". *Open Medicine*, 12 (1) : 376-383, 2017 (Itália).

COSTA, T. E. M. M.; MARIN, V. A. "Rotulagem de alimentos que contêm organismos geneticamente modificados: Políticas internacionais e legislação no Brasil". *Ciência & Saúde Coletiva*, 16 (8): 3571-3582, 2011 (Brasil).

COUTO, A. S. B. P. *Estudo das propriedades mecânicas de compósitos de goma-laca-termoformados*. Porto, Faculdade de Engenharia, 2015, 62 p. (Dissertação de Mestrado).

CROSLAND, M. *Historical Studies in the Language of Chemistry*. Nova Iorque: Dover Publications, 1978 [1962].

CUSHMAN, G. *Guano and the Opening of Pacific World: A Global Ecological History*. Cambridge/Nova Iorque: Cambridge University Press, 2013.

D'ALEMBERT, J. L.-R. "Système". *In:* DIDEROT, D.; ALEMBERT, J. L.-R. *Encyclopédie ou dictionnaire raisonné des sciences, des arts et des métiers*. Paris: Chez Briasson-David-LeBreton-Durand, 1765 [1751-1772], t. XVII, p. 777-81. Disponível em: http://encyclopedie.uchicago.edu/. Acesso em: 29 set. 2021.

DAGOGNET, F. *Tableaux et Langages de La Chimie: Essai sur la Représentation*. Paris: Champ Vallon, 2002 [1969].

DAVY, H. *A Course of Lectures for the Board of Agriculture*. Nova Iorque: Eastburn & Kirk, 1815.

DEBUS, A. G. *El hombre y la naturaleza en el Renacimiento*. Trad. esp. S. L. Rendón. Cidade do México: Fondo de Cultura Económica, 1996 [1978].

_____. *The Chemical Philosophy*. Mineola/Nova Iorque: Dover Publication, 2002 [1972].

_____. *The English Paracelsians*. Londres: Oldbourne, 1965.

DEL RE, G. "Ethics and science". *Hyle*, 7 (2): 85-102, 2001 (Itália).

DENIS, J.-B. "Lettre ecrite a Monsieur Oldenburg gentilhomme Anglois et Secretaire de l'Academie Royalle d'Angleterre, par Jean Denis Docteur en Medecine, et Professeur éz Mathematiques: Touchant les differents qui sont arrivez à l'occasion de la Transfusion du Sang. Paris". *Journal des sçavans*, 15 maio 1668 (França). Disponível em: www.gallica.bnf.fr.

DENIS, J.-B. "Extrait d'une lettre de M. Denis, Professeur de Philosophie et de Mathématique, à M. *** touchant la transfusion du sang, de Paris". *Journal des sçavans*, p. 69-72, 9 mar. 1667 (França). Disponível em: www.gallica.bnf.fr.

_____. "Diverses pieces touchant la transfusion du sang, II". *Journal des sçavans*, p. 13-25. 1668 (França). Disponível em: www.gallica.bnf.fr.

DEVILLE, H. S. C. *L'aluminium: Ses propieétés, as fabrication et ses applications*. Paris: Mallet-Bachelier, 1859.

DIDEROT, D. *Pensées sur l'interprétation de la nature*. Paris: Flammarion, 2005.

DIRAC, P. "Quantum Mechanics of Many-Electron-Systems". *Proceeding of the Royal Society*, 123 (792): 714-733, 1929 (Londres).

DOBBS, B. *The Foundations of Newton's Alchemy or "The Hunting of the Green Lyon"*. Cambridge: Cambridge University Press, 1992.

DONOVAN, A. *Antoine Lavoisier: Science, Administration and Revolution*. Oxford: Blackwell, 1993.

DREXLER, K. E. *Nanosystems: Molecular machinery, manufacture and computation*. Nova Iorque: John Wiley, 1992.

DREW, L. "The power of plasma". *Nature*, 549 (7673): 26-27, 2017 (Londres).

DUFLO, C. "Diderot et Ménuret de Chambaud". *Recherches sur Diderot et sur l'Encyclopédie*, 34: 25-44, 2003 (França).

DUMAS, J. B.; BOUSSINGAULT, J. B. *Essai de statique chimique: Des êtres organisés*. Paris: Fortin & Masson, 1844.

DUNCAN, A. *Laws and Order in Eighteenth-Century*. Oxford: Clarendon Press, 1996.

_____. The Functions of Affinity Tables and Lavoisier's List of Elements. *Ambix*, 17 (1): 28-42, 1970 (Inglaterra).

DUNLAP, T. (Ed.). *DDT, Silent Spring, and the Rise of Environmentalism*. Washington: University of Washington Press, 2008.

EASTES, R.-E.; SIMON, J. "Questions d'éthique et de société: Introduction". *In:* BENSAUDE-VINCENT, B.; EASTES, R.-E. (Ed.). *Philosophie de la Chimie*. Paris: De Boeck Supérieur, 2020, p. 277-282.

ELIADE, M. *Ferreiros e Alquimistas*. Trad. Roberto Cortes de Lacerda. Rio de Janeiro: Zahar, 1979.

EMERTON, N. *The Scientific Reinterpretation of Form*. Ithaca/Londres: Cornell University Press, 1984.

ENGELS, F. *A Dialética da Natureza*. São Paulo: Paz e Terra, 1976.

ERDURAN, S. "Philosophy of Chemistry: An Emerging Field with Implications for Chemistry Education". *Science & Education*, 10 (6): 581-593, 2001 (Oxford).

EUROPEAN ALUMINIUM. 2020. Disponível em: https://www.european-aluminium.eu/. Acesso em: mar. 2021.

EXLEY, C. *Aluminium and Alzheimer's Disease: The Science that Describe the Link*. Amsterdã: Elsevier, 2001.

FABRICIUS, J. *Alchemy, The Medieval Alchemists and their Royal Art*. Londres: The Aquarian Press, 1989.

FAO/WHO. "Biotechnology and food safety". *In: Report FAO/WHO, FAO Food Nutrition Paper*, 61, 1996 (Roma).

FASANO, E. et al. "Migration of phthalates, alkylphenols, bisphenol A and di(2-ethylhexyl) adipate from food packaging". *Food Control*, 27 (1): 132--138, 2012 (Amsterdã).

FEARNSIDE, P. M. "Impactos Sociais da Barragem de Tucuruí". *Hidrelétricas na Amazônia: Impactos Ambientais e Sociais na Tomada de Decisões sobre Grandes Obras*. Manaus: Editora do Instituto Nacional de Pesquisas da Amazônia (INPA), 2015, p. 37-52.

FEDOROV, L. A.; YABLOKOV, A. V. *Pesticides: The Chemical Weapon that Kills Life (The URSS's Tragic Experience)*. Sofia/Moscou: Pensoft, 2004.

FEDOROV, N. F. *What Was Man Created For? The Philosophy of the Common Task*. Trad. Elisabeth Koutaissoff e Marilyn Minto. Lausanne: Honeyglen Publishing, 1990 [1906].

FERNANDES, G. B. "Chega de manipulação". *In:* VEIGA, J. E. *Transgênicos: Sementes da discórdia*. São Paulo: Senac, 2007, p. 77-100.

FERRARO, M. V. *Avaliação de três espécies de peixes*. Curitiba, Setor de Ciências Biológicas, Universidade Federal do Paraná, 2009, 189 p. (Tese de Doutorado).

FESTUGIÈRE, A.-J. *La révélation d'Hermès Trismégiste*. Paris: Les Belles Lettres, 1949, 1950, 1951, 1952, 1953, 1954, 4 vols.

FEYNMAN, R. P. "There's plenty of room at the bottom: An invitation to enter a new field of physics". *Engineering and Science*, 23 (5): 22-36, fev. 1960 (Estados Unidos).

FILGUEIRAS, C. A. L. *Origens da Química no Brasil*. Campinas: Editora da Unicamp, 2015.

FINNVEDEN, G. *et al.* "Recent developments in Life Cycle Assessment". *Journal of Environmental Management*, 91 (1): 1-21, out. 2009 (Estados Unidos).

FONSECA, G. S. L. *Hans Jonas e a responsabilidade do homem frente ao desafio biotecnológico*. Belo Horizonte, Faculdade de Filosofia e Ciências Humanas, Universidade Federal de Minas Gerais, 2009 (Tese de Doutorado).

FONTENELLE, B. "Éloge de M. Geoffroy". *In:* ACADÉMIE ROYALE DES SCIENCES PARIS. *Histoire de l'Académie royale des sciences*, 1731, p. 93-100.

FORSHAW, P. J. "Oratorium–Auditorium–Laboratorium: Early Modern Improvisations on Cabala, Music, and Alchemy". *Aries*, 10 (2): 169-195, 2010 (Amsterdã).

_____. *Ora et Labora: alchemy, magic and cabala in Heinrich Khunrath's Amphitheatrum Sapientiae*. Londres, University of London, 2003 (Tese de Doutorado).

FOSTER, J. B. *Marx's Ecology, materialism and nature*. Nova Iorque: Monthly Review Press, 2000.

FOUCAULT, M. *Microfísica do poder*. Trad. R. Machado. Rio de Janeiro: Graal, 1998.

FOURCROY, A. "Chimie". *Encyclopédie Méthodique: Chimie et Métallurgie*. Paris: Agasse Imprimeur-Libraire, t. 4, 1805.

_____. *Systême des Connaissances Chimiques, et de leurs applications aux phénomènes de la nature et de l'art*. Paris: Baudouin, 1802.

FOURCROY, A.; VAUQUELIN, N. "Sur le guano, ou sur l'engrais naturel des îlots de la mer du Sud, près des côtes du Pérou". *Annales de l'Agriculture Françoise*, França, XXVI, 1806, p. 266-288.

FREDERICK, S. *Frederic Scott Archer's Processes*. Disponível em: http://www.frederickscottarcher.com/Processes.aspx. Acesso em: mar. 2021.

FRIED, J. *Polymer Science & Technology*. Londres: Pearson, 2014.

FRIQUES, A. *Epidemia do plástico: Bisfenol A (BPA)*. Vitória: Link Editoração, 2019.

FURETIÈRE, A. *Dictionnaire Universel, tome second (L-Z)*. Paris: Arnout & Reinier, 1690.

GABRYS, J.; HAWKINS, G.; MICHAEL, M. *Accumulation: The material politics of plastic*. Londres/Nova Iorque: Routledge, 2013.

GALEANO, E. *Las venas abiertas de América Latina*. Buenos Aires: Siglo XXI, 2004.

GARE, A. "Aleksandr Bogdanov's History, Sociology and Philosophy of Science". *Studies in History and Philosophy of Science*, 31 (2): 231-248, 2000 (Austrália).

GARRETT, D. E. *Potash: Deposits, Processing, Properties and Uses*. Londres: Chapman & Hall, 1996.

GAVROGLU, K.; SIMÕES, A. *Neither Physics nor Chemistry: A History of Quantum Chemistry*. Cambridge/Massachusetts: MIT Press, 2012.

GEOFFROY, E.-F. "Des supercheries concernant la pierre philosophale". *In:* ACADÉMIE ROYALE DES SCIENCES PARIS. *Histoire de l'Académie royale des sciences*, 1722, p. 62-70.

_____. "Tables des différents rapports observés en Chimie entre différentes substances". *In:* ACADÉMIE ROYALE DES SCIENCES PARIS. *Histoire de l'Académie royale des sciences*, 1718, p. 202-212.

GEYER, R.; JAMBECK, J. R.; LAW, L. K. "Production, use, and fate of all plastics ever made". *Science Advances*, 3 (7), jul. 2017 (Estados Unidos).

GHÉRARDI, R. *Toxic Story: Deux ou troix vérités embarrassantes sur les adjuvants des vaccins*. Paris: Actes Sud, 2016.

GIACOIA, O. "Hans Jonas: Porque a técnica moderna é um objeto para a ética". *Natureza Humana*, 1 (2): 407-420, 1999 (Brasil).

GIGLIONI, G. "The Hidden Life of Matter: Techniques for Prolonging of Life in the Writings of Francis Bacon". *In:* SOLOMON, J. R.; MARTIN, C. G. (Eds.). *Francis Bacon and the Refiguring of Early Modern Thought*. Inglaterra/Estados Unidos: Ashgate, 2005, p. 129-144.

GODARD, O. "The Precautionary Principle and Chemical Risks". *Ecole Polytechnique: Centre National de la Recherche Scientifique*, (2012-17), jan. 2012 (França).

GOIS, J.; RIBEIRO, M. A. P. (Orgs.). *Filosofia da Química no Brasil*. Porto Alegre: Fi, 2019.

GOIS, J. *A significação de representações químicas e a filosofia de Wittgenstein*. São Paulo, Faculdade de Educação, Universidade de São Paulo, 2012 (Tese de Dutorado).

GOLDFARB, A. M. A. *Da alquimia à química*. São Paulo: Nova Stella/Edusp, 1987.

GRIMOULT, C. "Lamarck et Darwin dans l'histoire de l'evolutionnisme". *Noesis*, (33): 83-101, 2008 (Toronto).

GRISON, E.; GOUPIL, M.; BRET, P. (Eds.). *A Scientific Correspondence during the Chemical Revolution, Louis-Bernard Guyton de Morveau & Richard Kirwan*. Berkeley: Office for History of Science and Technology, 1994.

GROULT, M. *Savoir et Matières: Pensée scientifique et théorie de la connaissance de l'Encyclopédie à l'Encyclopédie méthodique*. Paris: CNRS Éditions, 2011.

GUEDON, J.-C. "Chimie et matérialisme: La stratégie anti-newtonienne de Diderot". *Dix-huitième Siècle*, (11): 185-200, 1979 (França).

GUERLAC, H. *The Crucial Year: The Background and Origin of His First Experiments on Combustion in 1772*. Ithaca: Cornell University Press, 1961.

GUERRA, F. M. "Do in vitro ao in vivo: A eficácia da cloroquina no tratamento da COVID-19". *J Évid-Based Healthc*, 2 (1): 106-111, jun. 2020 (Salvador).

GUERRINI, A. "The Ethics of Animal Experimentation in Seventeenth-Century England". *Journal of the History of Ideas*, 50 (3): 391-407, 1989 (Pensilvânia).

HABERMAS, J. *Mudança estrutural da esfera pública*. Trad. Flávio R. Kothe. Rio de Janeiro: Tempo Brasileiro, 2003.

HACHEZ-LEROY, F. "Conduire l'électricité: L'innovation par un nouveau matériau". *Annales historiques de l'électrecité*, 5 (1): 75-86, 2007.

HACHEZ-LEROY, F.; MIOCHE, P. "Histoire de controverses: L'aluminium et le risque alimentaire, du XIXe à l'entre-deux-guerres". *Entreprises et Histoire*, 89 (4): 58-77, 2017 (França).

_____. "Le matériau: Un nouvel objet por l'historien? Ou comment saisir le processus de création continue d'un material sur le temps long". *Cahiers d'histoire de l'aluminium*, 49 (2): 7-19, 2012 (França).

_____. *L'aluminium français: L'invention d'um marché 1911-1983*. Paris: CNRS Éditions, 1999.

HACKING, I. *Representar e Intervir: Tópicos introdutórios de filosofia da ciência natural*. Trad. Pedro Rocha de Oliveria. Rio de Janeiro: Eduerj, 2012.

HADOT, P. *O véu de Ísis: Ensaio sobre a história de natureza*. São Paulo: Loyola, 2006.

HALLES, S. *La Statique des Vegetaux et l'Analyse de l'Air.* Trad. Buffon. Paris: Debure l'ainé, 1735.

HALLEUX, R. *Les textes alchimiques.* Turnhout: BREPOLS, 1979.

HAMMER, J.; KRAAK, M. H. S; PARSON, J. R. "Plastic in the marine environment: The dark side of a modern gift". *Reviews of Environmental Contamination and Toxicology*, 2012 (Nova Iorque, Springer).

HANNAWAY, O. *The chemists & the word: The didactic origins of chemistry.* Baltimore: Johns Hopkins University Press, 1975.

HARAWAY, D.; GOODEVE, T. *Modest_Witness@Second_Millennium. FemaleMan©_Meets_OncoMouse™.* Londres: Routledge, 2018.

HARMSEN, P.; HACKMANN, M.; BOS, H. "Green building blocks for bio-based plastics". *Biofuels, Bioproducts and Biorefining*, 8: 306-324, 2014 (Estados Unidos).

HARTLIB PAPERS. The Digital Humanities Institute. The University of Sheffield. Bundles XXXIX (1), LXVI (15), LXXI (11). Disponível em: https://www.dhi.ac.uk/projects/hartlib/. Acesso em: set. 2020.

HAUPIN, W. "History of Electrical Energy Consumption by Hall-Héroult Cells". *In:* PETERSON, W.; MILLER, R. (Orgs.). *Hall-Hérout Centennial: First Century of Aluminum Process Technology, 1886-1986.* Pensilvânia: The Minerals, Metals & Materials Society, 1986, p. 106-113.

HAYES, P. *From Cooperation to Complicity: Degussa in the Third Reich.* Cambridge/Nova Iorque: Cambridge University Press, 2007.

HEIDEGGER, M. "A questão da técnica". Trad. Marco Aurélio Werle. *Scientiæ Studia*, 5 (3): 375-98, 2007 (São Paulo).

HOFFMANN, R. *O mesmo e o não-mesmo.* Trad. Roberto Leal Ferreira. São Paulo: Editora da Unesp, 2000.

HOLLOWAY, S. K. *The Aluminium Multinationals and the Bauxite Cartel.* Houndmills/Basingstoke: The MacMillan Press, 1988.

HOLMES, F. *Antoine Lavoisier: The Next Crucial Year, or the Sources of his Quantitative Method in Chemistry.* Princeton: Princeton University Press, 1998.

HOLMES, F. *Eighteenth-Century Chemistry as an Investigative Enterprise.* Berkeley: Office for the History of Science, 1989.

HOLMES, F. "Analysis by Fire and Solvent Extractions: The Metamorphosis of a Tradition". *ISIS*, 62: 129-148, 1971 (Chicago).

HOLMYARD, E. J. *Alchemy*. Nova Iorque: Dover, 1990.

HOTTOIS, G. "La technoscience, de l'origine du mot à son usage actuel". *In:* GOFFI, J.-I. (Dir.). *Regards sur les technosciences*. Paris: Vrin, 2006.

HOYNINGEN-HUENE, P. "Thomas Kuhn and the chemical revolution". *Foundations of Chemistry*, 10 (2): 101-115, 2008 (Alemanha).

HUMAIR, C. "Aux sources du succès hydroélectrique suisse: L'introduction de l'éclairage électrique dans l'arc lémanique (1881-1891)". *Annales historiques de l'électricité*, 3: 113-126, 2005 (França, Victoire Eds.).

HUNTER, M.; DAVIS, E. (Eds.). *The works of Robert Boyle*. Londres: Pickering & Chatto, 1999-2000, 14 vols.

HUPFFER, H.; ENGELMANN, W. "O princípio responsabilidade de H. Jonas como contraponto ao avanço (ir)responsável das nanotecnologias". *Direito & Práxis*, 8 (4): 2658-87, 2017 (Rio de Janeiro).

HYLE: International Journal for Philosophy of Chemistry, 8 (1), 2002. Disponível em: http://www.hyle.org/journal/issues/7/hyle7_2.htm. Acesso em: 25 nov. 2021.

HYLE: International Journal for Philosophy of Chemistry, 7 (2), 2001. Disponível em: http://www.hyle.org/journal/issues/8-1/index.html. Acesso em: 25 nov. 2021.

INDIANA UNIVERSITY BLOOMINGTON. *The Chymistry of Isaac Newton*. Disponível em: http://webapp1.dlib.indiana.edu/newton/. Acesso em: jan. 2021.

INTERGOVERNMENTAL PANEL ON CLIMATE CHANGE (IPCC). *Fourth Assessment Report: Summary for Policymakers*. Disponível em: www.ipcc.ch. Acesso em: 25 nov. 2021.

INTERNATIONAL ALUMINIUM INSTITUTE. "Primary Aluminium Production". Disponível em: https://international-aluminium.org/statistics/primary-aluminium-production/. Acesso em: 28 nov. 2021.

JAMES, F. "Agricultural Chymistry is at present in it's infancy: The Board of Agriculture, The Royal Institution and Humphry Davy". *Ambix*, 62 (4): 363-396, 2015 (Inglaterra).

JEBELLI, J. "Young Blood". *In Pursuit of Memory: The fight Against Alzheimer's*. Nova Iorque/Boston/Londres: Little, Brown and Company, 2017.

JENSEN, K. M. *Beyond Marx and Mach: Aleksandr Bogdanov's Philosophy of Living Experience*. Dordrecht: Reidel, 1978.

JOLY, B. *Histoire de l'alchimie*. Paris: Vuibert/ADAPT, 2013.

_____. "Etienne-François Geoffroy, entre la Royal Society et l'Académie royale des sciences: Ni Newton, ni Descartes". *Méthodos: Savoirs et textes*, (12), 2012 (Lille).

_____. *Descartes et la chimie*. Paris: Vrin, 2011.

_____. "À propos d'une prétendue distinction entre la chimie et l'alchemie au XVIIe siècle: Questions d'histoire et de méthode". *Revue d'histoire des sciences*, 1 (60): 167-184, 2007 (França).

_____. "La question de la nature du feu dans la chimie de la première moitié du XVIIIe siècle". *Corpus philosophie*, (36): 41-64, 1999 (Paris).

_____. *Rationalité de l'Alchimie au XVIIe siècle*. Paris: Vrin, 1992.

JONAS, H. *O princípio Responsabilidade: Ensaio de uma ética para a civilização tecnológica*. Rio de Janeiro: PUC Rio, 2011.

_____. *Técnica, medicina y ética*. Barcelona/Buenos Aires/México: Paidós, 1985.

JO NYE, M. "La preuve par les nombres". *Les Cahiers de Science & Vie*, (42): 6-15, 1997 (França).

JONES, F. "A ameaça dos microplásticos". *Revista FAPESP*, 281, jul. 2019 (São Paulo).

JUNG, C. G. *Psicologia e alquimia*. Trad. Maria Luiza Appy *et al*. Rio de Janeiro: Vozes, 2012.

KAHN, D. *Le fixe et le volátil: Chimie et alchimie de Paracelse à Lavoisier*. Paris: CNRS Éditions, 2016.

KAI, G. *et al*. *Aluminium Electrolysis: Fundamentals of the Hall-Héroult Process*. Düsseldorf: Verlag, 1982.

KAISER, J. "The dirt on ocean garbage patches". *Science*, 328 (5985): 1506-1506, jun. 2010 (Estados Unidos).

KANT, I. *Fundamentação da metafísica dos costumes*. São Paulo: Abril Cultural, 1984 (Os pensadores).

KHUNRATH, H. *Amphitheatrum Sapientiae Aeternae solius verae, Christiano-kabbalisticum, divino-magicum, necnon physico-chemicum, tertriunum, catholicon*. Hanau: [.s. n. t.], 1609. Disponível em: www.gallica.bnf.fr. Acesso em: 04 nov. 2021.

KIM, M. G. *Affinity, that elusive dream: A genealogy of the chemical revolution*. Cambridge: MIT Press, 2003.

KIRWAN, R. "Lettre du 2 avril 1787 à Guyton de Morveau". *In:* GRISON, E. *A Scientific Correspondence during the Chemical Revolution*. Berkeley: University of California Press, 1994, p. 165-167.

_____. *Essai sur le Phlogistique et sur la constitution des acides*. Paris: Rue et hôtel Serpente, 1788.

KITCHER, P. "Theories, theorists and theoretical change". *Philosophical Review*, 87 (4): 519-547, 1978 (Durham).

KLEIN, U.; LEFEVRE, W. *Materials in Eighteenth-Century: A Historical Ontology*. Cambridge: MIT Press, 2007.

KLEIN, U. E. F. *Experiments, Models, Paper Tools: Cultures of Organic Chemistry in the Nineteenth Century*. Stanford: Stanford University Press, 2003.

_____. "Geoffroy's Tables of Different 'Rapport' Observed between Different Chemical Substances: A Reinterpretation". *Ambix*, 42 (2): 79-100, 1995 (Inglaterra).

KOVAC, J. *The Ethical Chemist. Professionalism and Ethics in Science*. Oxford/Nova Iorque: Oxford University Press, 2018.

_____. "Professional Ethics in Science". *In:* BAIRD, D.; SCERRI, E.; McINTYRE, L. (Ed.). *Philosophy of Chemistry. Synthesis of a New Discipline*. Dordrecht: Springer, 2006.

KOYRÉ, A. "Galileu e Platão". *Estudos de história do pensamento científico*. Trad. Márcio Ramalho. Rio de Janeiro/Brasília: Forense Universitária/Editora da Universidade de Brasília, 1982 [1943], p. 152-80.

KREMENTSOV, N. *Revolutionary Experiments: The Quest for Immortality in Bolshevik Science and Fiction*. Oxford/Nova Iorque: Oxford University Press, 2014.

_____. *A Martian Stranded on Earth: Alexander Bogdanov, Blood Transfusion, and Proletarian Science*. Chicago/Londres: The University of Chicago Press, 2011.

KUHN, T. S. *A Estrutura das Revoluções Científicas*. Trad. Beatriz Vianna Boeira e Nelson Boeira. São Paulo: Perspectiva, 1975.

_____. "The function of Measurement in Modern Physical Science". *Isis*, 52 (2): 161-193, 1961 (Chicago).

LABARCA, M.; BEJARANO, N.; EICHIER, M. L. "Química e Filosofia: Rumo a uma frutífera colaboração". *Química Nova*, 36 (8): 1256-1266, 2013 (São Paulo).

LABARCA, M.; LOMBARDI, O. "Acerca del status ontológico de las entidades químicas: El caso de los orbitales atómicos". *Principia*, 14 (3): 309-33, 2010 (Santa Catarina).

LACEY, H.; MARICONDA, P. R. "O modelo das interações entre os valores e as atividades científicas". *Scientiæ Studia*, 12 (4): 643-68, 2014 (São Paulo).

LACEY, H. "Tecnociência comercialmente orientada ou investigação multiestratégicas?". *Scientiæ Studia*, 12 (4): 669-95, 2014 (São Paulo).

_____. *Valores e atividade científica*. São Paulo: Editora 34/Associação Filosófica Scientiæ Studia, 2008.

_____. *A controvérsia sobre os transgênicos, questões científicas e éticas*. São Paulo: Ideias & Letras, 2006a.

_____. "O princípio de precaução e a autonomia da ciência". *Scientiæ Studia*, 4 (3): 373-92, 2006b (São Paulo).

LAJOYE, V.; LAJOYE, P. *Étoiles Rouges: La littérature de science-fiction soviétique*. Paris: Piranha, 2017.

LAMBERT, J. "Analyse et chimie condillacienne". In: SGARD, J. (Ed.). *Condillac et les problèmes du langage*. Genève: Slatkine, 1982, p. 369-378.

LAPARRA, M. "The Aluminium False Twins: Charles Martin Hall and Paul Héroult's First Experiments and Technological Options". *Cahiers d'histoire de l'aluminium*, 48 (1): 84-105, 2012 (França).

LARRÈRE, C. *L'invention de l'économie au XVIIIe siècle*. Paris: PUF, 1992.

LATOUR, B. *Investigação sobre os modos de existência: Uma antropologia dos modernos*. Trad. Alexandre Agabiti Fernandez. Petrópolis: Vozes, 2019.

LAUDAN, L. *Science and Values: The Aims of Science and their Role in Scientific Debate*. Berkeley: University of California Press, 1984.

LAUTRE, Yonne. "L'aluminium, ce métal qui nous empoisonne: La synthèse de l'asef". *Association Santé Environnement France*. Disponível em: https://www.asef-asso.fr/production/laluminium-ce-metal-qui-nous-empoisonne-la-synthese-de-lasef/. Acesso em: mar. 2021.

LAVOISIER, A. *Traité Élémentaire de Chimie. Présenté dans un ordre nouveau et d'apès les découvertes modernes*. Bruxelles: Culture et Civilisations, 1965 [1789].

_____. "Sur l'affinité du principe oxygène avec les différentes substances auxquelles il est susceptible de s'unir". *Oeuvres*. Paris: Imprimerie Impériale, 1862 [1782], p. 546-56.

LECOURT, D. *Dictionnaire d'histoire et philosophie des sciences*. Paris: Quadrige/ PUF, 2006, p. 397-400.

LEHMAN, C. "Alchemy Revisited by the Mid-Eighteenth Century Chemists in France: An Unpublished Manuscript by Pierre-Joseph Macquer". *Nuncius*, 28 (1): 165-216, 2013 (Pádua).

_____. "Mid-Eighteenth-century Chemistry in France as Seen Through Student Notes from the Courses of Gabriel-François Venel and Guillaume-François Rouelle". *Ambix*, 56 (2): 163-189, 2009 (Inglaterra).

_____. *Gabriel-François Venel (1723-1775): Sa place dans la chimie française du XVIIIe siècle*. Lille: Atelier National de Reproduction des Thèses, 2008.

LEHMAN, C.; PÉPIN, F. (Eds.). "La Chimie et l'Encyclopédie". *Corpus, revue de philosophie*, (56), 2009 (França).

LEITE, J. C. "Controvérsias científicas ou negação da ciência? A agnotologia e a ciência do clima". *Scientiæ Studia*, 12 (1): 179-89, 2014 (São Paulo).

LEMERY, N. *Cours de Chymie, contenant la manière de faire les operations qui sont em usage dans la medecine*. Paris: Chez l'Autheur, 1775.

LEQUAN, M. *La chimie selon Kant*. Paris: Presses Universitaires de France, 2000.

LEQUAN, M.; BENSAUDE-VINCENT, B. (Orgs.). "Chimie et Philosophie". *Dix-huitième Siècle*, (42): 401-416, 2010 (França).

LEWOWICZ, L. *LEMCO: Un coloso de la industria cárnica en Fray Bentos, Uruguay*. Montevidéu: INAC, 2016.

_____. "A demarcation between good and bad constructivism: The case of chemical substances as artifactual materials". *DoisPontos*, 12 (1): 197-206, 2015 (Paraná).

LEWOWICZ, L.; LOMBARDI, O. "Stuff versus individuals". *Foundations of Chemistry*, 15 (1): 65-77, 2013 (Alemanha).

LEYMONERIE, C. "L'aluminium, matériau des arts décoratifs à l'Exposition Internationale de Paris en 1937". *Cahiers d'historie de l'aluminium*, (46/47): 8-49, 2011 (França).

LIEBIG, J. *Chimie appliquée à la physiologie végétale et à l'agriculture.* Trad. Charles Gerhardt. Paris: Fortin & Masson, 1844.

LIMA, H. L. A. *Do corpo-máquina ao corpo-informação: O pós-humano como horizonte biotecnológico.* Recife, Centro de Filosofia e Ciências Humanas, Universidade Federal de Pernambuco, 2010, 322 p. (Tese de Doutorado).

LINHART, R. *Lénine, les paysans, Taylor: Essai d'analyse material historique de la naissance du systèm productif soviétique.* Paris: Seuil, 1976.

LLORED, J.-P. *Chimie, chimie quantique, et concept d'emergence: Étude d'une mise en relation.* Bruxelas, Ecole Polythecnique, Université Libre de Bruxelles, 2013, 679 p. (Tese de Doutorado).

LOKENSGARD, E. *Plásticos industriais teoria e aplicações.* São Paulo: Cengage Learning, 2014.

LOWER, R. "The Method Observed in Transfusing the Bloud out of one Animal into Another". *Philosophical Transactions*, 1 (2): 353-8, dez. 1666 (Inglaterra).

LUISI, P. L. "Emergence in Chemistry: Chemistry as the Embodiment of Emergence". *Foundations of Chemistry*, 4 (3): 183-200, 2002 (Alemanha).

LYNN, M. R. "Experimental Physics in Enlightenment Paris: The Practice of Popularization in Urban Culture". *In:* BENSAUDE-VINCENT, B.; BLONDEL, C. (Eds.). *Science and Spectacle in the European Enlightenment.* Hampshire: Ashgate, 2008, p. 65-75.

MAAR, J. H. *História da química – Segunda parte: De Lavoisier ao sistema periódico.* Florianópolis: Papa Livros, 2011.

_____. *História da química – Primeira parte: Dos primórdios a Lavoisier.* 2. ed. Florianópolis: Conceito Editorial, 2008.

MACQUER, P. J. Élémens de Chymie Théorique. Paris: Jean-Thomas Herissant, 1749, p. 2.

MACQUER, P. J. *Dictionnaire de Chymie.* Paris: Lacombe, 1766, 2 vols.

MAIER, M. *Atalanta Fugiens.* Oppenheim: Johann Theodor de Bry, 1617.

MALOUIN, P.-J. "Alchemy". *In:* D'ALEMBERT, J. L. R. ; DIDEROT, D. *Encyclopédie, ou dictionnaire raisonné des sciences, des arts et des métiers.* Paris: Briasson, 1751, p. 248-29, t. 1. Disponível em: http://enccre.academiesciences.fr/encyclopedie/. Acesso em: 04 nov. 2021.

MANZO, S. "Éter, espírito animal e causalidade no Siris de George Berkeley: Uma visão imaterialista da analogia entre macrocosmo e microcosmo". *Scientiæ Studia*, 2 (2): 179-205, 2004 (São Paulo).

MANZOCCO, R. *Transhumanism. Engineering the Human Condition*. Chichester: Praxis/Springer, 2019.

MARAMALDO, C. T. E. "Avaliação de risco dos organismos geneticamente modificados". *Ciência & Saúde Coletiva*, 16 (1): 327-336, 2011 (Brasil).

MARICONDA, P. R. "Riscos Tecnológicos, agricultura transgênica e alternativas". *In:* PRINCIPE, J. (Ed.) *The Philosophy and History of Science, in Memoriam Hermínio Martins*. Portugal: Caleidoscópio, 2015.

_____. "Technological risks, transgenic agriculture and alternatives". *Scientiæ Studia*, 12 (4): 75-104, 2014 (Brasil).

MARMONIER, C. *Transfusion du sang*. Paris: Victor Masson et Fils, 1869.

MARTELLI, M. (Ed.). *Pseudo-Democrito: Scritti alchemici*. Coment. Sinésio. Milão: ARCHÈ, 2011.

MARTENS, R. *Kepler's Philosophy and the new Astronomy*. Princeton/Oxford: Princeton University Press, 2000.

MARTIN, P. *Histoire de l'industrie des engrais dans l'estuaire de la Loire à l'époque contemporaine*. Nantes, Centre François Viète d'Histoire des Sciences, Université de Nantes, 2018, 727 p. (Tese de Doutorado).

MARTINS, H. *Experimentum Humanum*. Belo Horizonte: Fino Traço, 2012.

MARTY, N. *Gérard Vindt, les hommes de l'aluminium: Historie sociale de Pechiney, 1921-1973*. Paris: Éditions de l'Atelier, 2006.

MARX, K. *O capital – Livro I: O processo de produção do capital*. Trad. Rubens Enderle. São Paulo: Boitempo, 2013.

MATTHEWS, G. *History of Pesticides*. Oxfordshire: CABI, 2018.

MATTON, S. "Marsile Ficin et l'alchimie: Sa position, son influence". *In:* MARGOLIN, J.-C.; MATTON, S. (Orgs.). *Alchimie et philosophie à la Renaissance*. Paris: Vrin, 1993, p. 123-192.

MAUSKOPF, S. "Richard Kirwan's Phlogiston Theory: Its Success and Fate". *Ambix*, 49 (3): 185-205, 2002 (Inglaterra).

MAZOYER, M.; ROUDART, L. *História das agriculturas no mundo: Do neolítico à crise contemporânea*. Trad. Cláudia F. Falluh Balduino Ferreira. São Paulo: Editora da Unesp, 2008.

McCOSH, F. W. J. *Boussingault: Chemist and Agriculturist*. Dordrecht: D. Reidel Publishing Company, 1984.

McEVOY, J. G. *The Historiography of the Chemical Revolution: Patterns of Interpretation in the History of Science*. Londres: Pickering & Chatto, 2010.

MEIKLE, J. *American Plastic: A Cultural History*. Nova Jersey: Rutgers University Press, 1995.

MENDELEEV, D. *Principes de chimie*. Trad. M. E. Achkinasi e M. H. Carrion. Paris: Bernard Tignol, 1895, 2 vols.

MERCHANT, C. *The Death of Nature: Women, Ecology and the Scientific Revolution*. Nova Iorque: Harper One, 1983.

METZGER, H. *La philosophie de la matière chez Lavoisier*. Paris: Hermann, 1935.

MILLER, P. "Description Terminable and Interminable: Looking at the Past, Nature and Peoples in Peiresc's Archive". *In:* POMATA, G.; SIRAISI, N. G. (Eds.). *Historia, Empiricism and Erudition in Early Modern Europe*. Cambridge: MIT Press, 2005, p. 355-397.

MILLSTONE, E.; BRUNNER, E.; MAYER, S. "Beyond Substantial Equivalence". *Nature*, 401 (6753): 525-526, 1999 (Londres).

MOCELLIN, R. C. "Seabra Telles e a química do século das Luzes". *Redes*, 25 (48): 257-283, 2019 (Santa Cruz do Sul).

_____. "A revolução química na Estrutura". *In:* CONDÉ, M. L. L.; PENNA-FORTE, M. A. (Eds.). *Thomas Kuhn: A Estrutura das Revoluções Científicas [50 anos]*. Belo Horizonte: Fino Traço, 2013.

_____. *Louis-Bernard Guyton de Morveau: Chimiste et Professeur au Siècle des Lumières*. Saarbrücken: Éditions Universitaires Européennes, 2011.

MOCELLIN, R. C.; ZATERKA, L. "Blood, transfusions and longevity". *In:* BARAVALLE, L.; ZATERKA, L. (Eds.). *Life and Evolution: Latin America Essays on History and Philosophy of Biology*. Cham: Springer, 2020.

MONCEAU, H. L. D. *Éléments d'agriculture*. Paris: Guerin & Delatour, 1762.

MOORE, P. *Blood and Justice: The 17th Century Parisian Doctor Who Made Blood Transfusion History*. Chichester: John Wiley, 2003.

MORAN, B. *Distilling Knowledge: Alchemy, Chemistry and the Scientific Revolution*. Harvard: Harvard University Press, 2005.

MORRIS, J. T. P. *The Matter Factory: A History of the Chemistry Laboratory*. Londres: Reaktion Books, 2015.

MORVEAU, L.-B. G. de. *Traité des moyens de désinfecter l'air, de prévenir la contagion, et d'en arrêter les progress*. 3. ed. Paris: Chez Bernard, 1805 [1801].

_____. *Dictionnaire de Chymie, de l'Encyclopédie méthodique*. Paris: Panckoucke, 1786, vol. 1, t. 1; Dijon: Frantin, 1789, vol. 2.

_____. "Mémoire sur les dénominations chimiques, la nécessité d'en perfectionner le système, les règles pour y parvenir, suivi d'un tableau d'une nomenclature chimique". *Observations sur la Physique*, 19: 370-382, 1782 (França).

MORVEAU, L.-B. G. de; LAVOISIER, A.-L. de; BERTHOLLET, C.-L. *Méthode de nomenclature chimique*. Introd. B. Bensaude-Vincent. Paris: Éditions du Seuil, 1994 [1787].

MOUAK, P. *Le marché de l'aluminium: Structuration et analyse du comportement des prix au comptant et à terme au London Metal Exchange*. Orleans, École Doctorale Sciences de l'Homme et de la Societé, Université d'Orleáns, 2010, 469 p. (Tese de Doutorado).

NANDULA, V. (Ed.). *Glyphosate Resistance in Crops and Weeds. History, Development, and Management*. Stoneville: Mississippi State University, 2010.

NAPPI, C. *L'aluminium*. Paris: Economica, 1994.

NASCIMENTO, M.; LOUREIRO, F. E. L. *Fertilizantes e sustentabilidade: O potássio na agricultura brasileira, fontes e rotas alternativas*. Rio de Janeiro: CETEM/MCT, 2004.

NEEDHAM, J. "Chemistry and Chemical Technology, Part 5, Spagyrical Discovery and Invention: Physiological Alchemy". *In:* NEEDHAM, J. et al. *Science and Civilisation in China*. Cambridge: Cambridge University Press, 1983, vol. 5.

NETO, W. N. A. *Formas de uso da noção de representação estrutural no Ensino Superior de Química*. São Paulo, Faculdade de Educação, Universidade de São Paulo, 2009, 235 p. (Tese de Doutorado).

NEVILLE, G. R.; SMEATON, W. A. "Macquer's *Dictionnaire de Chymie*: A Bibliographical Study". *Annals of Science*, 38 (6): 613-662, 1981 (Estados Unidos).

NEWMAN W. *Newton the Alchemist: Science, Enigma, and the Quest for Nature's "Secret Fire"*. Princeton/Oxford: Princeton University Press, 2019.

_____. *Atoms and Alchemy: Chymistry & the Experimental Origins of the Scientific Revolution*. Chicago: The University of Chicago Press, 2006.

_____. *Promethean Ambitions*. Chicago/Londres: The University of Chicago Press, 2004.

_____. "The Alchemical Sources of Robert´s Boyle Corpuscular Philosophy". *Annals of Science*, 53 (6): 567-85, 1996 (Estados Unidos).

_____. *The Summa Perfectionis of Pseudo-Geber: A Critical Edition, Translation and Study*. Leiden/Nova Iorque: E.J. BRILL, 1991.

_____. "Newtons´s Clavis as Starkey's Key". *Isis*, 78 (4): 564-574, 1987 (Chicago).

NEWMAN, W.; PRINCIPE, L. *Alchemy Tried in the Fire. Starkey, Boyle, and the fate of Helmontian Chymistry*. Chicago/Londres: The University of Chicago Press, 2005.

_____. *George Starkey: Alchemical Laboratory Notebook and Correspondance*. Chicago/Londres: The University of Chicago Press, 2004.

NEWTON, I. *Óptica*. Trad., intr. e notas André Koch Torres Assis. São Paulo: Edusp, 1996.

NIETZSCHE, F. *Humano, demasiado humano*. Trad. Paulo César de Souza. São Paulo: Companhia das Letras, 2005.

NIH (National Institutes of Health). "Chloroquine or hydroxychloroquine: with or without azithromycin". Disponível em: https://www.covid19treatmentguidelines.nih.gov/antiviral-therapy/chloroquine-or-hydroxychloroquine-with-or-without-azithromycin/. Acesso em: mar. 2021.

NODARI, R. "Biossegurança. Transgênicos e risco ambiental: Os desafios da nova lei de Biossegurança". *In:* LEITE, J. R. M.; FAGUNDEZ, P. R. A. (Orgs.). *Biossegurança e novas tecnologias na sociedade de risco: Aspectos jurídicos, técnicos e sociais*. São José: Conceito Editorial, 2007, p. 17-44.

NODARI, R.; GUERRA, M. P. "Avaliação de riscos ambientais de plantas transgênicas". *Cadernos de Ciência & Tecnologia*, 18 (1): 81-116, 2001 (Brasil).

OBRIST, B. *Les débuts de l'imagerie alchimique (XIVe–XVe siècles)*. Paris: Le Sycomore, 1982.

OLIVATTO, G. P; CARREIRA, R.; TORNISIELO, V. L.; MONTAGNER, C. C. "Microplásticos: Contaminantes de preocupação global no Antropoceno". *Revista Virtual de Química*, 10 (6), 2018 (Brasil).

OLIVEIRA, M.; FERNANDEZ, B. "Hempel, Semmelweis e a verdadeira tragédia da febre puerperal". *Scientiæ Studia*, 5 (1): 49-79, 2007 (São Paulo).

ORTEGA, F. *O corpo incerto: Corporeidade, tecnologias médicas e cultura contemporânea*. Rio de Janeiro: Garamond, 2008.

OTT, W. *Locke's Philosophy of Language*. Cambridge: Cambridge University Press, 2004.

PAGEL, W. *Paracelso: Un'introduzione alla medicina filosófica nell'età del Rinascimento*. Trad. Michele Sampaolo. Milão: Il Saggiatore, 1989 [1982].

PANETH, F. A. "The Epistemological Status of the Chemical Concept of Element". *Foundations of Chemistry*, 5 (2): 113-145, 2003 [1931] (Oxford).

PEHLIVANIAN, S. "La collection Grégoire: Institut pour l'histoire de l'aluminium: Un point de vue original sur l'histoire de l'automobile". *Cahiers d'histoire de l'aluminium*, 42/43 (1): 6-55, 2009 (França).

PÉPIN, F. *La Philosophie expérimental de Dierot et la chimie*. Paris: Garnier, 2012.

PÉREZ, S. R. "Jean-Albert Grégorie, la voiture tout aluminium et la voiture électrique: Le destin commun de deux innovations technologiques entre guerre et reconstruction". *Cahiers d'histoire de l'aluminium*, 49 (2): 70-89, 2012 (França).

PERKINS, J. "Chemistry Courses, the Parisian Chemical World and the Chemical Revolution, 1770-1790". *Ambix*, 57 (1): 27-47, 2010 (Inglaterra).

PETERSCHMITT, L. *Berkeley et la chimie*. Paris: Classiques Garnier, 2011.

_____. "Bacon et la chimie: A propos de la réception de la philosophie naturelle de Bacon aux XVIIe et XVIIIe siècle". *Méthodos: Savoirs et textes*, (5): 122, 2005 (Lille).

PETERSON, W.; MILLER, R. (Orgs.). *Hall-Hérout Centennial: First Century of Aluminum Process Technology, 1886-1986*. Pensilvânia: The Minerals, Metals & Materials Society, 1986.

PINTO, L. F. "De Tucuruí a Belo Monte: A história avança mesmo?". *Boletim do Museu Paraense Emílio Goeldi*, 7 (3): 777-782, 2012 (Belém).

POIRIER, J.-P. *La Science et l'Amour: Madame Lavoisier*. Paris: Pygmalion, 2004.

POIRIER, J.-P. *Lavoisier*. Paris: Pygmalion, 1993.

POLAND, C. et al. "Carbon nanotubes introduced into the abdominal cavity of mice show asbestoslike pathogenicity in a pilot study". *Nature Nanotechnology*, 3: 422-428, 2008.

POLANYI, M. *Personal Knowledge: Towards a Post-Critical Philosophy*. Londres: Routledge & Kegan Paul, 1958.

_____. *Science, Faith and Society*. Londres: Oxford University Press, 1946.

POWERS, J. C. *Inventing Chemistry: Herman Boerhaave and the reform of the chemical arts*. Chicago: The University of Chicago Press, 2012.

PRINCIPE, L.; NEWMAN, W. "Alchemy vs. Chemistry, the Etymological Origins of a historiographical Mistake". *Early Science and Medecin*, 3 (1): 32-65, 1998 (Holanda).

PRINCIPE, L. *The Secrets of Alchemy*. Chicago/Londres: The University of Chicago Press, 2013.

_____. "The alchemies of Robert Boyle and Isaac Newton: Alternate Approaches and Divergent Deployments". *In:* OSLER, M. (Ed.). *Rethinking the Scientific Revolution*. Cambridge: Cambridge University Press, 2000, p. 201-220.

_____. *The aspiring adept, Robert Boyle and his Alchemical Quest*. Princeton: Princeton University Press, 1998.

_____. "Boyle's alchemical pursuits". *In:* HUNTER, M. (Ed.). *Robert Boyle Reconsidered*. Cambridge: Cambridge University Press, 1994, p. 91-105.

PROGRAMA DAS NAÇÕES UNIDAS PARA O DESENVOLVIMENTO. Índice de Desenvolvimento Humano. 2010. Disponível em: https://www.br.undp.org/content/brazil/pt/home/idh0/rankings/idhm-municipios-2010.html. Acesso em: dez. 2020.

DECRETO Nº 5.705, DE 16 DE FEVEREIRO DE 2006. "Dispõe sobre o Protocolo de Cartagena sobre Biossegurança da Convenção sobre Diversidade Biológica". Disponível em: http://www.planalto.gov.br/ccivil_03/_ato2004-2006/2006/decreto/d5705.htm. Acesso em: 25 nov. 2021.

PUTNAM, H. "The meaning of meaning". *Mind, Language and Reality*. Cambridge: Cambridge University Press, 1975, p. 215-271.

RASMUSSEN, S. C. "Revisiting the Early History of Synthetic Polymers: Critiques and New Insights". *Ambix*, 65 (4): 356-372, 2018 (Inglaterra).

READ, J. *Prelude to Chemistry: An Outline of Alchemy*. Londres: The MIT Press, 1996.

RECHNITZER, T. "Precautionary principles". *Internet Encyclopedia of Philosophy*. Disponível em: https://www.iep.utm.edu/pre-caut/. Acesso em: 24 fev. 2021.

REETZ, H. F. *Fertilizantes e seu Uso Eficiente*. Trad. Alfredo Scheid Lopes. São Paulo: ANDA, 2017.

RENAULT, E. *Philosophie chimique: Hegel et la science dynamiste de son temps*. Bordeaux: Presses Universitaires de Bordeaux, 2002.

REY, R. *Naissance et développement du vitalisme en France*. Oxford: Voltaire Foundation, 2000.

RIBEIRO, M. A. P. *Integração da filosofia da química no currículo de formação inicial de professores: Contributos para uma filosofia do ensino*. Lisboa, Instituto de Educação, Universidade de Lisboa, 2014, 390 p. (Tese de Doutorado).

RIECHMAN, J. "Eros antes que Prometeo: Reconsideración de la filosofia de la tecnología de Ortega – Una relectura de su Meditación a la Técnica desde el principio de la biomímesis". *Estudios Sociales*, 17 (34), jul-dez. 2009 (Colômbia).

RIEGERT, P. Q. *From Arsenic to DDT: A History of Entomology in Western Canada*. Toronto: University of Toronto Press, 1980.

RISKIN, J. *Science in the Age of Sensibility: The Sentimental Empiricists of the French Enlightenment*. Chicago/Londres: The University of Chicago Press, 2002.

ROBERTS, L. "Condillac, Lavoisier, and the Instrumentalization of Science". *The Eighteenth Century*, 33 (3): 252-270, 1992 (Estados Unidos).

ROCHE, L. *Le Portrait de M. et Mme Lavoisier par Jacques-Louis David [1788]: Les antinomies du paraître*. Paris, École d'histoire de l'art et d'archéologie de la Sorbonne, l'Université Paris 1 Panthéon-Sorbonne, 2011, 130 p. (Dissertação de Mestrado).

RODGMAN, A.; PERFETTI, T. A. *The Chemical Components of Tobacco and Tobacco Smoke*. Boca Raton: CRC Press, 2016.

ROLA, K. S. *Alquimia*. Madri: Edições Del Prado, 1996.

ROUSSEAU, J. J. *O Contrato Social: Princípios do direito político*. Trad. Antonio de Pádua Danesi. São Paulo: Martins Fontes, 1999.

SALEM, J. *Les Atomistes de l'Antiquité: Démocrite, Épicure, Lucrèce*. Paris: Flammarion, 2013.

SAMBURSKY, S. *El mundo físico de los griegos*. Trad. María José Pascual Pueyo. Madri: Alianza, 1990 [1962].

SATTARI, S. Z. *The Legacy of Phosphorus: Agricultue and Future Food Security*. Wageningen: Wageningen University Press, 2014.

SAUSSURE, T. *Recherches chimiques sur la végétatiion*. Paris: Nyon Libraire, 1804.

SCALTSAS, T. "Mixing the Elements". *In:* ANAGNOSTOPOULOS, G. (Ed.). *A Companion to Aristotle*. Hoboken: Blackwell Publishing, 2009, p. 242-259.

SCERRI, E. *The Periodic Table: Its Story and Its Significance*. Nova Iorque: Oxford University Press, 2007.

_____. "Normative and Descriptive Philosophy of Science and the Role of Chemistry". *In:* BAIRD, D.; SCERRI, E.; MACLNTYRE, L. (Eds.). *Philosophy of Chemistry: Synthesis of a New Discipline*. Dordrecht: Springer, 2006, p. 119-128.

_____. *The Story of the Periodic System*. Nova Iorque: McGraw-Hill, 2001.

SCERRI, E.; FICHER, G. (Eds.). *Essays in the Philosophy of Chemistry*. Oxford: Oxford University Press, 2016.

SCHELLER, M. *Aluminum dreams: The making of light modernity*. Cambridge/Massachusetts: MIT Press, 2014.

SCHULTZ, S. G. "William Harvey and the Circulation of the Blood: The Birth of a Scientific Revolution and Modern Physiology". *News Physiological Sciences*, 17: 175-180, out. 2002 (Houston).

SCHUMMER, J. "The Philosophy of Chemistry, From Infancy toward Maturity". *In:* BAIRD, D.; SCERRI, E.; MACLNTYRE, L. (Eds.). *Philosophy of Chemistry: Synthesis of a New Discipline*. Dordrecht: Springer, 2006, p. 19-39.

_____. "Ethics of Chemical Synthesis". *Hyle*, 7 (2): 103-124, 2001 (Estados Unidos).

_____. "Challenging Standard Distinctions between Science and Technology: The Case of Preparative Chemistry". *Hyle*, 3: 81-94, 1997 (Estados Unidos).

SCHUMMER, J.; BENSAUDE-VINCENT, B.; TIGGELEN, B. van (Eds.). *The Public Image of Chemistry*. Nova Jersey/Londres: World Scientific, 2007.

SCUDELLARI, M. "Ageing research: Blood to blood". *Nature*, 517: 426-429, 2015 (Londres).

SENGOOPTA, C. "Rejuvenation and the Prolongation of Life: Science or Quackery?". *Perspectives in Biology and Medicine*, 37 (1): 55-66, 1993 (Baltimore).

SERGEEV, G. B.; KLABUNDE, K. J. *Nanochemistry*. Amsterdã: Elsevier, 2013 [2006].

SHAPIN, S.; SCHAFFER, S. *Leviathan and the Air-Pump: Hobbes, Boyle, and the experimental life*. Princeton: Princeton University Press, 1985.

SHELLEY, M. *Frankenstein: O moderno Prometeu*. Trad. e notas Doris Goettems. São Paulo: Landmark, 2016.

SHELLER, M. *Aluminum Dreams: The Making of Light Modernity*. Londres/Cambridge/Massachusetts: MIT Press, 2014.

SILLINON, B. "REACH: Un outil pour améliorer le dialogue entre chimie et société". *In:* BENSAUDE-VINCENT, B.; EASTES, R.-E. (Eds.). *Philosophie de la chimie*. Paris: Deboeck Superieur, 2020, p. 313-317.

SIMONDON, G. *Du mode d'existence des objets techniques*. Paris: Aubier, 1989.

SMEATON, W. "The Contribution of P.-J. Macquer, T. O. Bergman and L-B. Guyton de Morveau". *Annals of Science*, 10 (2): 87-106, 1954 (Londres).

SMIL, V. *Enriching the Earth: Fritz Haber, Carl Bosch and the Transformation of World Food Production*. Cambridge/Massachusetts: The MIT Press, 2001.

SMITH, P. *The Business of Alchemy: Science and Culture in the Holy Roman Empire*. Princeton: Princeton University Press, 1994.

SOCHOR, Z. A. *Revolution and Culture: The Bogdanov-Lenin Controversy*. Ithaca/Londres: Cornell University Press, 1988.

SOURIAU, E. *Les différents modes d'existence: Suivi de Du mode d'existence de l'oeuvre à faire*. Apres. Isabelle Stengers e Bruno Latour. Paris: PUF, 2009.

SPEDDING, J.; LESLIE, R.; HEATH, D. D. (Eds.). *The works of Francis Bacon*. Londres: Longman/Stuttgart/Bad-Cannstatt/Frommann/Holzboog, 1963 [1857--1874], 14 vols.

STAMBLER, I. *A history of life-extensionism in the twentieth century*. Rison Lezion: Longevity History Press, 2014.

STEED. J.; TURNER. D.; WALLACE, K. *Core Concepts in Supramolecular Chemistry and Nanochemistry*. West Sussex: John Wiley & Sons, 2007.

STEEL, D. *Philosophy and the precautionary Principle: Science, Evidence, and Environmental Policy*. Cambridge: Cambridge University Press, 2015.

STOBIECKI, M. *et al.* "Monitoring changes in anthocyanin and steroid alkaloid glycoside content in lines of transgenic potato plants using liquid chromatography/mass spectrometry". *Phytochemistry*, 62 (6): 959-69, 2003.

SUKOPP T. "Robert Boyle, Baconian science and the rise of chemistry in the seventeenth century". *Society and Politics*, 7 : 54-73, 2013 (Estados Unidos).

SWANSON, K. W. *The market in blood, milk, and sperm in modern America*. Cambridge/Massachusetts/Londres: Harvard University Press, 2014.

TARTARIN, R. "Transfusion sanguine et immortalité chez Alexandr Bogdanov". *Droit et Société*, (28): 565-581, 1994 (França).

TAYLOR, G. "Tracing influence in small steps: Richard Kirwan's quantified affinity theory". *Ambix*, 55 (3): 209-231, 2008 (Inglaterra).

TEISSIER, P. *Une histoire de la chimie du solide: Synthèses, formes, identités*. Paris: Hermann, 2014.

TÉTART, P. (Dir.). *Histoire du sport en France du Second Empire au régime de Vichy et histoire du sport en France de la Libération à nos jours*. Paris: Vuibert, 2007.

TODES, D. P. *Darwin without Malthus: The struggle for existence in Russian evolutionary thought*. Oxford/Nova Iorque: Oxford University Press, 1989.

TOMIC, S. *Aux origines de la chimie organique: Méthodes et pratiques des pharmaciens et des chimistes (1785-1835)*. Rennes: Presses Universitaires de Rennes, 2010.

TOULMIN, S. E. "Crucial experiments: Priestley and Lavoisier". *Journal of the History of Ideas*, 18 (2): 205-220, 1957 (Pensilvânia).

TRANSHUMANIST DECLARATION (1998). Disponível em: https://humanityplus.org/transhumanism/transhumanist-declaration/. Acesso em jan. 2021.

TRAVIS, A. *The synthetic nitrogen industry in World War I: Its emergence and expansion*. Dordrecht: Springer, 2015.

UNESCO. *International Year of Chemistry*. Disponível em: http://www.unesco.org/new/en/naturalsciences/science-technology/basic-sciences/chemistry/international-year-of-chemistry/. Acesso em: dez. 2020.

UNIÃO EUROPEIA (EU). Comissão das Comunidades Europeias. "Regulamento n. 08/2011, de 28 de janeiro de 2011. Modifica *La Directiva 2002/72/CE* no que se refere à restrição do uso de bisfenol A em mamadeiras de plástico para lactantes". *Jornal Oficial [da] União Europeia*. Bruxelas, L 26, 29 jan. 2011, p. 4ss.

UNIÃO EUROPEIA (EU). "Regulamento n. 10/2011, de 14 de janeiro de 2011. Relativo aos materiais e objetos de matéria plástica destinados a entrar em contato com os alimentos". *Jornal Oficial [da] União Europeia.* Bruxelas, L 12, 15 jan. 2011, p. 89.

UNIVERSITY OF OXFORD. *The Newton Project.* Disponível em: http://www.newtonproject.ox.ac.uk/. Acesso em: fev. 2021.

URBAIN, G. *Les notions fondamentales d'élément et d'atome.* Paris: Gauther-Villars, 1925.

URBANSKI, Q. B.; DENADAI, A. C.; AZEVEDO-SANTOS, V. A.; NOGUEIRA, M. G. "First record of plastic ingestion by an important commercial native fish (Prochilodus lineatus) in the middle Tietê River basin, Southeast Brazil". *Biota Neotropica,* 20 (3), 2020 (São Paulo).

VAL, A. *et al.* "Amazônia: Recursos hídricos e sustentabilidade". In: BICUDO, C. E. M.; TUNDISI, J. G.; SCHEUENSTUHL, M. C. B. (Orgs.). Águas no Brasil: Análises estratégicas. São Paulo: Instituto de Botânica, 2010, p. 95-107.

VENEL, G-F. "Chymie". *Encyclopédie ou dictionnaire raisonné des sciences, des arts et des métiers.* Paris: Chez Briasson-David-LeBreton-Durand, 1751-1772, t. III, 1753, p. 408-37. Disponível em: http://encyclopedie.uchicago.edu/. Acesso em: 05 nov. 2021.

VERNE, J. *De la terre à la lune: Trajet direct en 97 heures 20 minutes.* Paris: J. Hetzel et Cia., 1865.

VIEL, C. "Le salon et le laboratoire de Lavoisier à l'Arsenal, cénacle où s'élabora la nouvelle chimie". *Revue d'histoire de la pharmacie,* XLII (306): 255-66, 1995 (França).

VUCINICH. A. *Darwin in Russian Thought.* Berkeley/Los Angeles/Oxford: University of California Press, 1989.

WEBSTER, C. *Paracelsus, Medicine, Magic and Mission at the End of Time.* New Haven/Londres: Yale University Press, 2008.

WERRETT, S. *Thrifty Science: Making the Most of Materials in the History of Experiment.* Chicago: University of Chicago Press, 2019.

WESTFALL, R. *A vida de Isaac Newton.* Trad. Vera Ribeiro. Rio de Janeiro: Nova Fronteira, 1995.

WHITE, J. D. *Red Hamlet: The Life and Ideas of Alexander Bogdanov.* Leiden/Boston: Brill, 2018.

WHITE, M. "Stoic Natural Philosophy (Physics and Cosmology)". *In:* INWOOD, B. (Ed.). *The Cambridge Companion to the Stoics.* Cambridge: Cambridge University Press, 2003, p. 124-152.

WURSTER, C. F. *DDT Wars: Rescuing Our National Bird, Preventing Cancer, and Creating the Environmental Defense Fund.* Oxford: Oxford University Press, 2015.

YATES, F. *Giordano Bruno e a tradição hermética.* Trad. Yolanda Steidel de Toledo. São Paulo: Cultrix, 1995 [1964].

ZANIN, M.; MANCINI, S. D. *Resíduos plásticos e reciclagem: Aspectos gerais e tecnologia.* São Carlos: EdUFSCAR, 2015.

ZATERKA, L. "Transgênicos e o princípio de equivalência substancial". *Estudos Avançados,* 95: 279-284, 2019 (São Paulo).

_____. "A reconfiguração do empirismo: Química, medicina e história natural a partir do programa baconiano de conhecimento". *DoisPontos,* 15 (10): 3-17, 2018 (Paraná).

_____. *A Filosofia Experimental na Inglaterra do século XVII.* São Paulo: Humanitas, 2004.

ZECCHINA, A.; CALIFANO, S. *The Development of Catalysis: A History of Key Processes and Personas in Catalytic Science and Technology.* Hoboken: Wiley & Sons, 2017.

ZEMLA, M. "Heinrich Khunrath and His Theosophical Reform". *Acta Comeniana,* 31: 43-62, 2017 (Olomouc).

ZUIDERVAART, H. "Cabinets for Experimental Philosophy in the Netherlands". *In:* BENNETT, J.; TALAS, S. (Eds.). *Cabinets of Experimental Philosophy in Eighteenth-Century Europe.* Leiden/Boston: Brill, 2013.

Índice remissivo

Abrangência, 264
Academia de Ciências de Paris, 56-7, 108, 110
Ácidos, 19, 69, 80, 90, 108-10, 112-3, 119, 125-6, 130-1, 139, 193, 201, 215, 224, 226-7, 231, 235, 237, 240-2, 246-8, 258
Adequação empírica, 255, 264
Adubos, 217, 225
Afinidades, 91, 104, 109-12, 115-6, 130-2, 134
Agregados, 83, 86, 105, 111-2
Agricultura, 14, 39, 123, 128, 217-9, 223-8, 230, 233-5, 238-9, 241, 243, 254
Água, 14, 21, 33, 43, 52, 58, 62, 71, 111, 113-4, 116, 130-1, 137-8, 159, 180, 185, 191-2, 197-8, 205, 208-11, 216, 222, 224-7, 235, 241
Alotropia, 24
Alquimia, 13, 15, 20, 29, 36, 41-6, 55-8, 61-5, 67, 71, 73, 80-3, 85-9, 91
Alquimistas, 36, 42-8, 50-1, 54-7, 59-62, 65-7, 69-73, 79, 87, 110, 114, 128, 136, 171, 228, 255
Alumina, 180-3, 185, 187, 189-90
Alumínio, 31, 39, 117, 179-94, 200, 203, 231
Alzheimer, 159-60, 163, 192
Amônia, 225, 231-3, 236, 258
Analogias, 45, 93, 115, 118, 142, 263
Anatomia, 76-7, 141-2, 171
Ânodo, 182, 189
Antiguidade, 41, 46, 49, 54, 78, 141, 180, 197
Ar, 22, 33, 43, 58, 62, 70-1, 99, 100, 111, 116, 119, 124-6, 130-1- 133, 137, 191, 206, 210, 222, 225-6, 230
Ares, 117, 123-5, 222
Arsenal, 127-8, 132, 238
Arte, 20, 42, 45, 48, 52, 54, 61, 68, 70, 89, 103-4, 114, 116, 122-3, 141, 162, 183
Arte sagrada, 42
Ateísta, 21-2
Ativo, 50, 55, 61, 221, 241, 249, 275-6
Ato, 59, 61-2, 70, 147
Átomo, 23, 60, 177, 204, 269
Autônoma, 18, 27, 108, 120
Atração, 90-1, 112, 115
Autonomia, 27, 38, 100, 108, 165, 262, 276

Azitromicina, 261
Balança, 127
Baquelite, 193, 195, 202
Bases, 19, 119, 193, 242
Bauxita, 181-3, 187, 189-90, 194
Bíblia, 67
Biografia, 39, 100, 175-7, 179, 189, 195, 237
Biomassa, 215-6, 223, 233
Biosfera, 31, 156, 194, 274,
Biotecnologia, 162, 168-9, 239-41, 247
Bisfenóis, 210
Bomba a vácuo, 37, 94, 98, 128
Borracha, 31, 198-200
Calórico, 125
Calorímetro, 127
Câncer, 160, 164, 211-2, 260, 271
Capilarização, 40, 178, 186, 198, 200-1, 207, 258
Cartel, 187
Catalisadores, 205, 231-3
Cátodo, 182
Células, 152, 156, 158-9, 161-4, 169, 182, 184, 192, 212, 227, 240, 248, 253, 258, 261
Celuloide, 193, 201
Celulose, 201
CFC (clorofluorcarbonos), 206, 258
Cigarro, 207, 260-1
Circulação do sangue, 97, 199, 144, 146, 152
Cloroquina, 261-2
Coletivismo fisiológico, 150-1
Coletivo, 133, 149-50, 152, 154, 279-80
Colódio, 200-1
Combustão, 119, 124-5
Composição, 57-8, 62, 85, 96, 109, 115, 117, 119, 126, 129, 131-2, 134-5, 146, 180, 199, 203, 208-9, 211, 215, 221-2, 224, 244-6, 248-50, 260
Compósitos, 31, 218
Condutividade, 185
Conhecimento, 17-9, 22, 26, 28-36, 38, 47, 55, 68, 72-3, 76, 78, 80, 82-3, 90, 93-7, 100-6, 108-9, 111, 126, 131, 133-5, 154, 168, 171, 175, 216, 230, 255, 257, 264-8, 271-2

Conhecimento químico, 17-8, 26, 29, 30, 33, 35-6, 95, 100, 103, 106, 134-5, 255, 257, 266, 268
Conservantes, 260
Controle dos corpos, 38, 79, 137, 140, 143, 160
Controvérsia, 39, 57-8, 140, 146-7, 191-2, 243
Convencionalismo, 133
Corpo, 38, 48-9, 52, 61, 68, 70, 72, 74, 76, 78, 84-5, 89, 103, 109, 115, 132, 134, 137-40, 142--3, 145, 147, 150, 152, 157, 163-4, 168-73, 181--2, 197, 207, 221, 260, 271
Corpo simples, 132, 134, 181-2
Corrosão, 185, 204
COVID-19, 32, 261-2
Criogenia. 39, 141, 163-4
Cruz Vermelha, 161
Cultura, 13, 37, 70, 75, 78, 100, 102, 155, 157, 165, 256
Cyborg, 169, 173
DDT (diclorodifeniltricloroetano), 31, 237-8, 258, 271
Democracia, 254
Deus, 22, 45, 50, 61-2, 67-8, 79
Dicionário, 59, 106-8, 116
Didática, 29, 134
Dinamismo, 47, 102
Dínamo, 184
Disciplina científica, 108, 120
Discórdia, 146
Discurso, 32, 34, 72, 74, 96, 102, 122, 126-7, 134
Dispositivos, 138-9, 169, 171, 176, 267
Dissertação, 56, 118-9, 122, 124, 132-3
Dissolventes, 109, 114
Doença da vaca louca, 247-8, 258
Dominação, 75, 83
Domínio, 28-9, 34, 38, 74, 79, 98, 100, 123, 128, 140, 149, 155, 168, 204, 231, 255, 263, 265-6, 270, 273, 275, 277, 279, 281
Ebonita, 199, 200
Economia, 128, 155, 187-8, 224, 227, 273
Ecossistema, 156, 209-10, 216, 252, 273
Efeitos biológicos, 172, 258
Elasticidade, 99, 204
Elemento químico, 23-6, 134, 180-2, 194
Eletricidade, 93, 111, 180-2, 184-7, 190, 198, 202, 206, 231
Eletrólise, 180, 182
Eletrolítico, 183-4

Elétrons, 25, 193
Elixir, 42, 45, 171
Emergência, 24, 27, 37, 44, 56, 59, 73, 76, 93, 96, 110, 149-50, 171, 174, 204, 270
Emergentismo, 27
Empiriomonismo, 148, 150
Empirismo, 26, 140, 142-3, 223
Enciclopédia, 34, 38, 95, 103, 105-8, 110-1, 122, 147
Enciclopédia metódica, 34, 106-8, 119, 132, 134-6
Energetismo, 149
Ensino de química, 44, 117
Envelhecimento, 139, 148, 150, 152-3, 158-9, 161-2, 165, 171-2, 198
Epistemologia, 29, 109, 269
Espaço público, 100, 128
Espírito, 54, 63, 68, 72, 75, 84, 91, 103, 113-4, 134, 150-1, 165
Espiritualidade, 73, 78
Esteroides, 250
Estireno, 203
Éter, 22, 201
Eternidade, 76, 154, 173
Ethos, 74, 254, 260
Ética, 26, 29, 31, 74, 172, 194, 259-60, 265-9, 273-5, 278-81
Etileno, 204-6, 241
Evolução, 58, 106, 136, 154, 162, 166, 172-4, 184, 189, 202, 204, 224, 256, 266
Evolucionismo, 149, 157
Experimentação, 36, 93-4, 101-2, 105-6, 121, 136-7, 142, 147, 221, 266
Experimento, 39, 45, 73, 76, 78-81, 84, 94, 99, 101, 141, 143-4, 157, 276-7
Extração, 82, 117, 178, 211, 221, 226, 228, 235
Falibilismo, 165
Fecundidade, 264
Feminino, 37, 44-8, 50-2, 55, 75, 79
Fenômeno, 20, 24-5, 94, 123, 153-4, 247, 253
Fermentação, 53, 124, 215, 225
Fertilizantes, 28, 39, 217, 219-21, 224-5, 227--9, 233, 235-6, 257, 263,
Ficção científica, 151-2
Filosofia, 7, 13, 15, 17-9, 21-3, 26-30, 35-7, 39, 42-3, 45, 54, 60, 62, 67, 72, 79, 82, 85-6, 89, 93-5, 97-8, 100-5, 108, 122, 126-7, 133, 135-6, 140, 142, 144, 148-50, 171, 174, 176, 255-8

Filosofia da biologia, 18
Filosofia da ciência, 17-9, 26, 30
Filosofia da física, 17
Filosofia da química, 7, 13, 15, 17-9, 26-9, 31, 35-6, 255-6
Física, 13, 17-8, 24-5, 27, 29, 45, 60-2, 68, 83, 86, 89, 102, 108, 111, 121, 123, 149-50, 156, 161, 173-4, 193, 275
Física quântica, 25, 27
Fisiocracia, 220-1
Fisiologia, 142, 153-5, 221, 224-5, 240
Flavonoides, 250
Flavorizantes, 260
Flogístico, 113-4, 119, 124-5, 130-1
Fogo, 43, 48, 58, 62, 71, 84, 111, 114, 116, 124, 130
Forma, 7, 14, 24, 42-3, 50-1, 54, 58-60, 83-5, 87, 90, 125, 130, 138, 141, 152, 158, 180, 182, 186-9, 192, 196, 202, 204, 209, 228, 234, 241, 248, 259, 271, 276-7
Fósforo, 222, 225-8, 233-4
Fotossíntese, 221-2, 226-7
Fumigações, 138
Fungo, 139, 236
Gaia, 55, 74, 79
Gás, 124, 128, 182, 184, 189-90, 214, 222, 225, 231, 236-7
Giros, 208
Glifosato, 241-2
Goma-laca, 197-8, 200
Gravidade, 115, 123
Gravitação, 89, 91, 115
Guano, 227-9
Guerra, 30, 155, 166, 186, 191, 195, 229-30, 236-8, 258, 271
Herbicidas, 217, 238, 241-3, 271
Heterogêneo, 104, 171
Heurística do temor, 279
Hidrocarboneto, 203
Hidrogênio, 181, 196, 203, 222, 225, 230, 232
Hidroxicloroquina, 261-2
Hilemorfismo, 58
História, 13, 15, 19, 20, 26, 28-30, 36-9, 43-5, 52, 56, 63-4, 79, 86, 89, 93, 95-8, 102, 108, 110, 117, 120-1, 127, 134-6, 142-3, 171, 176-7, 182, 187, 193, 195-6, 215, 219-20, 227-8, 231, 233, 235, 244, 251-2, 255-7, 259-60, 269-70
História natural, 37, 45, 93, 95-8, 102, 108, 127, 134-5, 142-3, 171, 252
História social, 193
Historiografia, 17, 23, 26, 29, 36, 63, 120-1
Homem, 22, 46, 48, 52, 54, 61, 67-8, 79, 98, 100, 103, 143-4, 146, 154-5, 167, 172-3, 210, 274-5, 277, 279, 281
Homogêneo, 35, 104, 124
Hospitais, 33, 137-8, 260
Humanidade, 63, 68, 71, 98, 166-70, 174, 274, 277-80
Humanismo, 166-8
Humanos, 17, 75, 78, 86, 94, 97-8, 110, 143, 151, 153, 166, 168, 170, 172-4, 178, 190-1, 195, 203, 207, 210-2, 228, 244, 253, 268, 271, 275, 278
Húmus, 223, 225
Hybris, 165, 281
Idade, 13, 160, 162
Identidade epistêmica, 19, 26, 30, 38, 40, 107, 115
Imortal, 173
Imortalidade, 161-3, 173
Imparcialidade, 239, 254, 264
Imperativo categórico, 280
Império, 139
Imprensa, 44
Imprevisibilidade, 174, 259, 273, 278, 280
Imunização, 151
Indústria, 30-1, 34, 180-1, 184, 186-8, 192-4, 200, 202, 217, 219, 224, 228-35, 238, 241, 256-7, 260-1, 265
Indústria química, 31, 194, 230-2, 241, 256
Inorgânico, 226
Inseticidas, 217, 236, 247
Instituto, 38, 140, 155-7
Instrumentos, 21, 29, 37, 48, 56, 65, 68, 70-4, 76, 93-4, 98, 101, 105-6, 117, 127-9, 199, 204, 256, 275
Inteligência artificial, 173
Irreversibilidade, 277, 280
Ísis, 50
Isolamento elétrico, 199
Isótopos, 25-6
Laboratório, 13, 15, 30, 36-7, 42-3, 45, 50, 56, 64-6, 69-73, 79, 83, 94, 96, 99, 100, 102, 105-6, 111-2, 114, 127-9, 132, 135, 143-4, 171, 175, 180, 221, 233, 245, 265
Látex, 199
Liberdade, 165-7
Ligas, 46, 113, 185-6

Linguagem, 17, 28-9, 56, 59, 61, 89, 96, 101, 103, 108, 117-8, 120, 122-3, 126, 133-4, 180, 256
Longevidade, 38, 97, 137, 140, 147-9, 154, 159, 167, 171
Luzes, 26, 34, 36-7, 96, 108, 110, 117, 130
Macrocosmo, 50, 52, 54, 56, 68, 70
Mãe Terra, 47-8
Magia natural, 61
Manifesto, 84, 94, 107, 111, 189, 251
Manipulação biológica, 277
Manual, 72
Masculino, 44-5, 51-2, 76, 79
Massa, 23-5, 112, 130, 165, 179, 186, 191, 197, 202, 250-1
Materiais, 13-5, 18, 20, 22-3, 27-9, 31, 39, 44, 46, 58, 60-1, 73-4, 79, 88, 100, 103-5, 109-10, 112, 115, 117, 124, 128, 135, 137, 143, 155, 168-9, 175-8, 185-6, 189-90, 193-7, 199, 200, 202-3, 207-9, 212-5, 218, 221, 224-5, 230, 234, 255-6, 261, 264-5, 270, 276
Materialismo, 18, 22, 128, 149-50
Materialista, 14, 18, 22, 173, 221
Mausoléu, 157
Medicina, 19, 20, 29, 38, 42, 44, 72, 94, 96, 106, 108, 123, 137-43, 148, 154-5, 158, 170--2, 207, 237, 275
Meio ambiente, 34, 178, 194, 196, 207, 209, 216, 239, 243-4, 252-3, 258, 261, 271, 273, 276, 278
Meio interno, 156
Mente, 21-2, 71, 87, 140, 144, 150, 165, 271
Metafísica, 71, 133, 150, 169, 275, 278, 280
Metal, 47, 52, 57-8, 74, 90, 130, 179-83, 185--90, 193-4, 200, 203, 233
Metano, 190
Método, 15, 70, 79, 89, 95, 103, 118, 121, 126, 132-3, 135, 139, 142-3, 149, 163, 171, 181, 183, 221, 226, 239
Microcosmos, 52, 54, 61, 68
Microplásticos, 208-10
Microscópio, 94, 98, 269
Minima naturalia, 60, 83-5
Mixto, 21, 58-61, 104-5, 115, 132
Modernidade, 14, 37, 43-5, 54-5, 60, 74-5, 78, 82-3, 86, 96, 101, 141-2, 168, 179, 181, 168, 188-9, 193
Modos de existência, 15, 39, 175-7, 179, 182, 189-90, 193-5, 213, 257, 272
Molécula, 177, 257, 261

Monismo, 27-8, 150
Movimento, 22, 38-9, 78, 83, 88, 90-1, 94, 104-5, 112, 141, 149, 161-2, 164, 166-7, 177, 186, 224, 272
Mudança, 19, 107, 114, 147, 152, 178, 190, 247, 268, 273
Mulher, 47, 50-2, 74-5, 77-8, 138
Música, 71-2
Nanoestruturas, 270
Nanomateriais, 270
Nanômetro, 269
Nanoquímica, 270
Nanotecnologia, 162, 169, 270
Nanotubos de carbono, 271
Natureza, 18, 21-5, 32, 35, 37, 42-50, 54, 57-8, 62, 65, 67-8, 70, 72, 74-6, 78-9, 83-4, 86, 89-90, 94-5, 97-101, 103-5, 111, 114-5, 123, 125, 127--8, 136, 143-4, 149-50, 152-4, 163, 165-8, 170-3, 175, 178-80, 195, 20-3, 220-2, 224, 227, 239, 252, 256-7, 265-6, 269, 271, 273, 275, 277-9, 281
Nêutrons, 193
Nicotina, 260
Nitratos, 230, 233
Nitrificação, 226
Nitro, 84, 222
Nitrogênio, 33, 163, 222, 225-7, 229-34, 237
Nitroglicerina, 230
Nobre, 57-8, 80, 83, 103, 181-3, 193-4, 217
Nomenclatura, 38, 58, 108, 117-20, 122, 132-4, 182
Núcleo atômico, 193
Objeto, 31, 38, 49, 52, 79, 82, 100-1, 114-5, 122, 137, 140, 143-4, 146, 154, 171-2, 175-7, 183-4, 186, 193-4, 198, 209, 213, 225, 228, 256, 264, 274-6
Ofícios, 34, 93, 107
Ontologia, 15, 29, 176, 204
Operações químicas, 20, 109, 114
Opinião pública, 13, 30-1, 96
Orações, 67, 71
Orbitais, 27
Organicidade, 45-6
Orgânico, 18, 48, 50, 78, 168, 211
Organismos Geneticamente Modificados, 39, 213, 217, 219, 239-41, 243-5, 247, 252-3
Organização, 19, 26, 58, 107, 110, 121, 128, 148, 150, 152-4, 171, 187, 218, 220, 229, 244, 250

ÍNDICE REMISSIVO 321

Oxigênio, 32-3, 85, 124-6, 129, 131-4, 182, 207, 215, 222, 230-1, 260
Parabiose, 39, 141, 157-9
Paraíso, 172
Parlamento, 146-7
Passivo, 61
PE (polietileno), 204-5
Pedra filosofal, 52, 54, 56-7, 66, 68, 70, 81-3, 86, 228
Pensamento, 15, 29, 52, 60, 68, 87-8, 95, 103, 118, 120, 122, 152, 165, 169, 173, 275
Perigo, 86, 256, 262, 265, 275, 280
Permanência, 41, 58, 61, 214, 280
Peso, 60, 125, 200, 204, 213, 241
Peso atômico, 24, 181
Pesquisas descontextualizadas, 265
Pesticidas, 39, 210, 217, 219, 236-8, 271
PET (tereflalato de polietileno), 195, 206, 209
Petróleo, 31, 188, 194-5, 205, 214-5
Planeta, 151-2, 166, 189, 191, 234, 256, 274, 281
Plasma, 159-60
Plasticidade, 185
Plástico, 195, 202-3, 205, 207-8, 210, 213-5
Plástico natural, 196, 200, 202
Plástico sintético, 195-6, 202
Pliva, 261
Pluralismo científico, 28, 255
Pneuma, 61-2
Poderes, 86, 88-9
Polêmica, 57, 159, 232
Polimerização, 202-5
Polímeros naturais, 196, 198-9
Polímeros sintéticos, 31, 194, 202-3
Política, 21, 38, 123, 139, 166, 172, 178, 199, 207, 218, 220, 243, 256, 262, 272
Ponto de fusão, 185, 241
Ponto de vista, 20-1, 30, 36-7, 43, 63, 74, 76, 79, 86, 100, 104, 107, 118, 121, 131, 152-4, 163, 178, 181, 195, 202, 207, 209, 214, 218-9, 239, 253, 255, 257-8, 266
Potassa, 227, 233
Potência, 59, 61-2
PP (polipropileno), 195, 205-6
Pragmatismo, 165
Prática, 21, 29, 36, 41, 43, 46, 62, 65, 71, 74, 82-3, 94, 96-7, 99, 100, 104-5, 109, 121-2, 137, 139, 142, 147-8, 152, 154, 158, 172, 219,
224, 265, 272
Prazer, 144, 167
Previsibilidade, 276
Princípio de Equivalência Substancial, 39, 213, 219, 239-40, 243-6, 248, 252-3
Princípio de Precaução, 39, 213, 251-2, 279
Princípio de Responsabilidade, 273, 278
Princípios, 57-8, 61-2, 75, 85-6, 102, 112, 115, 118-9, 122-3, 126, 131, 138, 147, 166, 225, 267-8, 272-3
Príons, 248
Processo, 24, 28-30, 33, 36, 38, 47, 50-4, 59, 63, 69, 70, 74, 81-2, 87, 89, 105, 116, 120, 129, 134, 140, 151-2, 162-4, 172, 178, 180, 182, 184, 189, 196, 199, 203-5, 210, 214-5, 222, 225-6, 230, 231-2, 247, 257, 267, 269-70, 273
Produtos naturais, 32, 175, 245
Profissão, 13, 269
Programa baconiano, 38, 93, 101-2, 136, 164, 172, 281
Progresso, 13, 34-5, 95, 147, 151, 157, 163-4, 166, 168, 173, 175, 185, 188-9, 191, 226, 251, 254, 256, 275, 280
Propriedades, 14, 19, 22, 24-5, 27, 39, 43, 59, 81, 85, 104-5, 115, 117-8, 124-6, 175-7, 181, 186, 193, 195-6, 203, 205, 207, 211, 213, 215, 227, 230, 248, 250, 252-3, 257, 259, 266, 270, 273
Prótese, 169
Prótons, 25, 193
Prudência, 50, 279-81
PS (poliestireno), 203, 206
Putrefação, 124, 225
PVC (policloreto de vinila), 195, 205-6, 212
Qualitativa, 83, 105, 276
Quantitativo, 121, 136, 218
Questão 31, 90, 115
Química, 7, 13-5, 17-42, 44, 54-9, 61-5, 70, 73-4, 78-9, 82, 84, 86, 89, 91, 93-6, 100-12, 115-24, 126-8, 130, 132-9, 141, 143, 155, 163, 171-2, 175-7, 182, 191, 193-4, 200, 204, 207, 214-5, 217-9, 221-7, 230-3, 236-8, 241, 244-9, 255-7, 259, 262-3, 265-73, 280-1
Química durável, 272-3
Química verde, 272-3
Químicos, 8, 13-5, 18-21, 23-32, 35-8, 41, 44-5, 54- -5, 57-9, 62, 54-5, 69-71, 82, 90, 93-4, 101-6, 108- -12, 115-9, 121, 124-8, 130-9, 154-7, 175-6, 181,

191, 194-5, 199, 205, 212, 215, 219-20, 224, 226-7, 231-3, 336, 246, 253, 255-8, 265-8, 270, 272-3
Quinino, 261
Racional, 38, 43, 57, 89, 93, 102-3, 117, 171
Racionalismo, 64, 168
Razão, 22, 33, 61, 70-1, 84, 86-7, 90, 102, 123, 133, 167, 278
Reações químicas, 69, 85, 232
Receptor, 49, 70, 144, 146-7, 152, 244, 268
Reciclagem, 178, 206, 208, 214, 219, 225
Relações, 14, 17, 24, 29, 36, 45-7, 99, 106, 109-10, 112, 114-5, 151, 187, 213, 219, 221, 228, 249, 257, 269
Renascimento, 41, 54, 60-1, 67
República, 224
República dos químicos, 119, 133
Repulsão, 91, 104, 112, 116
Resina, 196-8, 202, 208
Respiração, 99, 126, 222, 226
Responsabilidade, 39, 214, 217, 254-5, 265-6, 272-4, 278-81
Revolução científica, 17, 20, 45, 73, 75, 101
Risco, 209, 252-3, 265, 274, 279
Royal Society, 21, 37, 80, 94, 98, 104, 115, 140, 142-5, 148, 172
Rupturas, 36, 41, 44, 63, 229
Saberes, 17, 38, 43, 64, 78, 82, 107, 137
Sais, 108-9, 112, 117, 201, 233-4, 237-8
Salitre, 84, 221, 226, 233
Salitre do Chile, 229-30, 232
Sangue, 38-9, 71, 97, 137, 139-41, 143-50, 152, 154, 156-61, 164, 169-71, 173-4, 223
Saúde, 14, 146, 156-7, 161, 171, 178, 191-4, 196, 207, 210-1, 213, 218, 238-9, 243, 247, 251, 260, 262, 267, 271, 273
Sementes, 46-8, 217, 243, 253
Senescência, 143, 149, 151-2, 157-8, 162, 173
Sensorial, 103
Sexo, 75
Simbolismo, 52, 71, 73, 183
Simpatias, 89
Simplicidade, 116, 264
Síntese, 14, 30, 88, 118, 131, 212, 219, 223, 225-6, 232-3, 236, 241, 243, 257, 266-7, 270, 273
Sistema, 39, 95-6, 102, 117-9, 121-3, 126-8, 130--2, 134, 140-1, 152-3, 157-8, 160-1, 165, 178, 188, 192, 211, 229, 235, 259, 262, 276

Sociedade, 23, 31, 39, 76, 99, 100, 131, 137, 154, 173, 177, 182, 195-6, 203, 207, 213, 245, 253, 255-7, 263, 265-6, 269, 273, 279
Soma, 162-3
Substâncias químicas, 24, 27, 56, 96, 109, 116--8, 196, 214, 222, 232, 236, 238, 256-7, 262-3, 265, 267, 271-3
Sujeito, 79, 101, 109, 144, 169, 275, 278
SUS, 161
Sustentabilidade, 178, 254
Tabela periódica, 25, 134, 193, 233
Tabelas, 91, 108, 116, 132, 181
Talidomida, 259
Tecidos, 158-9, 161, 164, 169, 180, 199, 206--7, 222, 226-8, 241
Tecnociência, 269-71
Tecnologia, 14, 29, 38-9, 79, 99, 141, 161, 165-9, 175-6, 193, 245, 255, 275
Temporalidade, 45-6, 48, 202, 207
Terapêutica, 148
Terminologia, 78, 99, 117, 245
Termoplásticos, 204, 206
Termorrígidos, 204
Terra, 43, 45-8, 51-2, 55, 57-8, 62, 71, 74-6, 78, 110-1, 113-4, 116, 161, 166, 179, 180, 209, 216, 221, 226, 268, 274-5, 280
Textura, 83-4, 105, 118, 201, 211, 246
Tradição, 14-5, 17, 19, 20, 44-5, 47, 50, 56-7, 62, 67-8, 73-4, 76, 82, 91, 105, 108, 111, 114--7, 167-8, 255
Transformação, 23, 36, 45, 47, 52, 75, 154, 178, 188, 218, 229-31, 233, 236, 245
Transfusões de sangue, 38, 139-41, 143, 145, 147, 152, 157, 171, 174
Transgênicos, 242-5, 247, 249, 251-3, 258, 272
Transmutação, 25, 41, 52-3, 55, 57-8, 80, 83, 88-9
Transumanismo, 38, 141, 161, 165-6, 169, 172-3
Tratado, 122, 126, 130, 132, 135
Trinitrotolueno, 230
Umectantes, 260
Uniões, 105, 112, 114
Universidades, 20, 26, 72, 102, 155
Universo, 27, 45-7, 51-2, 61, 63, 68, 79, 91, 97, 279
Ureia, 223, 225
Usinas, 182, 185
Utensílios, 43, 65, 73, 105, 186, 211

Utopia, 151, 157, 172
Valores, 13, 23, 26, 32, 35-6, 39, 165, 172, 216, 246, 254-6, 260, 263-5, 273, 280
Valores cognitivos, 255-6, 264
Verbete, 57, 59, 65, 103, 107, 111, 122, 135, 147
Vigor, 151, 267
Viragem material (*material turn*), 256
Vírus, 241-2, 262
Vitalidade, 139, 147, 151, 154, 156
Vulcanização, 198-9

Índice onomástico

Adet, 132
Albury, 122
Andersag, 261
Andrada e Silva, 182
Arago, 34
Archer, 201
Arendt, 167
Aristóteles, 41, 43, 58-61, 116
Avenarius, 149
Bachelard, 19, 63
Bacon, 23, 37, 48, 55, 60, 78, 83, 93, 95-8, 101--2, 135-6, 143, 149, 157, 164, 168, 172, 277
Baekeland, 195, 202
Baird, 35
Bayer, 182, 183, 187, 239
Bedford, 164
Bensaude-Vincent, 7, 8, 15, 23, 30, 35, 116, 121, 122, 176, 203
Beretta, 23, 122
Bergès, 184
Bergman, 117, 118, 119
Berkeley, 21, 22
Bernard, 38, 109, 115, 225
Bert, 157, 158
Bertalanffy, 153
Berthelot, 41, 135
Berthier, 181
Berzelius, 225, 232
Bijker, 193, 198
Black, 124, 125
Blundell, 148
Boerhaave, 22, 37, 102, 105
Bogdanov, 38, 140, 148-54, 156-7, 165, 172-3
Bostrom, 161, 165
Boussingault, 223, 225, 226
Boyle, 21-3, 37, 45, 55, 60, 80-8, 91, 94, 97--102, 104-5, 128, 144, 146-47, 164
Braudel, 30
Buffon, 119, 124
Butlerov, 155
Butterfield, 23, 121
Carson, 30, 238, 271-2

Cartujo, 247
Cavendish, 124
Chambeaud, 147
Cícero, 61, 67
Clericuzio, 20
Coga, 144-5
Comte, 19, 34
Condillac, 23, 122, 127, 133, 135
Crell, 119
Croll, 74
Crosland, 115, 117
D'Alembert, 34, 38, 57, 103, 106-8, 110, 122, 147
D'Holbach, 22
Dalton, 23, 25
Darwin, 149, 154, 162, 173
Davy, 180, 223
Dawkins, 161
Debus, 20
Demócrito, 23, 41, 60, 128
Denis, 21, 146
Descartes, 78, 83, 91, 101, 168
Deville, 179, 181, 191
Diderot, 21-2, 34, 37-8, 57, 95, 102-8, 110--11, 135, 147
Dirac, 25
Djokic, 261
Drexler, 269
Du Pont de Nemours, 220
Duhamel du Monceau, 220, 228
Duhem, 19, 149
Dumas, 135, 225
Edison, 184
Emmerez, 146
Engels, 18
Epicuro, 23, 60, 128
Epiteto, 61
Ettinger, 163, 164
Fedorov, 154, 157
Feynman, 269
Filino de Cos, 141
Finney, 164

Fleming, 139
Fludd, 50, 52
Fontana, 119
Fontenelle, 110
Fortin, 127
Foucault, 109, 137, 140, 171
Fourcroy, 108, 110, 119, 132, 136, 227
Fourier, 34
Friedel, 193
Fukuyama, 169
Galeno, 141
Gay Lussac, 224
Geber, 42, 85
Geoffroy, 56, 57, 106, 109-10, 112-15, 126
Gerhardt, 134
Giebert, 224
Gilbert, 176, 223, 269
Giordano Bruno, 61
Glanvill, 144
Goodyear, 199
Gramme, 184
Grégoire, 186
Guyton de Morveau, 38, 107, 118-9, 131-35, 180, 222,
Haber, 232-3, 236-7
Habermas, 131, 169
Hadot, 44
Hales, 117, 124, 128
Hall, 182-4
Haraway, 100
Harré, 35
Hartlib, 221
Harvey, 99, 144, 191
Hassenfratz, 132
Häussermann, 230
Hayyân, 42
Heerd, 237
Hegel, 18, 23
Heidegger, 275, 278
Hermes Trismegisto, 42-3, 61
Héroult, 182-4
Hobbes, 83, 100
Hoffmann, 224
Holmes, 23, 74, 115
Hooke, 21, 97, 144
Homberg, 22
Humboldt, 227
Hyatt, 201

Immerwahr, 237
Ingenhousz, 221-2
James, 148, 164
Joly, 20, 56, 115
Jonas, 273-5, 277-81
Jung, 63, 89
Kahn, 20, 56
Kant, 273, 280
Karmazin, 160
Kass, 169
Kepler, 61, 91
Khunrath, 65-8, 73
Kim, 23
Kirwan, 119, 130-1
Kitcher, 26
Klein, 23, 115, 204
Kopp, 41, 135
Krasin, 157
Kropotkine, 34
Kuhn, 26, 120-1
Lacey, 7, 243
Lactâncio, 61
Lamarck, 149
Lamy, 147
Landriani, 119
Landsteiner, 148, 152
Latour, 176
Laudan, 26
Lavoisier, 23-4, 38, 58, 96, 119-35, 221, 226, 233
Lawes, 223, 228
Le Chatelier, 232
Lehman, 23
Lemery, 55, 57
Lênin, 156-7
Lequan, 23
Libavius, 73-4
Liebig, 36, 191, 218, 223-5, 227
Linné, 117
Lister, 139
Locke, 37, 122, 133, 135
Lower, 145-6
Mach, 149-50
Madame Lavoisier, 129-30
Malthus, 220
Manzocco, 163
Marco Aurélio, 61
Marggraf, 180
Mariconda, 7

Markovnikov, 155
Marmonier, 148
Martins, 168
Marx, 34, 149-50, 218
Mayakovsky, 157
McCay, 158
McEvoy,
Megnié, 127
Mendeleev, 19, 24-5, 134, 155, 181
Merle, 181
Metzger, 19
Meusnier, 131
Meyerson, 19
Millardet, 236
Mocellin, 7-8, 23
Monceau, 220, 228
More, 161, 164
Müller, 237
Napoleão III, 131, 181
Nerst, 232
Newton, 43, 45, 61, 80-1, 83, 86-91, 97, 104, 115-6
Nietzsche, 170
Nobel, 35, 155, 230, 233, 237
Orsted, 180
Ostwald, 149-50
Panckoucke, 106-7
Paneth, 25
Paracelso, 42, 54, 61, 65, 114
Pasteur, 139
Pépin, 23
Pettenkoffer, 224
Pico della Mirandola, 61
Pitágoras, 41
Platão, 41, 60
Plínio, 7, 45, 141
Pluche, 34
Polanyi, 26
Priestley, 124, 221
Principe, 20, 56, 81-2, 86,
Proudhon, 34
Pseudo-Demócrito, 41
Putnam, 26
Quesnay, 220
Rando, 158
Roberts, 122
Rouelle, 102, 116
Rousseau, 21
Saint-Simon, 34

Saussure, 222
Savulesco, 161
Scerri, 26, 35
Schaffer, 99, 100
Scheele, 119, 124
Schelling, 22
Schönbein, 201
Schummer, 26, 35, 267
Seabra, 133
Semmelweis, 138
Sêneca, 61
Serapião de Alexandria, 141
Shapin, 99, 100
Shelley, 62, 179
Simon, 127
Simondon, 176
Smith, 7, 20
Souriau, 176
Sprengel, 223
Stahl, 105, 110-11, 114, 116
Stengers, 30
Thénard, 224
Tomás de Aquino, 42
Toulmin, 26
Unesco, 35
Urbain, 25
Van Brakel, 35
Van Helmont, 81
Vauquelin, 108, 227
Venel, 37, 103-5, 107, 111
Vernadsky, 156
Verne, 179, 181-2
Vesalius, 76-8
Volta, 180
Weissman, 158
West, 162-3
Wilkins, 97
Willey, 191
Williams, 164
Winogradski, 226
Wöhler, 179-80, 223, 225
Worsley, 221
Wren, 97
Wurtz, 135
Wyss-Coray, 159
Zaterka, 7, 8, 20, 83-5
Zeidler, 237
Zósimo, 41

Esta obra foi composta em sistema CTcP
Capa: Supremo 250 g – Miolo: Book Ivory Slim 65 g
Impressão e acabamento
Gráfica e Editora Santuário